혼공비법 QPASS

미용사 네일
실기 필기

최경희, 허선영 저

다락원

저자 약력

현) 최경희프로네일원장
　　헤세드 엔 에이스 샵 원장
　　한국네일협회 고문
　　INCA 국제 뷰티대회 공동 개최자
　　INCA 국제 심사위원 교육위원장
　　한국산업인력공단 세무직무분야 전문위원
　　국가직무능력표준(NCS) 개발심의위원
　　INCA 국제뷰티콘테스트 대회 심사위원장
　　한국장애인 기능경기대회 지방대회 심사장

최경희

경력
INCA 국제뷰티대회 공동개최자
INCA 국제심사위원 교육위원장
한국네일협회 5대 회장
CNA Nail shop 원장
한국네일엑스포 Nail cup 대회장
한국네일협회 이사장
한국네일협회 국가기술자격증시험 수험서 편찬위원장
한국보건산업진흥원 뷰티 칼럼리스트
한국 SKIN'S WAX 탑 에듀케이터

학교 강의
2014	을지대 전문인력양성프로그램 뷰티아카데미 특강
2010~2013	서경대 전문인력양성프로그램 뷰티아카데미 특강
2010~2011	동국대 P.N.T 과정 특강

해외세미나
2016~2019	심사위원 교육 및 대회심사(태국, 베트남, 타이완, 말레이시아, 중국, 싱가포르)
2007~2015	TNA Nail Competition 초청 세미나(10년간) (타이완)
2014	말레이시아 초청 세미나
2013	핀란드 GNC 초청 세미나
2012	2012년도 일본 투어 세미나(도쿄, 교토, 홋카이도, 오사카)
2012	카자흐스탄 ONS 초청 세미나
2010	Look'-Beauty Vision In Poznan 초청 세미나(폴란드)
2008	1st Hong Kong Nail Art Competition 초청세미나
2008	Beauty International DUSSELDORF 2008 초청세미나(독일)

심사위원
2022~2023	일본 JiBC 국제 미용대회 심사위원 대만 INCA 국제 뷰티대회 심사위원장 Malaysia INCA 국제 뷰티대회 심사위원장 INCA Korea 국제 뷰티대회 공동주최자
2018~2022	장애인 기능경기대회 심사장
2018	INCA 국제심사위원장(타이완)
2015	제 2회 국제종합미용네일대회 국제심사위원 / VIP초청(중국)
2006~2015	COSMO Nail Malaysia 2015 국제심사위원
2004~2015	TNA Nail Competition 국제심사위원(타이완)
2010~2013	ASIA Nail Festival In Osaka 국제심사위원
2011	Russia Nail Expo 국제심사위원
2008~2011	Hong Kong Nail Art Competition 국제심사위원(1st~4th)
2003~2011	Tokyo Nail EXPO 국제 심사위원
2010	IBS Nailpro Competition 국제심사위원(미국)
2009	Beauty International DUSSELDORF 2009 국제심사위원(독일)
2003~2006	COSMO Professional Nail 국제심사위원(싱가폴)

현) 허선영 뷰티학원 원장
　　예디드 뷰티 샵 원장
　　SKINS WAXING 교육센타 및 인증샵
　　K-NAIL STAR CONTEST 네일 국가대표
　　INCA Korea beauty cup 심사위원
　　한국장애인 기능경기대회 지방대회 심사위원
　　한국네일협회 심사위원
　　한국핸드아트스타일링협회 심사위원

허선영

경력
INCA 국제뷰티콘테스트 한국 Champion
INCA 국제뷰티콘테스트 말레시아 Champion
INCA 국제뷰티콘테스트 중국 Champion
최경희프로네일전문학원 전임강사
아름다운사람들 강사　네일스토리 네일샵 근무
앨리스 네일샵 운영　　오아시스미용학원 네일전임강사

수상내역

2022	SKINS WAXING CHAMPION CUP 2회 PRO GRAND CHAMPION 금상
2018	INCA CHINA NAIL CUP 중국 PRO GRAND CHAMPION 금상
2018	INCA CHINA NAIL CUP 중국 GEL FRENCH SCULPTURE 금상
2018	INCA MALAYSIA NAIL CUP 말레시아 PRO GRAND CHAMPION 금상
2018	INCA MALAYSIA NAIL CUP 말레시아 GEL FRENCH SCULPTURE 금상
2018	INCA KOREA NAIL CUP 2018 PRO GRAND CHAMPION 대상
2018	INCA KOREA NAIL CUP FRENCH SCULPTURE 금상
2018	INCA KOREA NAIL CUP GEL FRENCH SCULPTURE 금상
2017	K-NAIL STAR CONTEST 네일 국가대표 / 2017 K-NAIL STAR CONTEST PRO GRAND CHAMPION 금상
2017	K-NAIL STAR CONTEST NAIL CARE 금상 / 2017 G-NAIL CUP FRENCH SCULPTURE 금상
	제1회 슈퍼네일아티스트 콘테스트 PROFESSIONAL GEL PAINTING ART 금상
	SINAIL FRENCH SCULPTURE 금상 / NAIL EXPO FRENCH SCULPTURE 금상
	SINAIL GRAND CHAMPION 금상 / SINAIL FRENCH SCULPTURE 금상

심사위원
한국네일협회, 한국핸드아트스타일링협회, 한국미용교사협회, NAIL EXPO, NAIL BINAIL,
NAIL SINAIL, K뷰티미용대회, 한국장애인 기능경기대회 지방대회 심사위원

Introduction

〈원큐패스 혼공비법 미용사 네일 실기 필기〉는 주변 환경에 구애 받지 않고 스스로 자유롭게 미용사 네일 자격증을 취득하고자 노력하는 여러분을 위해 시작하였습니다.

혼자서는 미용사 네일 자격증 취득을 어떻게 시작해야 하는지, 또한 자격증은 취득했으나 막상 현장에서 고객을 맞이할 때는 어떻게 해야 할지 당황하는 현실에 보다 더 쉽게 적응할 수 있게 이 교재에 모든 내용을 넣어 완성하였습니다.

이에 혼자서는 어떻게 시작해야 할지 엄두조차 나지 않았던 미용사 네일 자격증 취득 전 과정을 이 책 한권으로 완성할 수 있게 준비했습니다.

저는 그동안 수많은 후학을 길러내고, 숍도 운영하면서 해외 각종 네일 대회 심사를 맡았습니다. 또한 세계 각국에서 세미나를 통해 수많은 제자들을 만났고, 국내에서도 유수한 책 저자와 유명학원, 샬롱을 운영하는 수많은 제자를 최고의 기술자로 만들기 위해 힘쓰고 있습니다. 한 명 한 명, 제가 가진 기술을 알려줄 수 있다면 너무나 좋겠지만, 현실적인 한계가 있기에 그동안 쌓아온 기술과 노하우를 교재에 가득 넣어 만들었습니다.

네일 미용인이라면 한 번쯤 보고 싶은 지침서가 될 수 있도록, 30년의 노하우를 최선을 다해 녹여낸 교재라고 자신 있게 말할 수 있습니다. 많은 수험생들이 이 책을 통해 국가기술자격시험 합격의 영광을 누리고 네일 미용사로서 한 단계 업그레이드된 기술인으로 발전할 것을 기대합니다.

네일 미용은 건강한 삶과 생활을 추구하는 현대인의 질적 요구와 아름다움에 대한 욕구가 두드러지는 현 시대에 고부가 가치를 창출할 수 있는 전문 분야 중 하나입니다. 이러한 미용 산업의 지속적인 성장과 함께 네일 미용사의 위상이 점점 높아져 가고 있습니다. 네일 미용인 여러분의 아낌없는 성원과 지속적인 관심으로 기회가 허락되는 한 계속 노력하여 더 좋은 교재를 만들 것을 약속드립니다.

저자 일동

01 미용사 네일 자격시험

개요

네일미용에 관한 숙련기능을 가지고 현장업무를 수행할 수 있는 능력을 가진 전문 기능인력을 양성하고자 자격제도를 제정

수행직무

손톱·발톱을 건강하고 아름답게 하기 위하여 적절한 관리법과 기기 및 제품을 사용하여 네일 미용 업무 수행

진로 및 전망

네일미용사, 미용강사, 화장품 관련 연구기관, 네일 미용업 창업, 유학 등

02 미용사 네일 자격 취득

자격시험
- 1차 필기시험(객관식 4지 택일형, CBT 방식)
- 2차 실기시험(네일 미용 실무, 작업형)

응시료 : 필기시험 14,500원 / 실기시험 17,200원

합격 기준 : 100점 만점에 전 과목 평균 60점 이상

시험 일정 : 상시시험
※ 자세한 시험 일정은 큐넷 홈페이지 참조

03 합격률

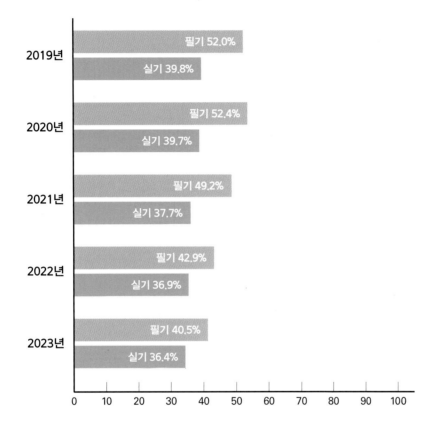

연도	필기	실기
2019년	필기 52.0%	실기 39.8%
2020년	필기 52.4%	실기 39.7%
2021년	필기 49.2%	실기 37.7%
2022년	필기 42.9%	실기 36.9%
2023년	필기 40.5%	실기 36.4%

실기편

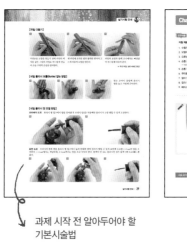

과제 시작 전 알아두어야 할
기본시술법

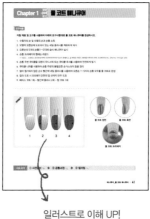

일러스트로 이해 UP!

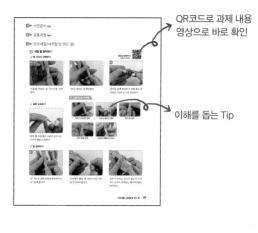

QR코드로 과제 내용
영상으로 바로 확인

이해를 돕는 Tip

저자의 노하우를 아낌없이 담아 기본에 충실하게 디테일에 강한 확실히 다른 실기

필기편

출제문제표기로 중요도 한눈에 파악

기출복원문제

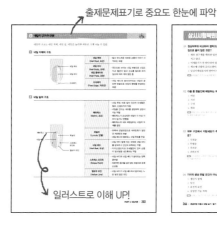

일러스트로 이해 UP!

상시시험복원문제

상시시험 변경으로 더 어려워진 출제 내용을 복원하여 확실하게 정리한 필기

무료 동영상 강의

[미용사 네일 실기] Part1 매니큐어(전체)

▶ 🔊 22:33 / 26:12   📑 ⚙ YouTube [ ]

과제에 있는 QR코드를 통해 쉽고 빠르게 볼 수 있는 저자 직강 동영상 강의

II
필기시험

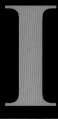

실기시험

① 시험 과제 유형

과제유형	제1과제 (60분)		제2과제 (35분)	제3과제 (40분)	제4과제 (15분)
	매니큐어 및 페디큐어		젤 매니큐어	인조네일	인조네일 제거
쉐입	라운드 쉐입 (매니큐어)	스퀘어 쉐입 (페디큐어)	라운드 쉐입	스퀘어 쉐입	3과제 선택된 인조네일 제거
대상부위	오른손 1~5지 손톱	오른발 1~5지 발톱	왼손 1~5지 손톱	오른손 3,4지 손톱	오른손 3지 손톱
세부과제	① 풀 코트 ② 프렌치 (스마일 라인 넓이 0.3~0.5cm) ③ 딥 프렌치 (스마일 라인 폭 손톱 전체 길이의 1/2 이상 시술) ④ 그라데이션	① 풀 코트 ② 딥 프렌치 ③ 그라데이션	① 선 마블링 ② 부채꼴 마블링	① 내추럴 팁 위드 랩 ② 젤 원톤 스컬프쳐 ③ 아크릴 프렌치 스컬프쳐 ④ 네일 랩 익스텐션 ＊ 프리에지 두께 0.5~1mm 미만 ＊ 프리에지 C-커브 원형의 20~40% 비율까지 허용됨	인조네일 제거
과제 선정	총 4개의 과제가 시험 당일 랜덤으로 선정되는 방식으로, 유형별로 1과제가 선정된다.				
배점	20	20	20	30	10

② 수험자 유의사항

다음 사항을 준수하여 실기시험에 임하여 주십시오.
만약 아래의 사항을 지키지 않을 경우, 시험장의 입실 및 수험에 제한을 받는 불이익이 발생할 수 있다
는 점 인지하여 주시고, 시험위원의 지시가 있을 경우, 다소 불편함이 있더라도 적극 협조하여 주시기
바랍니다.

01 수험자와 모델은 시험위원의 지시에 따라야 하며, 지정된 시간에 시험장에 입실해야 합니다.

02 수험자는 수험표 및 신분증(본인임을 확인할 수 있는 사진이 부착된 증명서)을 지참해야 합니다.

03 수험자는 반드시 반팔 또는 긴팔 흰색 위생복(일회용 가운 제외), 마스크(흰색), 긴 바지(색상, 소재 무관)를 착
용하여야 하며, 복장에 소속을 나타내거나 암시하는 표식이 없어야 합니다.

04 수험자 및 모델(사전 컬러링을 제외한)은 눈에 보이는 표식(예 네일 컬러링(자연손톱색 외), 디자인, 손톱장식 등)이 없어야 하며, 표식이 될 수 있는 액세서리(예 반지, 시계, 팔찌, 발찌, 목걸이, 귀걸이 등)를 착용할 수 없습니다.

05 수험자는 시험 중에 관리상 필요한 이동을 제외하고 지정된 자리를 이탈하거나 모델 또는 다른 수험자와 대화할 수 없습니다.

06 과제별 시험 시작 전 준비시간에 해당 시험 과제의 모든 준비물을 정리함(흰색 바구니)에 담아 세팅하여야 하며, 시험 중에는 도구 또는 재료를 꺼낼 수 없습니다.

07 지참하는 준비물은 시중에서 판매되는 제품이면 무방하며, 브랜드를 따로 지정하지 않습니다.

08 수험자가 도구 또는 재료에 구별을 위해 표식(스티커 등)을 만들어 붙일 수 없습니다.

09 수험자는 위생봉투(투명비닐)를 준비하여 쓰레기봉투로 사용할 수 있도록 작업대에 부착합니다.

10 수험자 또는 모델은 스톱워치나 핸드폰을 사용할 수 없습니다.

11 시험 종료 후 소독제, 폴리시 리무버 등의 용액은 반드시 수험자가 가져가야 합니다(쓰레기통이나 화장실에 버릴 수 없습니다).

12 수험자나 모델은 보안경 또는 안경(무색, 투명)을 지참하며 필요한 작업 시 착용해야 합니다.

13 모델은 만 14세 이상의 신체 건강한 남·여(연도 기준)로 아래의 조건에 해당하지 않아야 합니다.
   ① 자연 손톱이 열 개가 아니거나 열 개를 모두 사용할 수 없는 자(단, 발톱은 한쪽 발 기준으로 자연 발톱이 다섯 개가 아니거나 다섯 개를 모두 사용할 수 없는 자)
   ② 손·발톱 미용에 제한을 받는 무좀, 염증성 손·발톱질환을 가진 자
   ③ 호흡기 질환, 민감성 피부, 알레르기 등이 있는 자
   ④ 임신 중인 자
   ⑤ 정신질환자
   ※ 수험자가 동반한 모델도 신분증을 지참하여야 하며, 공단에서 지정한 신분증을 지참하지 않은 경우, 모델로 시험에 참여가 불가능 합니다.

14 모델은 마스크(흰색) 및 긴바지(색상, 소재 무관), 흰색 무지 상의(소재 무관, 남방류 및 니트류 허용, 유색 무늬 불가, 아이보리색 등 포함 유색 불가)를 착용해야 합니다.

15 모델의 손·발톱 상태는 자연 손·발톱 그대로여야 하며 손·발톱이 보수되어 있을 경우 오른손, 왼손, 오른발 각 부위별 2개까지 허용하며 자연 손톱 상태로 길이 연장 등도 가능합니다(단, 오른손 3, 4지는 제외).

16 모델의 오른손·발 1~5지의 손·발톱은 큐티클 정리가 충분히 가능한 상태로, 오른손 1~5지의 손톱은 스퀘어 또는 스퀘어 오프형으로 사전 준비되어야 하고, 오른발 1~5지의 발톱은 라운드 또는 스퀘어 오프형으로 사전 준비되어야 하며, 오른손 1~5지와 오른발 1~5지의 손·발톱은 펄이 미 함유된 빨간색 네일 폴리시가 사전에 완전히 건조된 상태로 2회 이상 풀 코트로 사전에 도포되어 있어야 합니다.

17 2과제 젤 매니큐어 과제는 습식케어가 생략되므로 모델의 왼손 1~5지의 손톱은 큐티클 정리 등의 사전 준비 작업이 되어있어야 하며 손톱 프리에지 형태는 스퀘어 또는 오프 스퀘어 형이어야 합니다.

18 1과제 페디큐어 시 분무기를 이용하여 습식케어를 하며 신체의 손상이 있는 등 불가피한 경우, 왼발로 대체 가능합니다.

19 1과제 매니큐어 작업(30분) 종료 후 감독위원의 지시에 따라 모델은 작업대 위에 앉은 후 의자에 앉아있는 수험자의 무릎에 작업대상 발을 올리는 자세로 페디큐어 작업(30분)을 할 수 있도록 준비해야 합니다.

20 작업 시 사용되는 일회용 재료 및 도구는 반드시 새 것을 사용하고, 과제 시작 전 사용에 적합한 상태를 유지하도록 미리 준비합니다.
    ※ 폴리시·쏙 오프 전용 리무버, 젤 클렌저, 소독제를 제외한 주요 화장품을 덜어서 가져오면 안 됩니다.
    ※ 네일 파일류는 폐기 대상에서 제외합니다.

21 출혈이 있는 경우 소독된 탈지면이나 거즈 등으로 출혈 부위를 소독해야 합니다.

22 작업 시 네일 주변 피부에 잔여물이 묻지 않도록 하여야 하며, 손·발 및 네일 표면과 네일 아래의 거스러미, 분진 먼지, 불필요한 오일 등은 깨끗이 제거되어야 합니다.

23 제시된 시험시간 안에 모든 작업과 마무리 및 주변 정리정돈을 끝내야 하며, 시험시간을 초과하여 작업하는 경우는 해당 과제를 0점 처리합니다.

24 1과제 종료 후 2과제 시작 전 준비 시간에 기작업된 1과제 페디큐어 작업분을 변형 혹은 제거해야 합니다.

25 2과제 종료 후 3과제 준비 시간 전에 시험위원의 지시에 따라 인조네일 4가지 유형 중 선정된 1가지 과제의 재료만을 3과제 시작 전 미리 작업대에 준비해야 합니다.

26 시험 종료 후 시험위원의 지시에 따라 왼손 1~5지 손톱에 기 작업된 2과제 젤 매니큐어 작업분과 4과제 인조네일 제거 시 제거하지 않은 오른손 3지 또는 4지 손톱의 작업분을 변형 혹은 제거한 후 퇴실하여야 합니다.

27 작업에 필요한 각종 도구를 바닥에 떨어뜨리는 일이 없도록 하여야 하고, 네일 글루 등을 조심성 있게 다루어 안전사고가 발생되지 않도록 주의해야 합니다. 특히 큐티클 정리 시 사용 도구(큐티클 니퍼와 푸셔 등)를 적합한 자세와 안전한 방법으로 사용하여야 하며, 멸균 거즈를 보조용구로 사용할 수 있습니다.

28 채점대상 제외 사항

① 시험의 전체과정을 응시하지 않은 경우

② 시험 도중 시험장을 무단이탈하는 경우

③ 부정한 방법으로 타인의 도움을 받거나 타인의 시험을 방해하는 경우

④ 무단으로 모델을 수험자간에 교환하는 경우

⑤ 국가기술자격법상 국가기술자격 검정에서의 부정행위 등을 하는 경우

⑥ 수험자가 위생복을 착용하지 않은 경우

⑦ 수험자 유의사항 내의 모델 조건에 부적합한 경우

29 시험응시 제외 사항

모델을 데려오지 않은 경우

30 득점 외 별도 감점 사항

① 수험자 및 모델의 복장상태 및 마스크 착용, 모델의 손톱·발톱 사전 준비상태 등 어느 하나라도 미 준비하거나 사전준비 작업이 미흡한 경우

② 작업 시 출혈이 있는 경우

③ 필요한 기구 및 재료 등을 시험 도중에 꺼내는 경우

31 오작 사항

① 요구된 과제가 아닌 다른 과제를 작업하는 경우

　　예 풀 코트 페디큐어 과제를 프렌치로 작업하는 경우 등

② 과제에서 요구된 색상이 아닌 다른 색상으로 작업하는 경우

　　예 흰색을 빨강색으로 작업하는 경우 등

③ 작업부위를 바꿔서 작업하는 경우

　　예 각 과제의 작업 대상 손 및 손가락을 바꿔서 작업한 경우 등

★ 출처 : 한국산업인력공단(www.q-net.or.kr)

03 수험자 및 모델의 복장

1 수험자의 복장 상태

① 상의 : 흰색 위생복(반팔 또는 긴팔 가운)
② 하의 : 긴바지(색상, 소재 무관)
③ 신발 : 운동화
④ 두발 : 머리카락 고정용품(머리핀, 머리띠, 머리망 등)은
           검은색만 허용

※ 눈에 보이는 표식(네일 컬러링(지정색 외), 디자인, 손톱장식),
   액세서리 착용금지
※ 반팔 위생복 착용시 안에 입은 티가 가운 밖으로
   나오면 안 됨
※ 흰마스크 1~4과제 착용
※ 보안경 또는 안경 3과제 착용

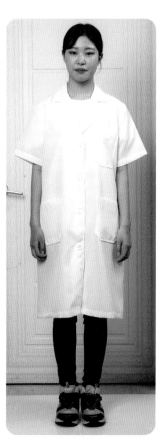

2 모델의 복장상태

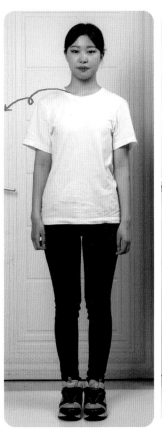

라운드가 많이
파인 옷에
유의하세요!

단발까지는 허용하지만
너무 길면 꼭 묶어주세요!

① 상의 : 흰색 무지(소재 무관, 남방류 및 니트류 허용)

② 하의 : 긴바지(색상 무관)

③ 신발 : 자유

④ 두발 : 머리카락 고정용품(머리핀, 머리띠, 머리망 등)은
         검은색만 허용

※ 눈에 보이는 표식(네일 컬러링(지정색 외), 디자인, 손톱장식),
   액세서리 착용금지

※ 흰마스크 1~4과제 착용

※ 보안경 또는 안경 3과제 착용

④ 수험자 지참 재료목록

일련번호	지참 공구명	규격	단위	수량	비고
1	모델		명	1	모델기준 참조
2	위생 가운		개	1	흰색, 시술자용(1회용 가운 불가)
3	보안경(투명한 렌즈)		개	2	안경으로 대체 가능(3교시에 착용)
4	마스크(흰색)		개	각 1	모델, 수험자
5	손목 받침대 또는 타월(흰색)	40×80cm 내외 정도	개	1	흰색, 손목 받침용
6	타월(흰색)	40×80cm 내외 정도	개	1	작업대 세팅용
7	소독제	액상 또는 젤	개	1	도구·피부 소독용
8	소독용기		개	1	도구·피부 소독용
9	탈지면 용기		개	1	뚜껑이 있는 용기
10	위생봉지(투명비닐)		개	1	쓰레기 처리용(투명비닐)
11	페이퍼 타월		개	1	흰색
12	핑거볼		개	1	
13	큐티클 푸셔		개	1	스테인리스 스틸
14	큐티클 니퍼		개	1	스테인리스 스틸
15	클리퍼		개	1	스테인리스 스틸
16	인조손톱용 파일		개	1	미사용품
17	샌딩 파일		개	1	미사용품
18	광택용 파일		개	1	미사용품
19	더스트 브러시		개	1	네일용
20	분무기		개	1	페디큐어용
21	토우 세퍼레이터		개	1	발가락 끼우개용
22	아크릴 브러시	8~10호 정도	개	1	본인 필요수량
23	아트용 세필 브러시		개	1	본인 필요수량
24	젤 램프기기		개	1	젤 네일 경화용 UV 또는 LED등
25	팁 커터		개	1	
26	탈지면(화장솜)		개	1	소독용 솜
27	큐티클 오일		개	1	
28	지혈제		개	1	소독용
29	실크가위		개	1	
30	디펜디시		개	1	아크릴 스컬프쳐용
31	큐티클 연화제		개	1	큐티클 오일 또는 크림 또는 리무버 등
32	베이스 코트		개	1	네일용
33	탑 코트		개	1	네일용
34	네일 폴리시(빨간색)		개	1	네일용
35	네일 폴리시(흰색)		개	1	네일용
36	폴리시 리무버		개	1	디스펜서 가능
37	네일용 글루		개	1	투명
38	네일용 젤 글루		개	1	투명
39	글루 드라이어		개	1	글루 액티베이터
40	필러 파우더		개	1	파우더형
41	네일 팁	웰선이 있는 형	개	1	내추럴 하프웰 팁(스퀘어)
42	실크		개	1	재단하지 않은 상태
43	아크릴릭 리퀴드		개	1	
44	아크릴릭 파우더(투명 또는 핑크)		개	1	
45	아크릴릭 파우더(흰색)		개	1	

46	네일 폼		개	1	재단하지 않은 상태
47	젤(투명)	하드 젤 또는 소프트 젤	개	1	스컬프쳐용
48	젤 클렌저		개	1	젤 네일용
49	베이스 젤		개	1	젤 네일용
50	탑 젤		개	1	젤 네일용, 미경화가 남지 않는 젤도 사용 가능
51	젤 네일 폴리시(빨간색)	통젤 제외	개	1	젤 네일용
52	젤 네일 폴리시(흰색)	통젤 제외	개	1	젤 네일용
53	젤 브러시		개	1	젤 오버레이용
54	정리함(바구니)	20×30㎝ 이상 정도	개	1	흰색, 도구 및 재료 수납용
55	스펀지		개	필요량	그라데이션용
56	오렌지 우드스틱		개	필요량	
57	멸균거즈		개	필요량	네일관리용
58	보온병(미온수 포함)		개	1	매니·페디큐어용
59	쏙 오프 전용 리무버		개	1	
60	호일	8×8㎝ 이하 정도	개	필요량	쏙 오프용
61	자연손톱용 파일		개	1	미사용품

※ 타월류의 경우는 비슷한 크기이면 가능합니다.
※ 네일 전처리제(프라이머, 프리 프라이머)는 추가 지침이 가능합니다.
※ 핀타입 젤 램프기기는 추가 지참 및 혼용 사용(일반형과 핀타입 혼용 사용 가능)이 가능합니다.
※ 핀칭 집게, 붓 거치대는 지참이 불가합니다.
※ 폴리시·쏙 오프 전용 리무버, 젤 클렌저, 소독제를 제외한 주요 화장품을 덜어서 가져오시면 안 됩니다.
※ 공개문제 및 수험자 지참 준비물에 언급된 도구 및 재료 중 기타 실기시험에서 요구한 작업 내용에 영향을 주지 않는 범위 내에서 수험자가 네일 미용 작업에 필요하다고 생각되는 재료 및 도구 등은(ⓔ 네일 폴리시, 파일류 등) 더 추가 지참할 수 있으며, 물티슈 등은 위생적으로 검증이 어려워 사용이 불가하므로 멸균 거즈를 그 대용으로 사용하시기 바랍니다.
※ 수험자 복장 : 마스크(흰색) 착용, 상의 – 흰색 위생 가운, 하의 – 긴 바지(색상 및 소재 무관)
※ 모델 복장 : 마스크 착용(흰색), 상의 – 흰색 무지 상의(유색 무늬 불가, 소재 무관, 남방 및 니트류 허용, 아이보리색 등 포함 유색 불가), 하의 – 긴 바지(색상 및 소재 무관)
※ 모델의 오른손·발 1~5지의 손·발톱은 큐티클 정리가 충분히 가능한 상태로 오른손 1~5지의 손톱은 스퀘어 또는 스퀘어 오프형으로 사전 준비되어야 하고, 오른발 1~5지의 발톱은 라운드 또는 스퀘어 오프형으로 사전 준비되어야 하며, 오른손 1~5지와 오른발 1~5지의 손·발톱은 펄이 미 함유된 빨강색 네일 폴리시가 사전에 완전히 건조된 상태로 2회 이상 풀코트로 도포되어 있어야 합니다.
※ 네일 파일류는 폐기 대상이 아닙니다.
※ 수험자와 모델은 보안경 또는 안경(무색, 투명)을 지참하며 필요한 작업 시 착용해야 합니다.
※ 모델은 만 14세 이상의 신체 건강한 남, 여(연도 기준)로 아래의 조건에 해당하지 않아야 합니다.
　① 자연 손톱이 열 개가 아니거나 열 개를 모두 사용할 수 없는 자(단, 발톱은 한쪽 발 기준으로 자연 발톱이 다섯 개가 아니거나 다섯 개를 모두 사용할 수 없는 자)
　② 손·발톱 미용에 제한을 받는 무좀, 염증성 손·발톱질환을 가진 자
　③ 호흡기 질환, 민감성 피부, 알레르기 등이 있는 자
　④ 임신 중인 자
　⑤ 정신질환자
※ 수험자가 동반한 모델도 신분증을 지참하여야 하며, 공단에서 지정한 신분증을 지참하지 않은 경우, 모델로 시험에 참여가 불가능합니다.
※ 물어뜯은 손톱, 파고드는 손톱, 멍든 손·발톱 등은 염증성 질환이 아닌 경우 대동모델기준으로 가능하며 별도의 감점처리 대상이 되지 않습니다.
※ 모델의 손·발톱 상태는 자연 손·발톱 그대로여야 하며 손·발톱이 보수되어있을 경우 오른손, 왼손, 오른발 각 부위별 2개까지 허용하며 자연손톱 상태로 길이 연장 등도 가능합니다(단, 오른손 3, 4지는 제외).
※ 모델의 발을 지탱하기 위한 보조 도구로 필요시에 발판(흰색), 타월(흰색), 쿠션(흰색), 박스 등을 흰색 타월이나 종이 등으로 싸오는 경우 등도 가능하며 모델의 발을 책상에 올리는 자세로는 작업이 불가합니다.
※ 네일 팁 사양
　– 사용 가능한 네일 팁 : 내추럴 하프웰 팁(스퀘어) – 웰선이 있는 형
　– 사용 불가능한 네일 팁 : 웰선이 없는 형, 하프팁이 아닌 풀팁형 등
※ 인조네일 과제의 프리에지 C–커브는 원형의 20~40%의 비율까지 허용이 됨을 참고하시기 바랍니다(인조네일 과제의 길이 : 프리에지 중심 기준으로 0.5~1cm 미만).
※ 수험자의 복장상태 중 위생복 속 반팔 또는 긴팔 티셔츠가 밖으로 나온 것도 감점사항에 해당함을 양지바랍니다.

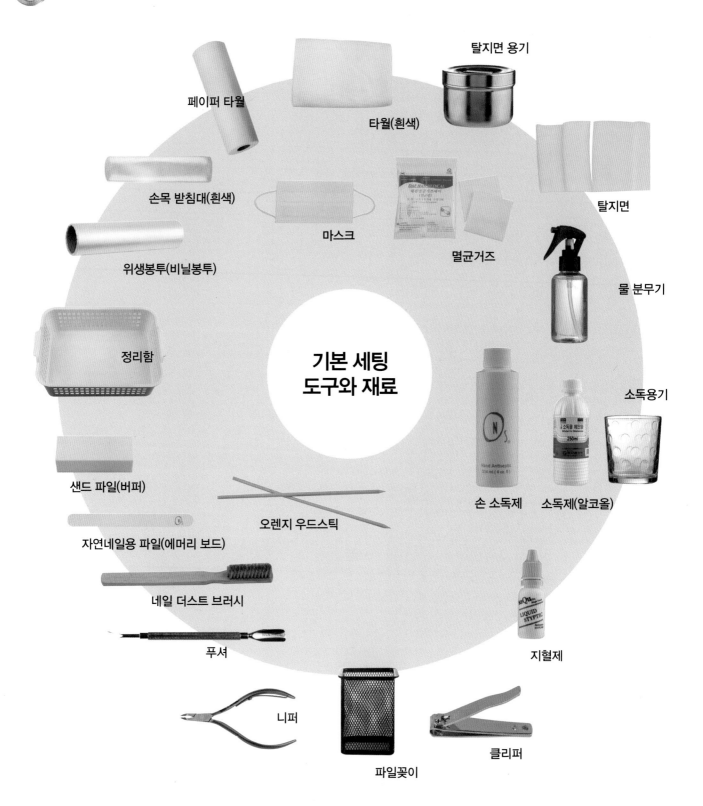

탈지면 용기

페이퍼 타월

타월(흰색)

손목 받침대(흰색)

탈지면

마스크

위생봉투(비닐봉투)

멸균거즈

물 분무기

정리함

소독용기

기본 세팅
도구와 재료

샌드 파일(버퍼)

손 소독제   소독제(알코올)

자연네일용 파일(에머리 보드)

오렌지 우드스틱

네일 더스트 브러시

지혈제

푸셔

니퍼

클리퍼

파일꽂이

탑 코트

베이스 코트

네일 폴리시(빨간색)

네일 폴리시(흰색)

[1과제]

매니큐어 및 페디큐어

큐티클 오일

핑거볼

큐티클 연화제
(크림/리무버)

폴리시 리무버

젤 네일 폴리시(빨간색, 흰색)

젤 클렌저

베이스 젤

[2과제]

젤 매니큐어

젤 램프

탑 젤

젤 아트 세필 브러시

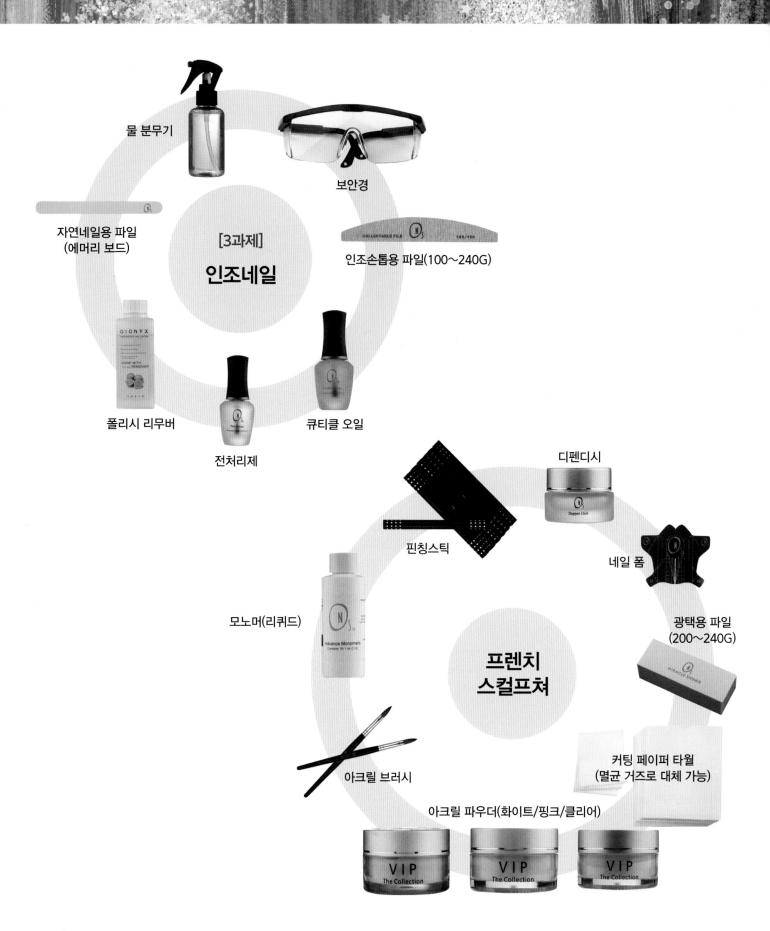

물 분무기

보안경

자연네일용 파일
(에머리 보드)

인조손톱용 파일(100~240G)

[3과제]
인조네일

폴리시 리무버

전처리제

큐티클 오일

디펜디시

핀칭스틱

네일 폼

모노머(리퀴드)

광택용 파일
(200~240G)

**프렌치
스컬프쳐**

커팅 페이퍼 타월
(멸균 거즈로 대체 가능)

아크릴 브러시

아크릴 파우더(화이트/핑크/클리어)

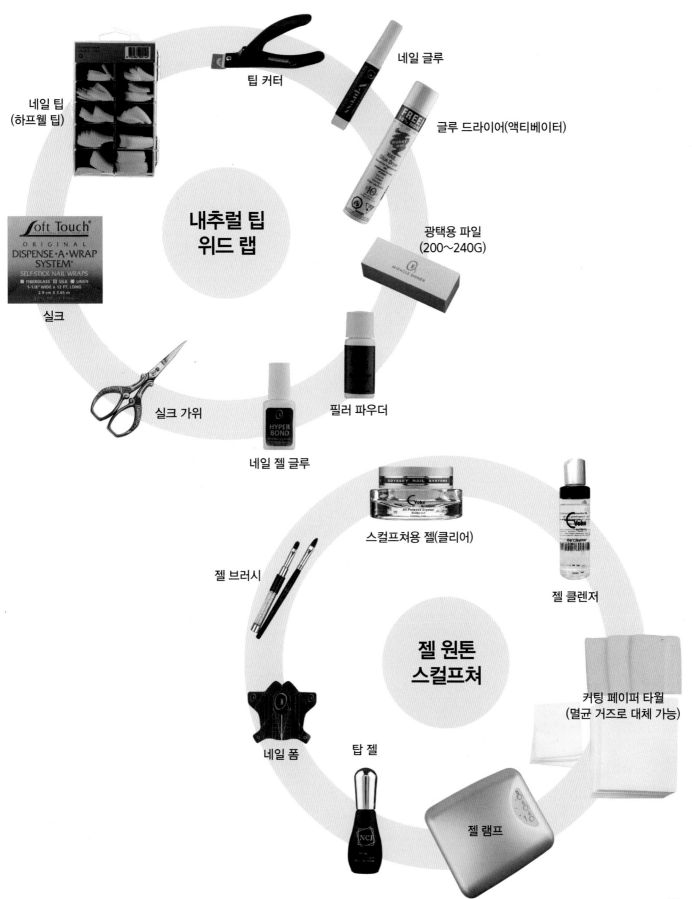

네일 글루

팁 커터

글루 드라이어(액티베이터)

네일 팁
(하프웰 팁)

광택용 파일
(200~240G)

실크

**내추럴 팁
위드 랩**

필러 파우더

실크 가위

네일 젤 글루

스컬프쳐용 젤(클리어)

젤 클렌저

젤 브러시

**젤 원톤
스컬프쳐**

커팅 페이퍼 타월
(멸균 거즈로 대체 가능)

네일 폼

탑 젤

젤 램프

네일 글루

핀칭스틱

글루 드라이어(액티베이터)

실크

광택용 파일
(200~240G)

**네일 랩
익스텐션**

실크 가위

필러 파우더

네일 젤 글루

알루미늄 호일

인조손톱용 파일(100~240G)

[4과제]

**인조네일
제거**

커팅 페이퍼 타월
(멸균 거즈로 대체 가능)

큐티클 오일

쏙 오프 전용 리무버
(퓨어 아세톤)

탈지면

⑥ 기본 시술법

【코튼스틱 만드는 법】

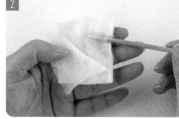

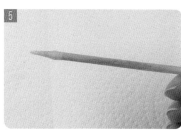

솜의 겉표면은 소량으로 오렌지 우드 스틱에 말아내기가 용이하지 않으므로 소독솜을 반으로 갈라 그 단면에서 아주 소량을 덜어낸다.

 과정 요약

① **오렌지 우드스틱 형태 다듬기**
파일에 오렌지 우드스틱의 면을 갈아 원하는 두께와 형태로 조형한다.

② **소독솜 펼치기**
코튼 섬유가 잘 일어나도록 소독솜을 반으로 펼친다.

③ **오렌지 우드스틱에 말기**
소독솜 위에 스틱을 올린 후 가볍게 돌려가며 원하는 크기가 될 때까지 코튼 섬유를 말아준다.

④ **압착하기**
손바닥 위에서 스틱을 돌려가며 코튼 섬유를 스틱에 압착한다.

【네일 더스트 브러시 사용 방법】

물기 제거하기
소독용기에 들어있는 네일 더스트 브러시는 멸균거즈에 물기를 털어 내어 사용한다(최초 소독).

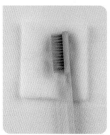

사용 후 보관방법
각 과제 시술 중 최초 소독 후에는 매번 다시 소독할 필요는 없다.
※ 출혈이나 사용 부위의 오염이 있을 경우에는 다시 소독해야 한다.

【멸균거즈 사용 방법】

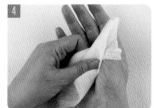

펼친 멸균거즈의 중심에 오른 손 엄지를 둔다.

엄지 오른쪽 위 남은 거즈를 삼각형이 되도록 아래로 접어 내린다.

왼쪽의 남은 거즈를 아래로 접어 내린다.

왼쪽에 남은 거즈를 말아 쥔다.

니퍼와 함께 작업할 경우

니퍼와 따로 작업할 경우
※ 시술자의 왼손이 모델 손을 자주 만지는 경우 이 방법이 용이하다

【니퍼 쥐는 방법】

니퍼의 조인트 부분을 오른손 검지 위에 올린다.

조인트 윗부분을 엄지로 가볍게 눌러 잡는다.

남은 검지, 중지, 약지, 소지로 니퍼의 몸체를 말아 쥔다.

올바르게 잡은 손(O)

잘못 잡은 손(×)
큐티클과의 작업 사이가 너무 멀어서 위험할 수 있다.

실제 시술 자세
※ 니퍼를 사용할 때에는 항상 왼손바닥 또는 오른손바닥에 검지를 대고 지지대를 만들어 니퍼가 흔들리지 않도록 한다.

【파일 다듬기】

  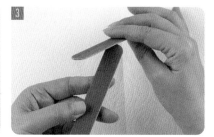

자연손톱 모양을 만들기 전에 파일의 에지를 같은 그릿의 파일로 부드럽게 만들어 손톱 주위의 손상을 방지한다.

새 파일에 오목한 면과 볼록한 면까지 고르게 다듬어 모양을 만든다.

파일의 표면과 함께 코너에지도 빠짐없이 부드럽게 다듬어 준다.

※ 쿠션 파일, 샌드버퍼도 동일

【네일 폴리시 보틀(Bottle) 잡는 방법】

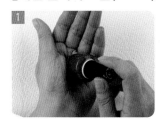  

왼손 손바닥 중앙에 폴리시 병을 놓고 가볍게 감아쥔다.

【네일 폴리시 양 조절 방법】

프리에지 도포 폴리시 병 입구에서 양을 덜어낸 후 브러시 팁(끝) 부분에만 폴리시가 소량 맺힐 수 있게 조절한다.

표면 도포 브러시의 한쪽 면을 폴리시 병 입구에서 눌러 반대쪽 면에 컬러가 맺힐 수 있게 표면에 도포할 1-Coat의 양을 조절한다. 1-Coat에서는 적당하게, 2-Coat에서는 양을 조금 넉넉히 한다. 발색이 안 되는 폴리시인 경우 얇게 3번 도포해도 괜찮다.

  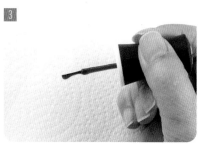

제1과제

I

매니큐어

30분

II

페디큐어

30분

과제명	매니큐어	페디큐어
쉐입	라운드 쉐입	스퀘어 쉐입
시험시간	30분	30분
대상부위	오른손 1~5지 손톱	오른발 1~5지 발톱
세부과제	① 풀코트 레드 ② 프렌치 (스마일 라인 넓이 0.3~0.5cm) ③ 딥 프렌치 (스마일 라인 폭 손톱 전체 길이의 1/2 이상 시술) ④ 그라데이션 화이트	① 풀코트 레드 ② 딥 프렌치 ③ 그라데이션
배점	20	20

※ 매니큐어 ①~④ 과제 중 1과제 선정, 페디큐어 ①~③ 과제 중 1과제 선정
※ 1과제 페디큐어 시 분무기를 이용하여 습식 케어를 하며 신체의 손상이 있는 등 불가피한 경우 왼발로 대체 가능합니다.
※ 1과제 매니큐어 작업(30분) 종료 후 감독위원의 지시에 따라 모델은 작업대 위에 앉은 후 의자에 앉아있는 수험자의 무릎에 작업대상의 발을 올리는 자세로 페디큐어 작업(30분)을 할 수 있도록 준비해야 합니다.
※ 1과제 종료 후 2과제 시작 전 준비시간에 기작업된 1과제 페디큐어 작업분을 변형 혹은 제거해야 합니다.

1 시험내용

형태	길이	시술	시간	배점
라운드	옐로우 라인에서 5mm 미만	오른손 1~5지 손톱	30분	20점

풀 코트(Full Coat)

프렌치(French)

딥 프렌치(Deep French)

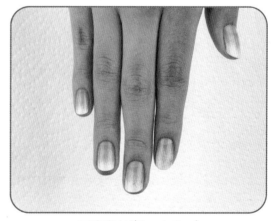

그라데이션(Gradation)

2 시간 배분

1	2	3	4	5	6	7	8	9	10	11	12	13	14	15	16	17	18	19	20	21	22	23	24	25	26	27	28	29	30

소독, 폴리시 제거, 모양잡기, 표면정리 ｜ 케어, 소독 ｜ 컬러링 ｜ 마무리

0 ────── 8 ────── 13 ────────── 28 ── 30

3 전과정 미리보기

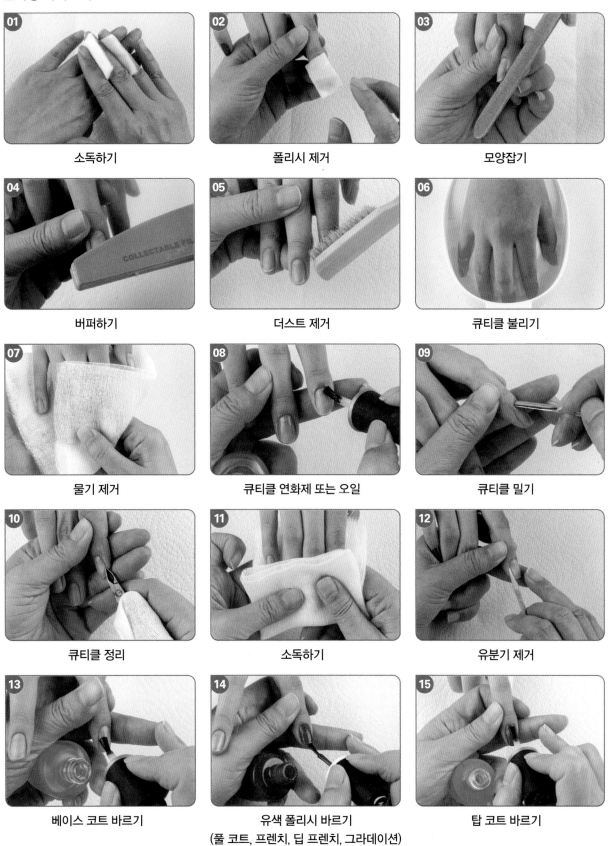

01 소독하기

02 폴리시 제거

03 모양잡기

04 버퍼하기

05 더스트 제거

06 큐티클 불리기

07 물기 제거

08 큐티클 연화제 또는 오일

09 큐티클 밀기

10 큐티클 정리

11 소독하기

12 유분기 제거

13 베이스 코트 바르기

14 유색 폴리시 바르기
(풀 코트, 프렌치, 딥 프렌치, 그라데이션)

15 탑 코트 바르기

⚠ 주의사항   마무리에 오일을 사용할 수 없음

4 테이블세팅

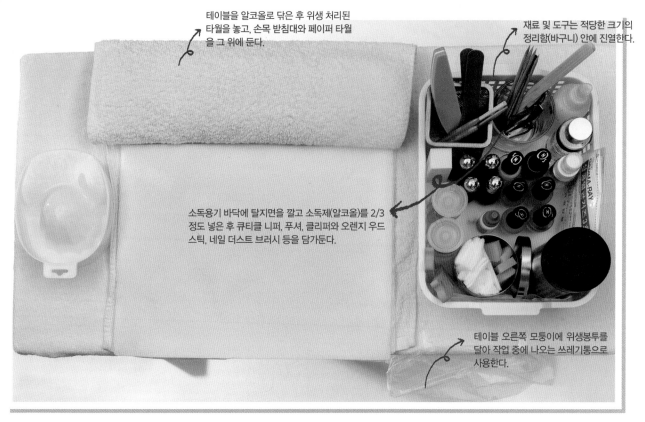

테이블을 알코올로 닦은 후 위생 처리된 타월을 놓고, 손목 받침대와 페이퍼 타월을 그 위에 둔다.

재료 및 도구는 적당한 크기의 정리함(바구니) 안에 진열한다.

소독용기 바닥에 탈지면을 깔고 소독제(알코올)를 2/3 정도 넣은 후 큐티클 니퍼, 푸셔, 클리퍼와 오렌지 우드 스틱, 네일 더스트 브러시 등을 담가둔다.

테이블 오른쪽 모퉁이에 위생봉투를 달아 작업 중에 나오는 쓰레기통으로 사용한다.

CHECK LIST

기본 세팅 재료와 도구

- ☐ 마스크
- ☐ 지혈제
- ☐ 타월(흰색)
- ☐ 정리함
- ☐ 탈지면(화장솜)
- ☐ 클리퍼
- ☐ 소독제(알코올)
- ☐ 소독용기

- ☐ 파일꽂이
- ☐ 멸균거즈
- ☐ 탈지면 용기
- ☐ 페이퍼 타월
- ☐ 손목 받침대
- ☐ 오렌지 우드스틱
- ☐ 큐티클 푸셔
- ☐ 큐티클 니퍼

- ☐ 위생봉투(비닐봉투)
- ☐ 네일 더스트 브러시
- ☐ 자연네일용 파일
   (에머리 보드)
- ☐ 샌드 파일(버퍼)
- ☐ 손 소독제
- ☐ 라운드패드
- ☐ 폴리시 리무버

매니큐어 및 페디큐어 재료와 도구

- ☐ 스펀지
- ☐ 탑 코트
- ☐ 베이스 코트
- ☐ 네일 폴리시(빨간색, 흰색)
- ☐ 큐티클 연화제(리무버), 큐티클 오일
- ☐ 보온병(미온수)
- ☐ 알루미늄 호일(8×8cm 이하)
- ☐ 토우 세퍼레이터
- ☐ 핑거볼
- ☐ 물 분무기

※ 1과제 매니큐어, 페디큐어에 해당되는 재료와 도구를 반드시 세팅해야 합니다.

준비 재료

베이스 코트 (Base Coat)   컬러 폴리시   탑 코트(Top Coat)   농도 조절용 호일   토우 세퍼레이터(발가락 분리기)

그라데이션용 스펀지

---

①▶ 사전 준비

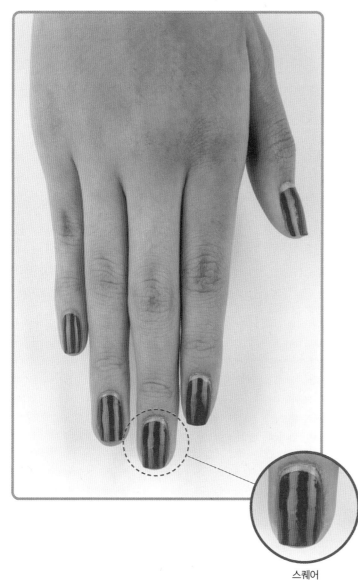

스퀘어

👍 시술 전 모델의 준비상태

① 일주일 전에 케어와 컬러를 한 상태
오른손 1~5지 손가락

② 큐티클
큐티클이 자라난 상태 체크!
일주일 전 정도에 케어를 하는 것이 좋다.

③ 컬러링
손톱이 조금 자라난 상태이며 꼼꼼하게 컬러링되어 있다.

④ 형태
스퀘어로 조형되어 있어야 한다.

👍 체크포인트

① 사전에 폴리시를 도포하였는가?
펄이 없는 빨간색 폴리시를 발라온다.

② 손톱과 주변 피부의 상태는 양호한가?
손톱과 손톱 주변의 피부에 이물질이 묻어 있지는 않은지,
케어가 제대로 되어 있는지 확인한다.

③ 손톱을 보수하였는가?
모델의 손톱은 오른손, 왼손의 각 부위별 2개까지 허용되
며 이때 손톱의 형태는 스퀘어 또는 스퀘어 오프 / 오버 스
퀘어 형태여야 한다(단, 오른손 3, 4지는 제외).

🔍 수험자 유의사항

① 모델 손톱의 준비상태는 빨간색 폴리시가 풀 컬러로 도포된 스퀘어 형태를 유지하시오.
② 자연네일 파일링 시 문지르거나 비비지 말고 한 방향으로 파일링하시오.
③ 길이는 옐로우 라인의 중심에서 5mm 이내의 길이로 일정하게 작업하시오.
④ 큐티클 연화제(큐티클 오일 / 리무버 / 크림), 멸균거즈는 작업 상황에 맞도록 적절히 사용하시오.
⑤ 탑 코트 후 마무리 시, 오일을 사용하지 마시오.
⑥ 컬러 도포 시 네일 폴리시의 브러시를 사용하시오.
⑦ 큐티클 니퍼, 큐티클 푸셔, 클리퍼, 네일 더스트 브러시, 오렌지 우드스틱(푸셔용)은 알코올 소독용기에 담가 두시오.

❷▶ 공통과정

1 손 소독하기

🔗 **소독솜 잡는 방법**

중지와 약지 위로 솜을 올리고 검지와 소지로 가볍게 잡는다.

🔗 **소독제 뿌리기**

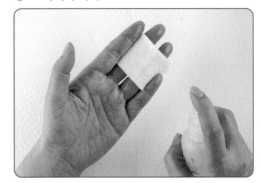

손 소독제를 뿌려 소독솜을 충분히 적신다.

🔗 **수험자 손 소독**

수험자의 손등, 손바닥, 손가락 사이를 소독한다.

🔗 **모델의 손 소독**

모델의 손등, 손바닥, 손가락 사이를 소독한다.

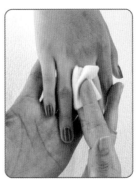

② 시술되어진 네일 폴리시 제거(Off)하기

탈지면을 폴리시 리무버에 충분히 적셔준다.

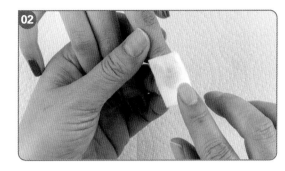

손톱 위에 하나씩 올려 폴리시가 빨리 용해될 수 있도록
가볍게 눌러 밀착시킨다.

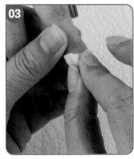
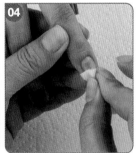

좌우로 가볍게 누르듯이 밀어주는데, 검지로 지그시
눌러 한 번에 쓸어내린다.

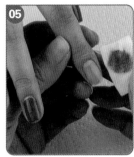
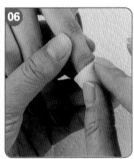

컬러가 묻어나온 면이 손에 묻지 않도록 접어서 덜
닦인 면을 다시 닦아낸다.

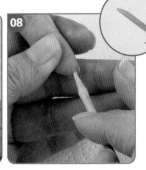

파일로 오렌지
우드스틱을 다듬어서
손톱 주변에 묻은
폴리시를 제거하는데
사용할 수 있다.

오렌지 우드스틱의 면 또는 거즈를 이용하여 자연손톱
의 사이드를 깨끗이 닦아낸 후 모델 손등을 바닥으로 하
여 프리에지에 남은 폴리시의 잔여물을 닦아낸다.

3 형태 및 표면 다듬기

🔗 모양잡기

01 손톱의 왼쪽 코너부터 각도를 유지하여 한 방향으로 파일을 한다.

02 손톱이 보이는 각도는 45° 이므로 파일을 연결하여 라운드 모양을 만든다.

03 자연손톱의 코너를 파일 후 자연스럽게 라운드 모양으로 중앙을 연결한다.

04 중앙을 연결하면서 전체의 형태를 파일의 각도로 감지한다.

05 왼쪽과 같이 오른쪽도 라운드 모양으로 중앙과 연결한다.

06 파일의 끝을 잡고 각도를 맞추어 잡아야 파일의 흔들림이 적어 올바른 형태를 만들기 유리하다.

07 자연손톱의 오른쪽 모양도 좌측과 대칭이 되도록 각도를 똑같이 유지한다.

🔗 버퍼하기

손톱 표면을 고르게 버퍼하고 손톱 프리에지의 거스러미를 정리한다.

손톱 프리에지의 거스러미를 확인하고 라운드 패드로 다시 한 번 제거할 수도 있다.

🔗 더스트 제거

네일 더스트 브러시로 더스트를 털어준다.

4 큐티클 정리하기

🔗 큐티클 불리기

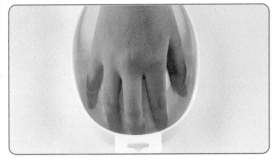

핑거볼에 미온수를 넣어 손을 불린다.

🔗 물기 제거

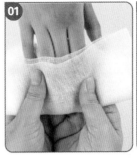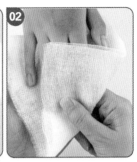

멸균거즈를 이용하여 손을 닦아준다. 손가락 마디마디 꼼꼼히 닦아 물기가 남지 않게 한다.

🔗 큐티클 연화제 또는 오일

큐티클 오일 또는 큐티클 유연제를 큐티클 라인에 도포한다.

🔗 큐티클 밀기

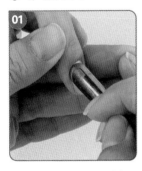

큐티클 사이드와 중앙을 45° 각도로 조심스럽게 밀어준다. 큐티클 주위의 자연손톱에 손상이 가지 않도록 큐티클만 가볍게 밀어준다.

🔗 니퍼하기

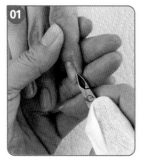

01

오른쪽 사이드에서부터 큐티클 라인을 따라 니퍼의 날을 큐티클과 45° 각도를 유지하여 한줄로 이어서 이동한다.

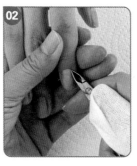

02

코너를 정리할 때는 니퍼의 뒷날을 살짝 들어 뒷날이 다른 부위의 큐티클을 손상하는 것을 방지한다.

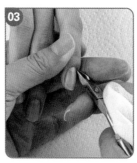

03

큐티클 라인 중앙 2/3까지만 니퍼로 정리 후 왼쪽으로 이동한다.

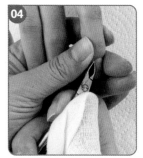

04

왼쪽 사이드도 큐티클 라인을 따라 니퍼를 이동한다.

05

코너에서는 반대쪽과 같이 진행방향 안쪽으로 니퍼를 손톱 쪽으로 살짝 기울여 정리한다.

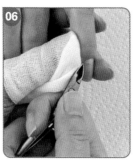

06

코너에서는 반대쪽과 같이 진행방향 안쪽으로 남은 큐티클 라인 중앙 1/3까지만 니퍼로 정리한다.

🔗 거스러미 닦아내기

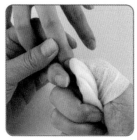

푸셔와 니퍼 사용 후 큐티클 라인에 남은 거스러미를 멸균거즈로 밀어서 닦아 낸다.

🔗 소독하기

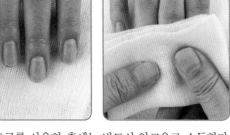

메탈 도구를 사용한 후에는 반드시 알코올로 소독한다. 이때, 멸균거즈를 모델의 손 아래쪽에 대고 소독제를 뿌려서 소독해도 된다.

5 유분기 제거하기

오렌지 우드스틱에 솜을 말거나 거즈로 폴리시 리무버를 적셔 손톱의 표면, 사이드, 프리에지까지 꼼꼼히 유분기를 제거한다.

Chapter 1 풀 코트 매니큐어

요구사항

지참 재료 및 도구를 사용하여 아래의 요구사항대로 풀 코트 매니큐어를 완성하시오.

1. 수험자의 손 및 모델의 손과 손톱 소독

2. 모델의 오른손에 도포되어 있는 네일 폴리시를 깨끗하게 제거

3. 오른손의 5개의 손톱(1~5지)에 습식 매니큐어 실시

4. 손톱 프리에지의 형태는 라운드
   ※ 라운드 : 스트레스 포인트에서부터 프리에지까지의 직선이 존재하고, 끝 부분은 라운드 형태를 이루어야 하며, 프리에지의 어느 곳에서도 각이 없는 상태

5. 손톱 주변 큐티클을 오렌지 우드스틱 또는 큐티클 푸셔를 사용하여 안전하게 밀기

6. 큐티클 니퍼를 사용하여 손톱 주변의 불필요한 손거스러미 등을 정리

7. 펄이 첨가되지 않은 순수 빨간색 네일 폴리시를 사용하여 오른손 1~5지의 손톱 모두를 풀 코트로 완성

8. 컬러 도포 시 프리에지 단면의 앞 선까지 모두 도포

9. 베이스 코트 1회 – 빨간색 폴리시 2회 – 탑 코트 1회

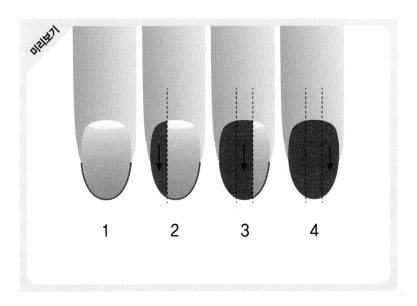

미리보기

1 2 3 4

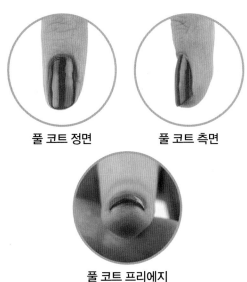

풀 코트 정면   풀 코트 측면

풀 코트 프리에지

시술 순서   ① 사전준비 35p ➡ ② 공통과정 36p ➡ ③ 컬러링 42p

①▶ 사전준비 35p

②▶ 공통과정 36p

③▶ 컬러링(풀 코트)

1 베이스 코트 도포하기

브러시의 끝을 이용하여 프리에지부터 베이스 코트를 도포한다.

브러시의 각도를 45°로 하여 얇게 도포한다.

사이드에도 꼼꼼히 도포하여야 한다.

베이스 코트도 가상길이를 생각하며 끝까지 쓸어내리며 도포한다.

2 컬러 도포하기

[컬러 도포하기]
동영상 QR코드

손톱의 컬러 손상을 고려해 프리에지부터 폴리시를 도포한다.

풀 코트는 큐티클과의 간격을 0.15㎜ 정도 띄우고 도포한다.

왼쪽부터 브러시의 각도를 45°로 잡고 9~15번 가량 겹쳐서 도포한다.

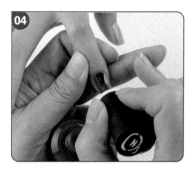

1회
도포후
02~06
방법으로
한번 더
도포한다.

브러시 왼쪽은 손톱 측면에 닿게 하고 브러시 오른쪽은 힘을 뺀다.

손톱 정중앙에 브러시 전체를 45°로 대고 재빨리 겹쳐서 도포한다.

가상길이를 생각해 프리에지까지 브러시를 길게 빼서 도포한다.

3 탑 코트 도포하기

브러시에 힘을 많이 주면 컬러에 들어있는 솔벤트 성분으로 인해 지워질 수 있으니 주의한다.

프리에지부터 탑 코트를 도포한다.

탑 코트를 전체적으로 빈틈없이 도포한다.

4 마무리

멸균거즈를 사용하여 폴리시의 잔여물을 지운다(오렌지 우드스틱으로 지워도 괜찮다).

풀 코트 매니큐어

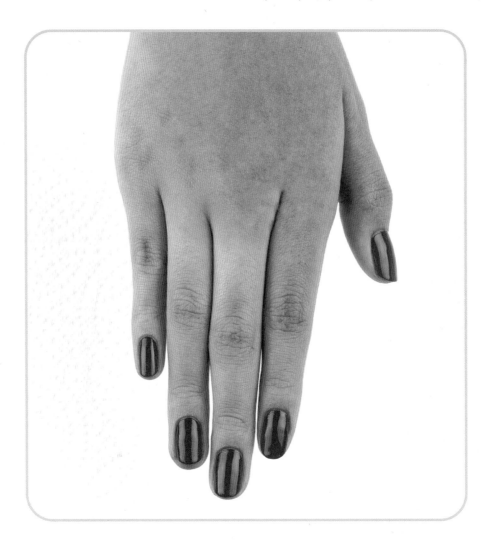

풀 코트 정면

풀 코트 측면

풀 코트 프리에지

Chapter 2 프렌치 매니큐어

지참 재료 및 도구를 사용하여 아래의 요구사항대로 프렌치 매니큐어를 완성하시오.

1. 수험자의 손 및 모델의 손과 손톱 소독

2. 모델의 오른손에 도포되어 있는 네일 폴리시를 깨끗하게 제거

3. 오른손의 5개의 손톱(1~5지)에 습식 매니큐어 실시

4. 프리에지의 형태는 라운드

   ※ 라운드 : 스트레스 포인트에서부터 프리에지까지의 직선이 존재하고, 끝 부분은 라운드 형태를 이루어야 하며, 프리에지의 어느 곳에서도 각이 없는 상태

5. 큐티클을 오렌지 우드스틱 또는 큐티클 푸셔를 사용하여 안전하게 밀기

6. 큐티클 니퍼를 사용하여 손톱 주변의 불필요한 손거스러미 등을 정리

7. 펄이 첨가되지 않은 순수 흰색 네일 폴리시를 사용하여 오른손 1~5지의 손톱 모두를 프렌치로 완성

   (프렌치 라인의 상하 너비는 3~5mm, 완만한 스마일 라인)

8. 컬러 도포 시 프리에지 단면의 앞 선까지 모두 도포

9. 베이스 코트 1회 – 흰색 폴리시 2회 – 탑 코트 1회

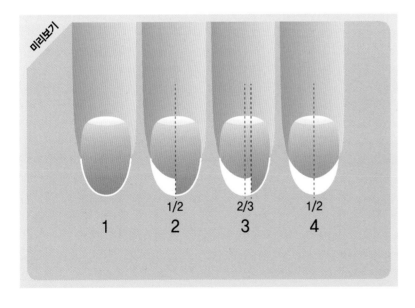

미리보기

1   2 (1/2)   3 (2/3)   4 (1/2)

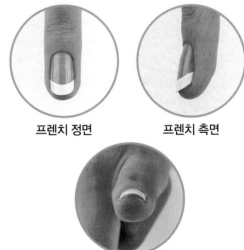

프렌치 정면   프렌치 측면

프렌치 프리에지

---

① ▶ **사전준비** 35p

② ▶ **공통과정** 36p

③ ▶ **컬러링(프렌치)**

1 베이스 코트 도포하기

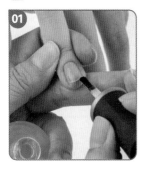

브러시의 끝을 이용하여 프리에지부터 베이스 코트를 도포한다.

브러시의 각도를 45°로 하여 얇게 도포한다.

사이드에도 꼼꼼히 도포하여야 한다.

베이스 코트도 가상길이를 생각하며 끝까지 쓸어내리며 도포한다.

2 컬러 도포하기

[컬러 도포하기]
동영상 QR코드

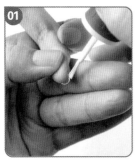

손톱의 컬러 손상을 고려해 프리에지부터 폴리시를 도포한다.

왼쪽 코너에서부터 브러시의 각도를 45°로 하여 얇게 밀착시켜 도포한다.

왼쪽 코너에서부터 손톱의 아치를 의식하여 모델의 손을 조금씩 돌려 잡으며 중앙으로 도포한다(프렌치 라인은 3~5mm 이내).

중앙의 라인은 양쪽의 대칭을 고려해 한 번 더 끊어서 도포한다.

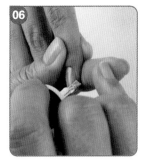

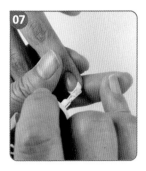

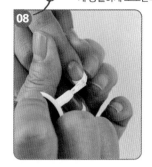

1회 도포 후 02~07 방법으로 1회 도포한 스마일 라인이 벗어나지 않게 동일하게 도포한다.

손톱 표면 가로 너비의 2/3 지점까지만 이동한다.

오른쪽 사이드 끝에서부터 중앙을 향해 스마일 라인을 이어준다. 이때, 시작되는 라인의 위치는 좌우 대칭이어야 한다.

오른쪽에서는 라인 위치를 용이하게 만들기 위해 모델의 손을 살짝 들어준다.

라인이 선명하고 대칭이 맞는지 확인하여 스마일 라인을 수정한다.

3 탑 코트 도포하기

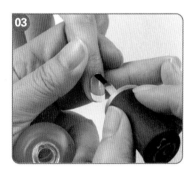

컬러가 도포된 부분을 먼저 도포한다.

브러시에 힘을 많이 주면 컬러가 묻어날 수 있으니 주의한다.

화이트 스마일 라인과 탑 코트의 단차를 고려하여 탑 코트를 전체 도포한다.

4 마무리

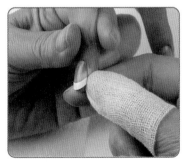

멸균거즈를 사용하여 폴리시의 잔여물을 지운다(오렌지 우드스틱으로 지워도 괜찮다).

프렌치 매니큐어

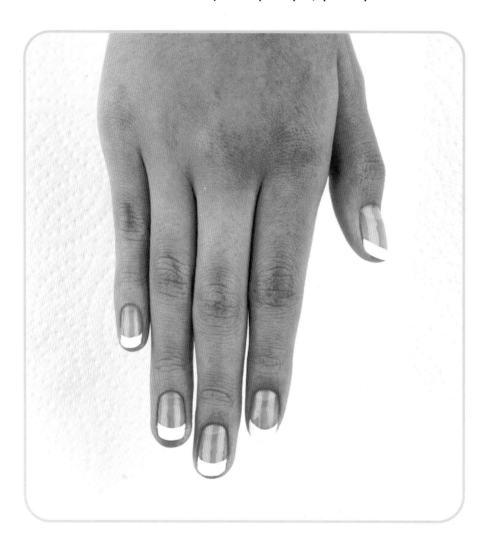

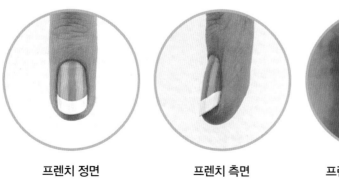

프렌치 정면	프렌치 측면	프렌치 프리에지

Chapter 3 딥 프렌치 매니큐어

요구사항

지참 재료 및 도구를 사용하여 아래의 요구사항대로 딥 프렌치 매니큐어를 완성하시오.

1. 수험자의 손 및 모델의 손과 손톱 소독

2. 모델의 오른손에 도포되어 있는 네일 폴리시를 깨끗하게 제거

3. 오른손의 5개의 손톱(1~5지)에 습식 매니큐어 실시

4. 프리에지의 형태는 라운드
   ※ 라운드 : 스트레스 포인트에서부터 프리에지까지의 직선이 존재하고, 끝 부분은 라운드 형태를 이루어야 하며, 프리에지의 어느 곳에서도 각이 없는 상태

5. 손톱 주변 큐티클을 오렌지 우드스틱 또는 큐티클 푸셔를 사용하여 안전하게 밀기

6. 큐티클 니퍼를 사용하여 손톱 주변의 불필요한 손거스러미 정리

7. 펄이 첨가되지 않은 순수 흰색 네일 폴리시를 사용하여 오른손 1~5지의 손톱 모두를 딥 프렌치로 완성
   (딥 프렌치 라인은 손톱 전체 길이의 1/2 이상 부분, 반월 부분은 침범하지 않도록)

8. 컬러 도포 시 프리에지 단면의 앞 선까지 모두 도포

9. 베이스 코트 1회 – 흰색 폴리시 2회 – 탑 코트 1회

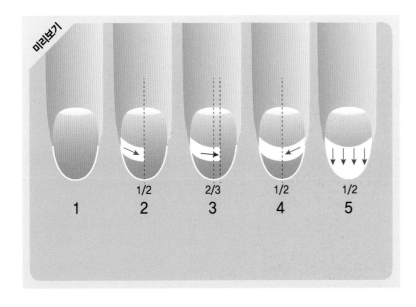

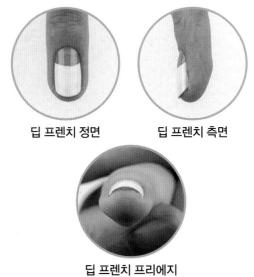

딥 프렌치 정면   딥 프렌치 측면

딥 프렌치 프리에지

시술 순서   ① 사전준비 35p ➡ ② 습식케어 36p ➡ ③ 컬러링 50p

①▶ 사전준비 35p

②▶ 공통과정 36p

③▶ 컬러링(딥 프렌치)

▣ 베이스 코트 도포하기

브리시의 끝을 이용하여 프리에지부터 베이스 코트를 도포한다.

브리시의 각도를 45°로 하여 얇게 도포한다. 사이드에도 꼼꼼히 도포하여야 한다.

베이스 코트도 가상길이를 생각하며 끝까지 쓸어내리며 도포한다.

② 컬러 도포하기

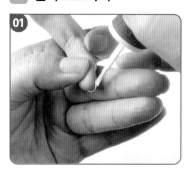

손톱의 컬러 손상을 고려해 프리에지부터 폴리시를 도포한다.

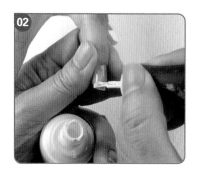

손톱 전체 길이의 1/2이상 부분이며 반월부분이 침범하지 않도록 시작점을 잡아준다.

왼쪽 코너에서부터 손톱의 아치를 의식하며 모델의 손을 조금씩 돌려잡으며 중앙으로 도포한다.

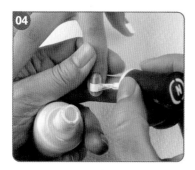

손톱 표면 중앙의 가로 너비의 2/3
지점까지만 이동한다.

오른쪽 사이드 끝에서부터 중앙을
향해 스마일 라인을 이어준다. 이때,
시작되는 라인의 위치는 좌우 대칭
이어야 한다.

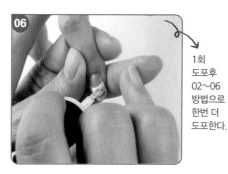

1회
도포후
02~06
방법으로
한번 더
도포한다.

좌우대칭에 맞게 스마일 라인을 수
정해준다.

스마일 라인을 잡아준 후 브러시를
세로 45° 각도로 잡고 풀 코트 하듯
이 9~15번 가량 겹쳐서 도포한다.

1회 도포 후 07~08 방
법으로 1회 도포한 스마
일 라인이 벗어나지 않게
동일하게 도포한다.

오른쪽 사이드까지 빈틈없이 도포해
야 단차를 줄일 수 있다.

3 탑 코트 도포하기

컬러가 도포된 부분에 먼저 도포한
다. 이때, 브러시에 힘을 많이 주면
컬러가 묻어날 수 있으니 주의한다.

화이트 스마일 라인과 탑 코트의 단
차를 고려하여 탑 코트를 전체 도포
한다.

4 마무리

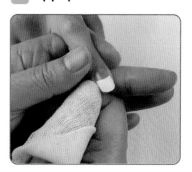

멸균거즈를 사용하여 폴리시의 잔여
물을 지운다(오렌지 우드스틱으로
지워도 괜찮다).

딥 프렌치 매니큐어

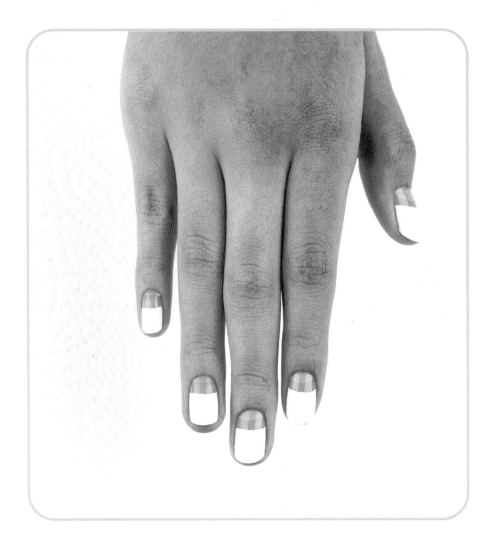

딥 프렌치 정면

딥 프렌치 측면

딥 프렌치 프리에지

Chapter 4 그라데이션 매니큐어

요구사항

지참 재료 및 도구를 사용하여 아래의 요구사항대로 그라데이션 매니큐어를 완성하시오.

1. 수험자의 손 및 모델의 손과 손톱 소독

2. 모델의 오른손에 도포되어 있는 네일 폴리시를 깨끗하게 제거

3. 오른손의 5개의 손톱(1~5지)에 습식 매니큐어 실시

4. 프리에지의 형태는 라운드
   ※ 라운드 : 스트레스 포인트에서부터 프리에지까지의 직선이 존재하고, 끝 부분은 라운드 형태를 이루어야 하며, 프리에지의 어느 곳에서도 각이 없는 상태

5. 큐티클을 오렌지 우드스틱 또는 큐티클 푸셔를 사용하여 안전하게 밀기

6. 큐티클 니퍼를 사용하여 손톱 주변의 불필요한 손거스러미 등을 정리

7. 펄이 첨가되지 않은 순수 흰색 네일 폴리시를 사용하여 오른손 1~5지의 손톱 모두를 그라데이션으로 완성
   (그라데이션 범위는 전체 길이의 1/2 이상, 그라데이션은 스펀지를 이용하여 표현, 반월 부분은 침범하지 않도록)

8. 컬러 도포 시 프리에지 단면의 앞 선까지 모두 도포

9. 베이스 코트 1회 – 흰색 그라데이션 도포 – 탑 코트 1회

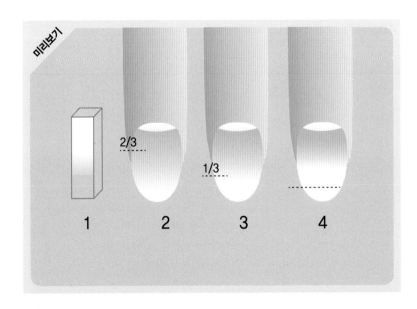

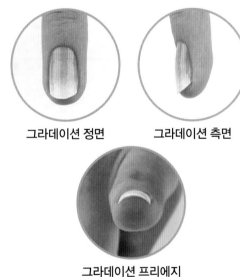

그라데이션 정면   그라데이션 측면

그라데이션 프리에지

시술 순서 ① 사전준비 35p → ② 공통과정 36p → ③ 컬러링 54p

①▶ 사전준비 35p

②▶ 공통과정 36p

③▶ 컬러링(그라데이션)

1 베이스 코트 도포하기

브리시의 끝을 이용하여 프리에지부터 베이스 코트를 도포한다.

브리시의 각도를 45°로 하여 얇게 도포한다. 사이드에도 꼼꼼히 도포하여야 한다.

베이스 코트도 가상길이를 생각하며 끝까지 쓸어내리며 도포한다.

🎨 그라데이션 방법

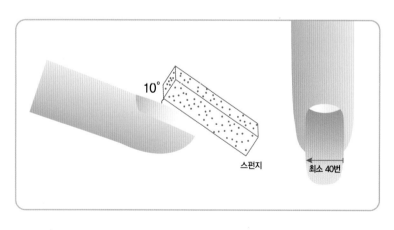

- 이 책에서는 그라데이션을 최소 40번 정도 도포한다. 그래야 경계없이 자연스럽고 예쁘기 때문이다.
- 손톱과 스펀지 사이가 너무 멀면 경계가 생긴다.
- 그라데이션을 자연스럽게 하기 위해서는 첫 번째 컬러를 도포할 때에 탑 코트를 스펀지에 묻혀서 컬러를 녹여준 후 시술한다.

2 컬러 도포하기

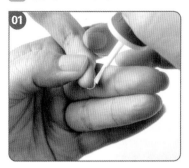

01

손톱의 컬러 손상을 고려해 프리에 지부터 폴리시를 도포한다.

02

폴리시를 도포하여 스펀지로 자연스 럽게 농도조절을 할 수 있도록 호일 에 살짝 두드린다.

03

컬러를 묻힌 스펀지로 가볍게 터치 하듯 전체 폭의 2/3 정도 지점까지 빈틈없이 도포한다.

> 왼쪽이든 오른쪽이든 상관없으나, 스펀지로 최대한 30~50회 가량 도포하여야 완성도를 높일 수 있다.

04

손톱 전체의 1/2 이상 지점까지 도포 한다.

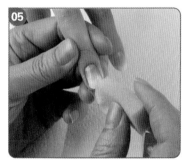

05

1/3 정도 지점까지 다시 도포하여 색 에 농담을 준다.

06

사이드도 프리에지와 같은 방법으로 완벽한 농담을 준 후 완성한다. 두 번 에 완성을 해도 관계 없다.

3 탑 코트 도포하기

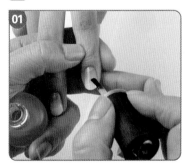

01

컬러가 도포된 부분을 먼저 도포한다.

02

이때, 브러시에 힘을 많이 주면 컬러 가 묻어날 수 있으니 주의한다.

4 마무리

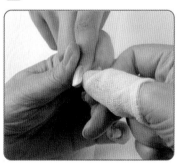

멸균거즈를 사용하여 폴리시의 잔여 물을 지운다(오렌지 우드스틱으로 지워도 괜찮다).

그라데이션 매니큐어

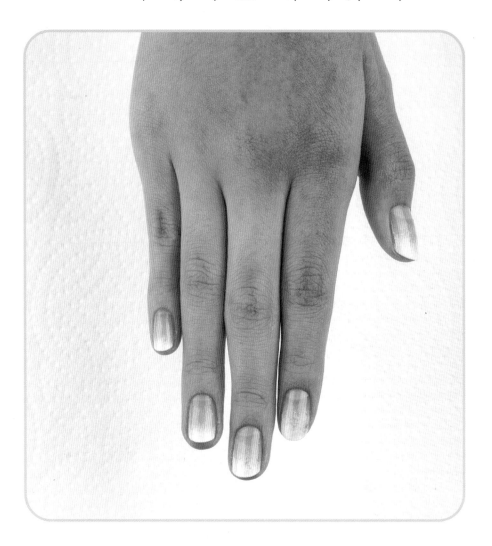

그라데이션 정면

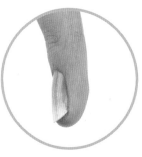
그라데이션 측면

그라데이션 프리에지

페디큐어

1 시험내용

형태	길이	시술	시간	배점
스퀘어	옐로우 라인에서 5mm 미만	오른발 1~5지 발톱	30분	20점

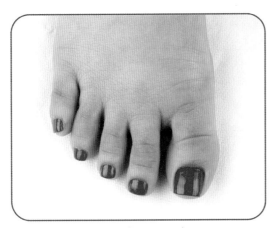

풀 코트(Full Coat)

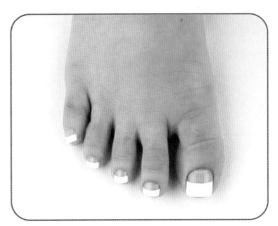

딥 프렌치(Deep French)

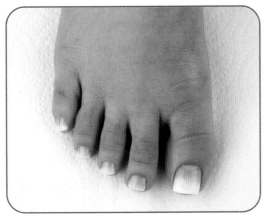

그라데이션(Gradation)

2 시간 배분

| 1 | 2 | 3 | 4 | 5 | 6 | 7 | 8 | 9 | 10 | 11 | 12 | 13 | 14 | 15 | 16 | 17 | 18 | 19 | 20 | 21 | 22 | 23 | 24 | 25 | 26 | 27 | 28 | 29 | 30 |

| 소독, 폴리시 제거, 모양잡기, 표면정리 | 토우 세퍼레이터 끼우기, 케어, 소독 | 컬러링 | 마무리 |

0   8   13   28   30

3 전과정 미리보기

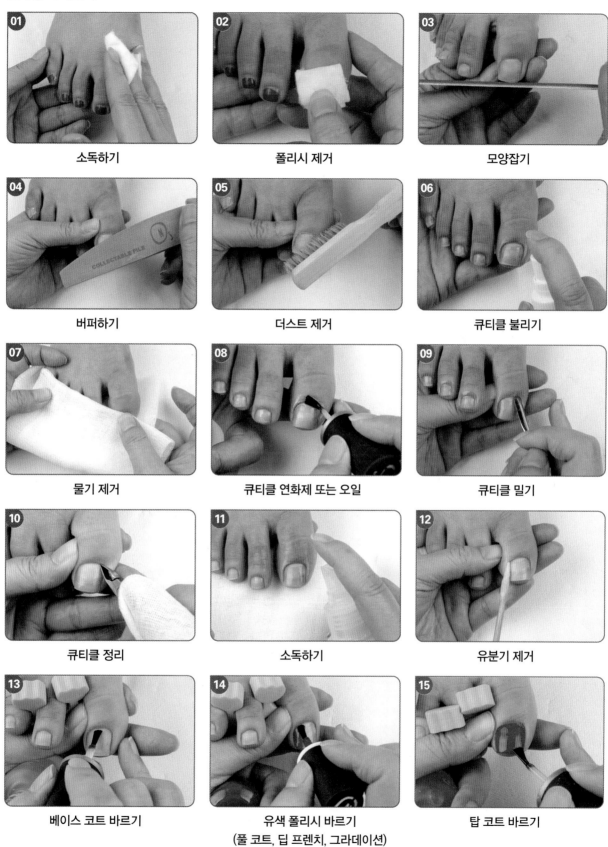

01 소독하기	**02** 폴리시 제거	**03** 모양잡기
04 버퍼하기	**05** 더스트 제거	**06** 큐티클 불리기
07 물기 제거	**08** 큐티클 연화제 또는 오일	**09** 큐티클 밀기
10 큐티클 정리	**11** 소독하기	**12** 유분기 제거
13 베이스 코트 바르기	**14** 유색 폴리시 바르기 (풀 코트, 딥 프렌치, 그라데이션)	**15** 탑 코트 바르기

⚠ 주의사항 마무리에 오일을 사용할 수 없음

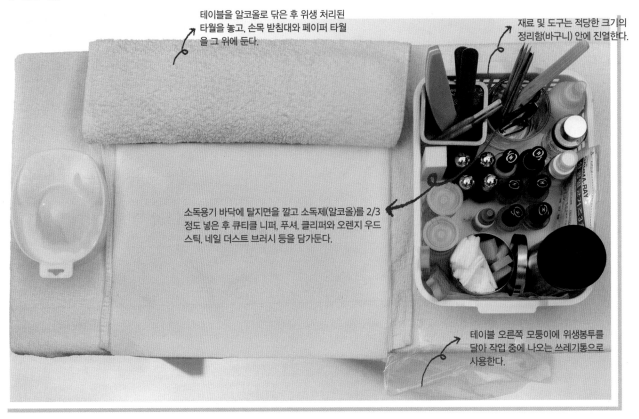

테이블을 알코올로 닦은 후 위생 처리된 타월을 놓고, 손목 받침대와 페이퍼 타월을 그 위에 둔다.

재료 및 도구는 적당한 크기의 정리함(바구니) 안에 진열한다.

소독용기 바닥에 탈지면을 깔고 소독제(알코올)를 2/3 정도 넣은 후 큐티클 니퍼, 푸셔, 클리퍼와 오렌지 우드 스틱, 네일 더스트 브러시 등을 담가둔다.

테이블 오른쪽 모퉁이에 위생봉투를 달아 작업 중에 나오는 쓰레기통으로 사용한다.

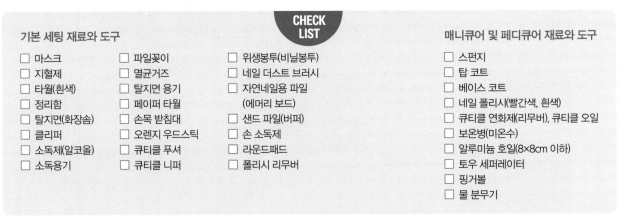

CHECK LIST

기본 세팅 재료와 도구

- ☐ 마스크
- ☐ 지혈제
- ☐ 타월(흰색)
- ☐ 정리함
- ☐ 탈지면(화장솜)
- ☐ 클리퍼
- ☐ 소독제(알코올)
- ☐ 소독용기

- ☐ 파일꽂이
- ☐ 멸균거즈
- ☐ 탈지면 용기
- ☐ 페이퍼 타월
- ☐ 손목 받침대
- ☐ 오렌지 우드스틱
- ☐ 큐티클 푸셔
- ☐ 큐티클 니퍼

- ☐ 위생봉투(비닐봉투)
- ☐ 네일 더스트 브러시
- ☐ 자연네일용 파일
  (에머리 보드)
- ☐ 샌드 파일(버퍼)
- ☐ 손 소독제
- ☐ 라운드패드
- ☐ 폴리시 리무버

매니큐어 및 페디큐어 재료와 도구

- ☐ 스펀지
- ☐ 탑 코트
- ☐ 베이스 코트
- ☐ 네일 폴리시(빨간색, 흰색)
- ☐ 큐티클 연화제(리무버), 큐티클 오일
- ☐ 보온병(미온수)
- ☐ 알루미늄 호일(8×8cm 이하)
- ☐ 토우 세퍼레이터
- ☐ 핑거볼
- ☐ 물 분무기

※ 1과제 매니큐어, 페디큐어에 해당되는 재료와 도구를 반드시 세팅해야 합니다.

준비 재료

베이스 코트 (Base Coat)   컬러 폴리시   탑 코트(Top Coat)   농도 조절용 호일

그라데이션용 스펀지

토우 세퍼레이터(발가락 분리기)

❶▶ 사전 준비

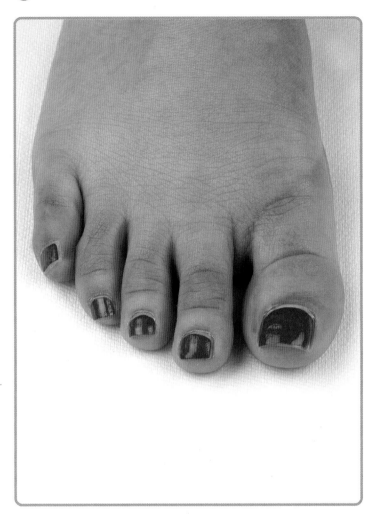

👍 **시술 전 모델의 준비상태**

① **일주일 전에 케어와 컬러를 한 상태**
오른발 1~5지 발가락

② **큐티클**
큐티클이 자라난 상태 체크!
일주일 전 정도에 케어를 하는 것이 좋다.

③ **컬러링**
발톱이 조금 자라난 상태이며 꼼꼼하게 컬러링되어 있다.

👍 **체크포인트**

① **사전에 폴리시를 도포하였는가?**
펄이 없는 빨간색 폴리시를 발라온다.

② **손톱과 주변 피부의 상태는 양호한가?**
발톱과 발톱 주변의 피부에 이물질이 묻어 있지는 않은지, 케어가 제대로 되어 있는지 확인한다.
※ 신체의 손상이 있는 불가피한 경우, 왼발로 대체 가능하다.

③ **발톱을 보수하였는가?**
모델의 발톱은 오른발 2개까지 보수가 허용된다.

🔍 **수험자 유의사항**

① 모델 발톱의 준비상태는 빨간색 폴리시가 풀 컬러로 도포되어야 하며, 스퀘어 형태로 사전 작업되지 않은 자연 형태를 유지하시오.
② 자연네일 파일링 시 문지르거나 비비지 말고 한 방향으로 파일링하시오.
③ 발톱의 길이는 피부의 선단을 넘지 않도록 하시오.
④ 큐티클 연화제(큐티클 오일 / 리무버 / 크림), 멸균거즈는 작업 상황에 맞도록 적절히 사용하시오.
⑤ 탑 코트 후 마무리 시 오일을 사용하지 마시오.
⑥ 컬러 도포 시 네일 폴리시의 브러시를 사용하시오.
⑦ 큐티클 니퍼, 큐티클 푸셔, 클리퍼, 네일 더스트 브러시, 오렌지 우드스틱(푸셔용)은 알코올 소독용기에 담가 두시오.

❷▶ 습식 케어

1 소독하기

🔗 소독솜 잡는 방법

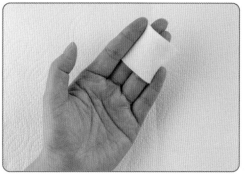

중지와 약지 위로 솜을 올리고 검지와 소지로 가볍게 잡는다.

🔗 소독제 뿌리기

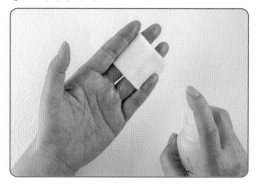

손 소독제를 뿌려 소독솜을 충분히 적신다.

🔗 수험자 손 소독
수험자의 손등, 손바닥, 손가락 사이를 소독한다.

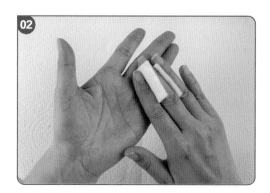

🔗 모델의 발 소독
모델의 발등, 발바닥, 발가락 사이를 소독한다.

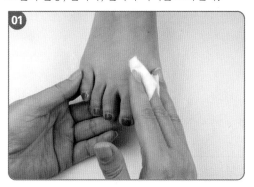

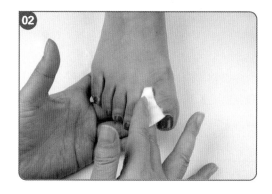

2 시술되어진 네일 폴리시 제거(Off)하기

폴리시 리무버에 충분히 적신 소독 솜을 발톱 위에 하나씩 올린다.

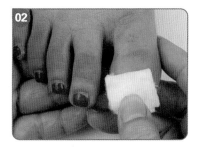

폴리시가 빨리 용해될 수 있도록 가볍게 눌러 솜을 발톱에 밀착시킨다.

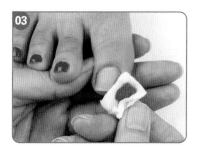

좌우로 가볍게 누르듯이 밀어주며 닦아낸다.

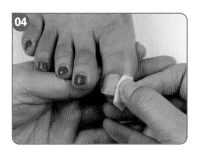

컬러가 묻어나온 면이 손에 묻지 않도록 접어서 덜 닦인 면을 다시 닦아낸다.

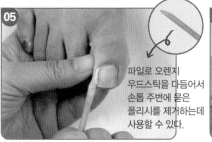

파일로 오렌지 우드스틱을 다듬어서 손톱 주변에 묻은 폴리시를 제거하는데 사용할 수 있다.

오렌지 우드스틱의 면 또는 거즈를 이용하여 깨끗이 닦아낸다. 자연발톱의 사이드 또한 깨끗이 닦아낸다.

오렌지 우드스틱의 면을 이용하여 깨끗이 닦아낸다.

3 형태 및 표면 다듬기

🔗 모양잡기

파일의 중앙을 응시하며 90°로 대고 한 방향으로 프리에지의 길이를 다듬어준다.

왼쪽 코너의 모양을 일직선으로 다듬어준다.

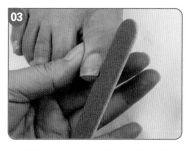

반대쪽도 사이드 스트레이트를 잡는다. 이때, 프리에지가 둥글게 변형되지 않도록 주의한다.

발톱 프리에지의 거스러미를 확인하고 라운드 패드로 다시 한 번 제거할 수도 있다.

🔗 버퍼하기

🔗 더스트 제거

발톱 표면을 고르게 버퍼하고 발톱 프리에지의 거스러미를 정리한다.

네일 더스트 브러시로 더스트를 털어낸다.

4 큐티클 정리하기

🔗 큐티클 불리기

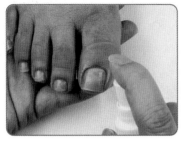

스프레이로 물을 뿌려 불려준다.

🔗 물기제거

멸균거즈를 이용하여 발을 닦아준 다. 발가락 사이사이 꼼꼼히 닦아 물 기가 남지 않게 한다.

🔗 큐티클 연화제 또는 오일

큐티클 오일 또는 큐티클 연화제를 도포한다.

🔗 큐티클 밀기

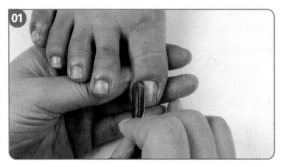

01

푸셔로 큐티클 사이드와 중앙을 45° 각도로 조심스럽게 밀어준다.

02

큐티클 주위의 자연네일에 손상이 가지 않도록 큐티클만 가볍게 밀어준다.

🔗 니퍼하기

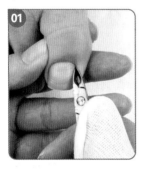

01

오른쪽 사이드에서부터 큐 티클 라인을 따라 니퍼를 이동한다. 이때 니퍼의 날 은 큐티클과 45° 각도를 유 지하며 한 줄로 이어서 이 동한다.

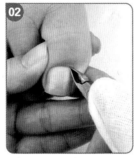

02

코너를 정리할 때는 니퍼의 뒷날을 살짝 들어 다른 부위 의 큐티클 손상을 방지한다.

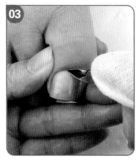

03

큐티클 라인 중앙 2/3까지 만 니퍼로 정리한 후 왼쪽 으로 이동한다.

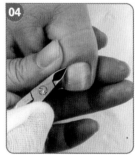

04

왼쪽 사이드도 큐티클 라인 을 따라 니퍼를 이동한다.

🔗 거스러미 닦아내기

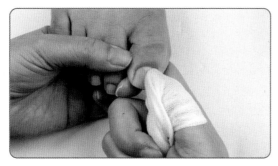

푸셔와 니퍼 사용 후 큐티클 라인에 남은 거스러미를 멸균거즈로 밀어서 닦아낸다.

🔗 소독하기

메탈도구를 사용한 후에는 반드시 알코올로 소독한다. 멸균거즈를 모델의 발 아래쪽에 대고 소독제를 뿌려서 소독해도 된다.

🔗 유분기 제거하기

오렌지 우드스틱에 솜을 말거나 거즈로 폴리시 리무버를 적셔 발톱의 표면, 사이드, 프리에지까지 꼼꼼히 유분기를 제거한다.

🔗 토우 세퍼레이터 끼우기

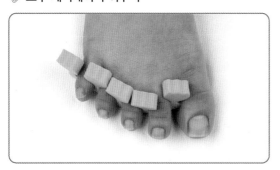

요구사항

지참 재료 및 도구를 사용하여 아래의 요구사항대로 풀 코트 페디큐어를 완성하시오.

1. 수험자의 손 및 모델의 발과 발톱 소독

2. 모델의 오른발에 도포되어 있는 네일 폴리시를 깨끗하게 제거

3. 오른발의 5개의 발톱(1~5지)에 물 스프레이를 이용한 습식 매니큐어 실시

4. 발톱 프리에지의 형태는 스퀘어형

   ※ 스퀘어 : 스트레스 포인트에서부터 프리에지까지 직선이 존재하고, 끝 부분은 직선의 형태(스퀘어)를 이루어야 하며, 각이 있는 모서리가 존재하는 상태

5. 발톱 주변 큐티클을 오렌지 우드스틱 또는 큐티클 푸셔를 사용하여 안전하게 밀기

6. 큐티클 니퍼를 사용하여 발톱 주변의 불필요한 거스러미 등을 정리

7. 펄이 첨가되지 않은 순수 빨간색 네일 폴리시를 사용하여 오른발 1~5지의 발톱 모두를 풀 코트로 완성

8. 컬러 도포 시 프리에지 단면의 앞 선까지 모두 도포

9. 베이스 코트 1회 – 컬러 폴리시(빨간색) 2회 – 탑 코트 1회

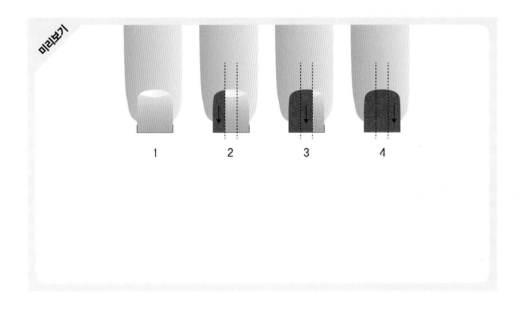

1   2   3   4

풀 코트 정면

풀 코트 프리에지

시술 순서   ① **사전준비** 61p ➡ ② **공통과정** 62p ➡ ③ **컬러링** 67p

❶▶ 사전준비 61p

❷▶ 공통과정 62p

❸▶ 컬러링(풀 코트)

[컬러 도포하기]
동영상 QR코드

1 베이스 코트 도포하기

프리에지와 발톱 표면에 베이스 코트를 도포한다.

2 컬러 도포하기

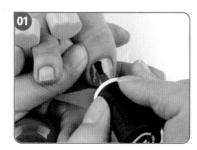

01

프리에지부터 폴리시를 도포하고 브러시 왼쪽은 발톱 측면에 닿게 하고 브러시 오른쪽은 힘을 뺀다.

02

풀 코트는 큐티클과의 간격을 0.15mm 정도 띄우고 도포한다.

1회 도포 후 02~05 방법으로 한 번 더 도포한다.

03

브러시 전체를 45°잡고 15~20번 가량 재빨리 겹쳐서 도포한다.

04

가상길이를 생각해 프리에지까지 브러시를 길게 빼서 도포한다.

05

왼쪽부터 브러시의 각도를 45°로 하여 도포한다.

브러시에 힘을 많이 주면 컬러에 들어있는 솔벤트 성분으로 인해 지워질 수 있으니 주의한다.

3 탑 코트 도포하기

01

프리에지부터 탑 코트를 도포한다.

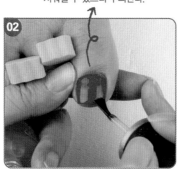

02

탑 코트를 빈틈없이 도포해준다.

4 마무리

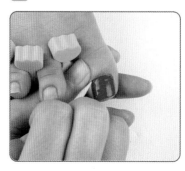

우드스틱을 사용하여 폴리시의 잔여물을 제거한다(멸균거즈로 지워도 괜찮다).

풀 코트 페디큐어

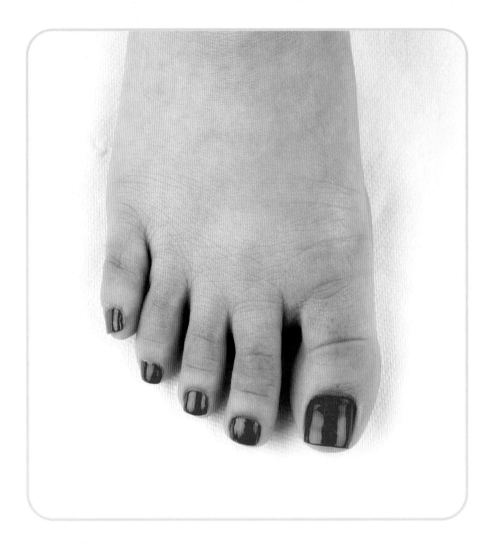

풀 코트 정면

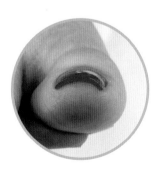
풀 코트 프리에지

Chapter 2 딥 프렌치 페디큐어

요구사항

지참 재료 및 도구를 사용하여 아래의 요구사항대로 딥 프렌치 페디큐어를 완성하시오.

1. 수험자의 손 및 모델의 발과 발톱을 소독

2. 모델의 오른발에 도포되어 있는 네일 폴리시를 깨끗하게 제거

3. 오른발의 5개의 발톱(1~5지)에 물 스프레이를 이용한 습식 매니큐어 실시

4. 발톱 프리에지의 형태는 스퀘어형

   ※ 스퀘어 : 스트레스 포인트에서부터 프리에지까지 직선이 존재하고, 끝 부분은 직선의 형태(스퀘어)를 이루어야 하며, 각이 있는 모서리가 존재하는 상태

5. 발톱 주변 큐티클을 오렌지 우드스틱 또는 큐티클 푸셔를 사용하여 안전하게 밀기

6. 큐티클 니퍼를 사용하여 발톱 주변의 불필요한 거스러미 등을 정리

7. 펄이 첨가되지 않은 순수 흰색 네일 폴리시를 사용하여 오른발 1~5지의 발톱 모두를 딥 프렌치로 완성

   (딥 프렌치 라인은 발톱 전체 길이의 1/2 이상의 부분, 반월 부분은 침범하지 않도록)

8. 컬러 도포 시 프리에지 단면의 앞 선까지 모두 도포

9. 베이스 코트 1회 – 컬러 폴리시(흰색) 2회 – 탑 코트 1회

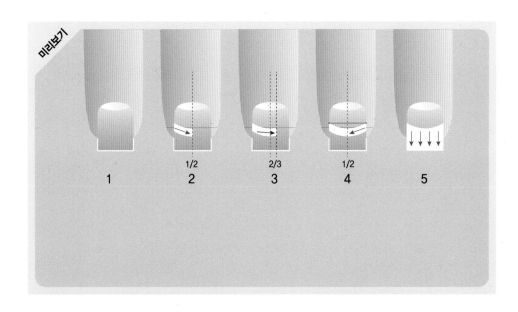

딥 프렌치 정면

딥 프렌치 프리에지

시술 순서   ① 사전준비 61p ➜ ② 공통과정 62p ➜ ③ 컬러링 70p

①▶ 사전준비 61p

②▶ 공통과정 62p

③▶ 컬러링(딥 프렌치)

1 베이스 코트 도포하기

프리에지와 발톱 표면에 베이스 코트를 도포한다.

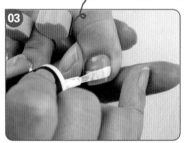

오른쪽 사이드 끝에서부터 중앙을 향해 스마일 라인을 이어 준다. 이때 시작되는 라인의 위치는 좌우대칭이어야 한다.

2 컬러 도포하기

01

발톱 전체 길이의 1/2 이상 부분, 반월 부분이 침범하지 않도록 시작점을 잡아준다.

좌우대칭을 확인하고 스마일 라인을 수정해준다.

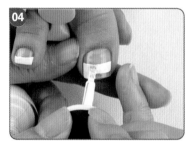
04

스마일 라인을 잡아준 후 브러시를 세로 45° 각도로 하여 풀 코트하듯이 15~20번 가량 겹쳐서 도포한다. 오른쪽 사이드까지 빈틈없이 도포해야 단차를 줄일 수 있다.

02

[컬러 도포하기]
동영상 QR코드

전체 폭의 2/3 정도 지점 왼쪽 사이드 끝에서부터 완만한 아치형을 의식하며 중앙으로 이동한다.

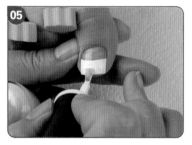
05

1회 도포 후 04 방법으로 1회 도포한 스마일 라인이 벗어나지 않게 동일하게 도포한다.

3 탑 코트 도포하기

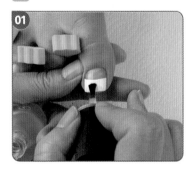
01

컬러가 도포된 부분을 먼저 도포한다.

02

브러시에 힘을 많이 주면 컬러가 묻어날 수 있으니 주의한다.

4 마무리

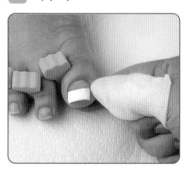

멸균거즈를 사용하여 폴리시의 잔여물을 제거한다(우드스틱으로 지워도 괜찮다).

70 | 혼공비법 미용사 네일 실기·필기

딥 프렌치 페디큐어

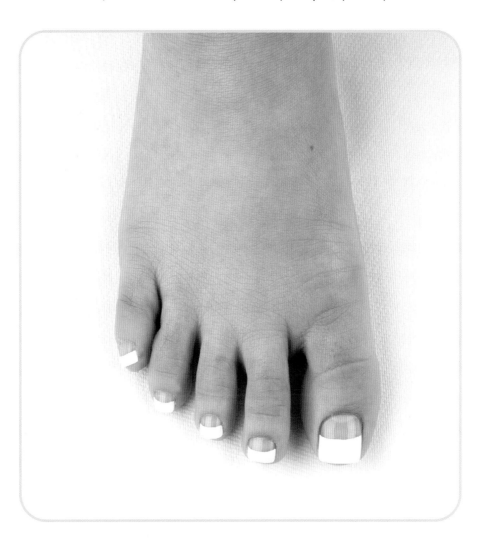

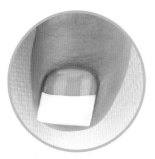

딥 프렌치 정면

딥 프렌치 프리에지

Chapter 3 그라데이션 페디큐어

요구사항

지참 재료 및 도구를 사용하여 아래의 요구사항대로 그라데이션 페디큐어를 완성하시오.

1. 수험자의 손 및 모델의 발과 발톱 소독

2. 모델의 오른발에 도포되어 있는 네일 폴리시를 깨끗하게 제거

3. 오른발의 5개의 발톱(1~5지)에 물 스프레이를 이용한 습식 매니큐어 실시

4. 발톱 프리에지의 형태는 스퀘어형

   ※ 스퀘어 : 스트레스 포인트에서부터 프리에지까지 직선이 존재하고, 끝 부분은 직선의 형태(스퀘어)를 이루어야 하며, 각이 있는 모서리가 존재하는 상태

5. 발톱 주변 큐티클을 오렌지 우드스틱 또는 큐티클 푸셔를 사용하여 안전하게 밀기

6. 큐티클 니퍼를 사용하여 발톱 주변의 불필요한 거스러미 등을 정리

7. 펄이 첨가되지 않은 순수 흰색 네일 폴리시를 사용하여 오른발 1~5지의 발톱 모두를 그라데이션으로 완성

   (그라데이션 범위는 프리에지에서 시작하여 전체 길이의 1/2 이상, 그라데이션은 스펀지를 이용하여 표현하되, 반월 부분은 침범하지 않도록)

8. 컬러 도포 시 프리에지 단면의 앞 선까지 모두 도포하시오.

9. 베이스 코트 1회 – 흰색 그라데이션 도포 – 탑 코트 1회의 도포 순서로 완성하시오.

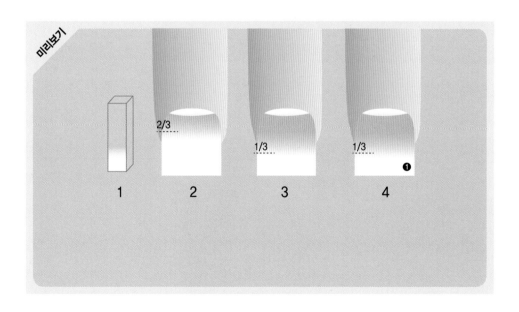

미리보기

2/3

1/3

1/3

❶

1   2   3   4

그라데이션 정면

그라데이션 프리에지

시술 순서   ① 사전준비 61p ➡ ② 공통과정 62p ➡ ③ 컬러링 73p

①▶ 사전준비 61p

②▶ 공통과정 62p

③▶ 컬러링(그라데이션)

1 베이스 코트 도포하기

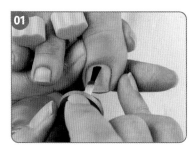

프리에지와 발톱 표면에 베이스 코트를 도포한다.

전체 폭의 2/3 정도 지점 왼쪽 사이드 끝에서부터 완만한 아치형을 의식하며 중앙으로 이동한다.

2 컬러 도포하기

왼쪽이든 오른쪽이든 상관없으나, 스펀지로 최대한 30~50회 가량 도포하여야 완성도를 높일 수 있다. ◀

[컬러 도포하기]
동영상 QR코드

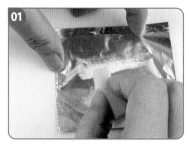

스펀지에 폴리시를 도포하여 자연스럽게 스며들 수 있도록 호일에 두드려 농도 조절을 한다.

컬러를 묻힌 스펀지로 가볍게 터치하듯 전체 2/3 정도 지점까지 빈틈없이 도포한다.

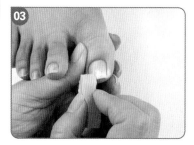

발톱 전체의 1/2 이상 지점까지 도포한다. 두 번에 완성을 해도 관계없다.

3 탑 코트 도포하기

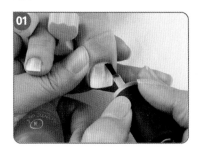

컬러가 도포된 부분을 먼저 도포한다.

브러시에 힘을 많이 주면 컬러가 묻어날 수 있으니 주의한다.

4 마무리

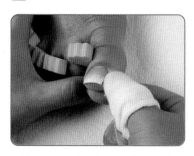

멸균거즈를 사용하여 폴리시의 잔여물을 제거한다(우드스틱으로 지워도 괜찮다).

그라데이션 페디큐어

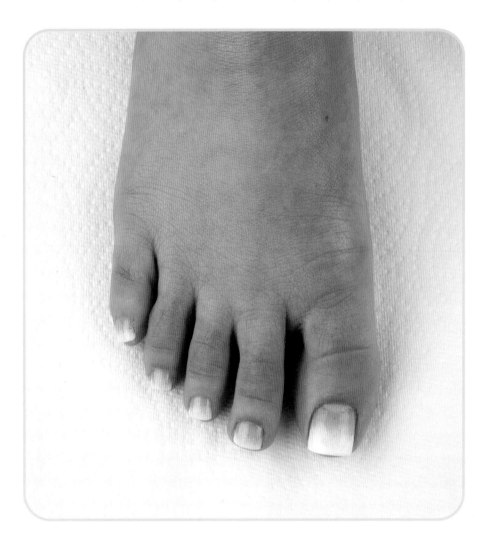

그라데이션 정면

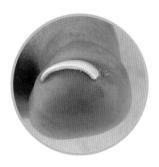
그라데이션 프리에지

제2과제

III

젤매니큐어

35분

과제명	젤 매니큐어
쉐입	라운드 쉐입
시험시간	35분
대상부위	왼손 1~5지 손톱
세부과제	① 선 마블링 ② 부채꼴 마블링
배점	20

※ 젤 매니큐어 ①~② 과제 중 1과제 선정
※ 2과제 젤 매니큐어 과제는 습식케어가 생략되므로 모델의 왼손 1~5지의
　손톱은 큐티클 정리 등의 사전 준비 작업이 미리 되어있어야 하며 손톱
　프리에지 형태는 스퀘어 또는 오프 스퀘어 형이어야 합니다.

1 시험내용

형태	길이	시술	시간	배점
라운드	옐로우 라인에서 5mm 미만	왼손 1~5지 손톱	35분	20점

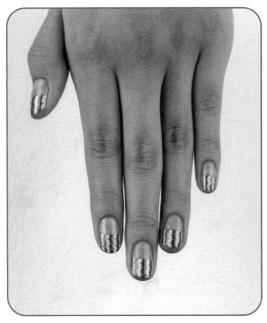

선 마블링 젤 매니큐어

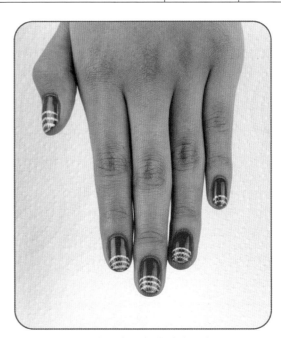

부채꼴 마블링 젤 매니큐어

2 시간 배분

1	2	3	4	5	6	7	8	9	10	11	12	13	14	15	16	17	18	19	20	21	22	23	24	25	26	27	28	29	30	31	32	33	34	35

소독, 쉐입, 표면정리, 유분기 제거, 전처리	베이스 (큐어)	컬러링, 마블, 클린 (큐어)	마무리

0   6   8   32   35

3 전과정 미리보기

소독하기

모양 잡기

버퍼하기

더스트 제거

유분기 제거

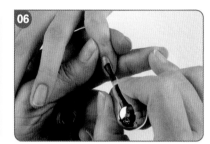
베이스 젤 도포하기

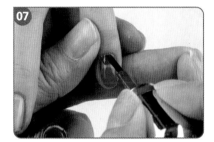
선 또는 부채꼴 마블링하기

탑 젤 도포하기

큐어하기

※ 주변정리 및 미경화 젤 제거
(미경화 젤은 제품에 따라 생략 가능)

⚠ **주의사항** 마무리에 오일을 사용할 수 없음

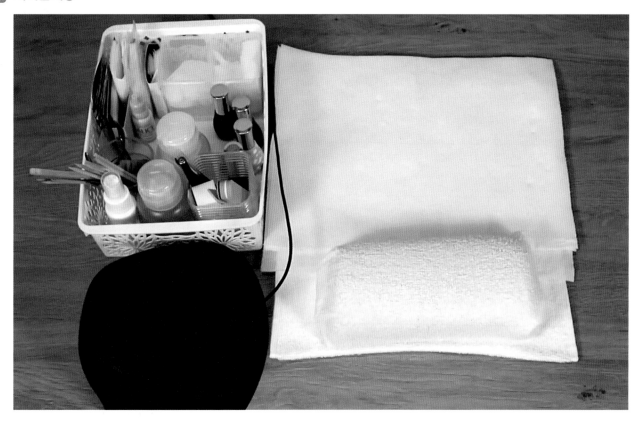

기본 세팅 재료와 도구		CHECK LIST	젤 매니큐어 재료와 도구

기본 세팅 재료와 도구

- ☐ 마스크
- ☐ 지혈제
- ☐ 타월(흰색)
- ☐ 정리함
- ☐ 탈지면(화장솜)
- ☐ 클리퍼
- ☐ 소독세(알코올)
- ☐ 소독용기

- ☐ 파일꽂이
- ☐ 멸균거즈
- ☐ 탈지면 용기
- ☐ 페이퍼 타월
- ☐ 손목 받침대
- ☐ 오렌지 우드스틱
- ☐ 큐티클 푸셔
- ☐ 큐티클 니퍼

- ☐ 물 분무기
- ☐ 위생봉투(비닐봉투)
- ☐ 네일 더스트 브러시
- ☐ 자연네일용 파일
  (에머리 보드)
- ☐ 샌드 파일(버퍼)
- ☐ 손 소독제
- ☐ 폴리시 리무버

젤 매니큐어 재료와 도구

- ☐ 베이스 젤
- ☐ 탑 젤
- ☐ 젤 클렌저
- ☐ 커팅 페이퍼 타월
- ☐ 젤 아트 전용 세필 브러시
- ☐ 젤 네일 폴리시(빨간색, 흰색)
- ☐ 젤 램프기기
- ☐ 알루미늄 호일(8×8cm 이하)
- ☐ 디펜디시

※ 2과제 젤 매니큐어에 해당되는 재료와 도구를 반드시 세팅해야 합니다.

준비 재료

| 베이스 젤 | 탑 젤 | 화이트 젤 | 레드 젤 | 젤 클렌저 | 세필붓 | 알루미늄 호일 | 젤 램프 |

❶▶ 사전 준비

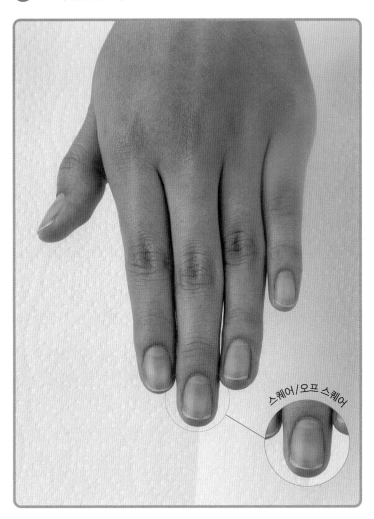

스퀘어/오프 스퀘어

👍 시술 전 모델의 준비상태

① 기본적인 습식 케어가 된 상태

왼손 1~5지 손가락, 스퀘어/오프 스퀘어

② 큐티클

사전에 습식 케어가 되어있는지 확인!

③ 형태

스퀘어나 오프 스퀘어 형태인지 확인!

👍 체크포인트

① 사전 습식 케어가 되어 있는가?

왼손의 습식 케어는 시험 전까지 되어있는 상태여야 한다. 시험 전날 케어의 유무를 확인하도록 한다.

② 손톱과 주변 피부의 상태는 양호한가?

손톱과 손톱 주변의 피부에 이물질이 묻어 있지는 않은지, 케어가 제대로 되어 있는지, 규정된 형태로 조형되어 있는지 확인한다.

③ 손톱을 보수하였는가?

모델의 손톱은 오른손, 왼손의 각 부위별 2개까지 허용되며 네일의 형태는 스퀘어나 오프 스퀘어여야 한다(단, 오른손 3, 4지는 제외).

🔍 수험자 유의사항

① 모델 손톱의 준비는 사전에 큐티클 정리가 되어있는 상태를 유지하시오.

② 자연네일 파일링 시 문지르거나 비비지 말고 한 방향으로 파일링하시오.

③ 길이는 옐로우 라인의 중심에서 5㎜ 이내(네일 바디 전체의 1/2 정도)의 길이로 일정하게 작업하시오.

④ 큐티클 연화제(큐티클 오일 / 리무버 / 크림), 멸균거즈는 작업 상황에 맞도록 적절히 사용하시오.

⑤ 젤 폴리시 외 부적합한 제품(물감, 통젤, 빨간색을 벗어난 색 등)을 사용하지 마시오.

⑥ 컬러 도포시 아트용 브러시를 사용할 수 있습니다.

⑦ 젤 경화 시간을 준수하여 필요시, 미경화된 부분이 남지 않도록 작업하시오.

⑧ 탑 젤 코트 후 마무리 시 오일을 사용하지 마시오.

⑨ 큐티클 니퍼, 큐티클 푸셔, 클리퍼, 네일 더스트 브러시, 오렌지 우드스틱(푸셔용)은 알코올 소독용기에 담가 두시오.

❷▶ 공통과정

1 손 소독하기

🔗 수험자 손 소독
수험자의 손등, 손바닥, 손가락 사이를 소독한다.

🔗 모델의 손 소독
모델의 손등, 손바닥, 손가락 사이를 소독한다.

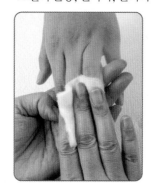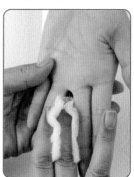

2 형태 및 표면 다듬기

🔗 모양잡기

왼쪽 코너부터 각도를 유지하여 한 방향으로 파일링한다.

손톱이 보이는 각도는 45°이므로 파일을 연결하여 모양을 만든다.

코너를 파일링한 후 자연스럽게 라운드 모양으로 중앙을 연결한다.

중앙을 연결하면서 전체 형태를 파일 각도로 감지한다. 파일 끝을 잡고 각도를 맞춰야 파일의 흔들림이 적어 올바른 형태를 만들기 유리하다.

왼쪽과 같이 오른쪽도 라운드 형태를 중앙과 연결한다. 왼쪽과 대칭이 되도록 각도를 유지한다.

🔗 버퍼하기

손톱 표면을 고르게 버퍼한다.

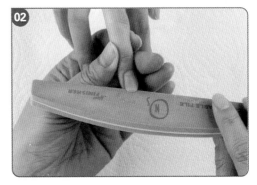

프리에지의 거스러미를 정리한다.

🔗 더스트제거

네일 더스트 브러시로 더스트를 털어준다.

3 유분기 제거하기

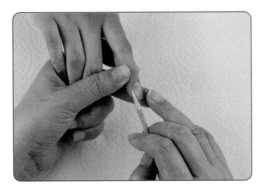

오렌지 우드스틱에 솜을 말거나 거즈로 폴리시 리무버를 적셔 손톱의 표면, 사이드, 프리에지까지 꼼꼼히 유분기를 제거한다.

요구사항

지참 재료 및 도구를 사용하여 아래의 요구사항에 따라 젤 네일 폴리시 아트 선 마블링을 완성하시오.

1. 과제를 수행하기 위해 수험자의 손 및 모델의 손과 손톱 소독

2. 필요한 경우 손톱 주변의 불필요한 각질이나 거스러미를 제거하기 위한 건식 케어 실시 가능(순서 무관)

3. 손톱 프리에지의 형태는 라운드

   ※ 라운드 : 스트레스 포인트에서부터 프리에지까지 직선이 존재하고, 끝 부분은 라운드 형태를 이루어야 하며, 프리에지의 어느 곳에서도 각이 없는 상태

4. 자연손톱 표면을 버퍼로 정리한 후 주변의 잔여물 및 유·수분기를 제거(표면에 네일 전처리제를 사용할 수 있음)

5. 펄이 첨가되지 않은 순수 흰색과 빨간색 젤 네일 폴리시를 사용하여 왼손 1~5지의 손톱 모두를 선 마블링으로 완성

   가) 흰색과 빨간색 교대 배열 세로선 8개(흰색, 빨간색 각 4개) : 흰색과 빨간색을 번갈아가며 총 8개의 교차된 세로선을 일정한 간격으로 5개의 손톱 모두 균일하게 작업

   나) 마블링 가로 교차선 5줄 : 마블링을 표현하는 가로선은 완만한 곡선을 이루며, 좌우측 방향으로 번갈아가며 마블링이 되도록 명료하게 작업

   다) 개별 손톱 내에서 각 선의 간격은 균일
      (단, 5지(새끼손가락)의 경우 세로선 총 6개(흰색, 빨간색 각 3개), 가로 교차선 3줄로 줄여서 작업할 수 있음)

6. 컬러 도포 시 프리에지 단면의 앞 선까지 모두 도포하시오.

7. 젤 베이스 코트 1회 – 흰색과 빨간색 젤 폴리시 선 마블링 – 젤 탑 코트 1회 도포

8. 젤 램프기기는 수험자의 상황에 맞도록 적절히 사용

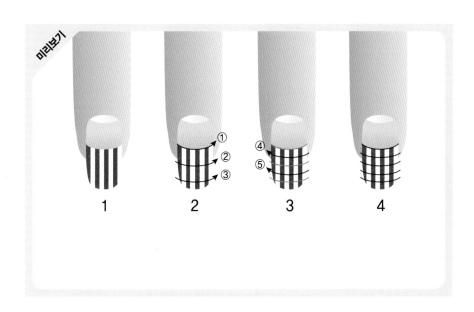

완성 정면

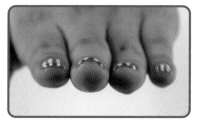

프리에지

시술 순서 ① 사전준비 79p ➡ ② 공통과정 80p ➡ ③ 마블링 83p

①▶ 사전준비 79p

②▶ 공통과정 80p

③▶ 마블링(선)

1 전처리제 도포하기

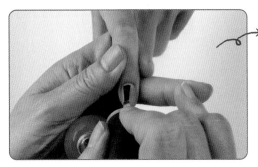

상황에 따라 생략해도 된다.

전처리제를 도포해서 젤의 밀착력을 돕고 자연손톱의 pH 밸런스를 맞춘다.

2 베이스 젤 도포하기

베이스 젤을 아주 얇게 도포하여 젤 마블링 시 프리에지의 뭉침을 방지한다.

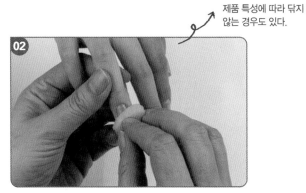

제품 특성에 따라 닦지 않는 경우도 있다.

미경화 젤을 닦아낸다. 큐티클 주변과 사이드까지 세심히 닦아준다.

3 마블링하기

🔗 세로 라인 그리기

라운드 마블을 위해 사이드로 가면서 라인의 단차를 조금 길게 한다.

[마블링하기]
동영상 QR코드

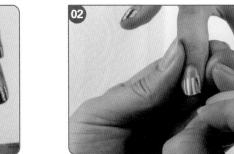

세로로 화이트 라인을 그려주면서 프리에지까지 작업한다.

화이트와 레드를 교차되게 동일한 두께로 작업한다. 이때 프리에지까지 균일하게 한다.

젤 브러시로 깔끔하게 지워주면서 젤 폴리시를 ①번 마블링한다.

세로선의 2/3 지점에 왼쪽부터 오른쪽으로 ②번 라인 작업을 한다.

프리에지 쪽에서 ③번 라인 작업을 한다.

오른쪽에서 ④번 라인 작업을 한다.

오른쪽에서 ⑤번 라인 작업을 한다. 모든 라인이 균일하게 시술되어야 한다.

Tip

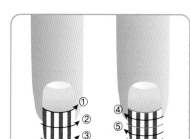

4 탑 젤 도포하기

프리에지부터 탑 젤을 도포하는데, 프리에지에서 탑 젤이 두꺼워지지 않도록 얇게 도포한다.

제품 특성에 따라 닦지 않는 경우도 있다.

마블한 면부터 탑 젤을 도포하여 표면을 균일하게 한다.

선 마블링 젤 매니큐어

선 마블링 젤 정면

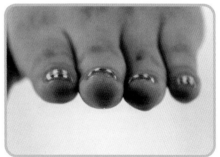
선 마블링 젤 프리에지

요구사항

지참 재료 및 도구를 사용하여 아래의 요구사항에 따라 젤 네일 폴리시 부채꼴 마블링을 완성하시오.

1. 과제를 수행하기 위해 수험자의 손 및 모델의 손과 손톱 소독

2. 필요한 경우 손톱 주변의 불필요한 각질이나 거스러미를 제거하기 위한 건식 케어 실시 가능(순서 무관)

3. 손톱 프리에지의 형태는 라운드

   ※ 라운드 : 스트레스 포인트에서부터 프리에지까지 직선이 존재하고, 끝 부분은 라운드 형태를 이루어야 하며, 프리에지의 어느 곳에서도 각이 없는 상태

4. 자연손톱 표면을 버퍼로 정리한 후 주변의 잔여물 및 유·수분기를 제거(표면에 네일 전처리제를 사용할 수 있음)

5. 펄이 첨가되지 않은 순수 흰색과 빨간색 젤 네일 폴리시를 사용하여 왼손 1~5지의 손톱 모두를 부채꼴 마블링으로 완성

   가) 교대 배열 가로선 총 7개(흰색 4개, 빨간색 3개) : 흰색과 빨간색을 번갈아 가며 총 7개의 둥근 부채꼴 모양의 교차된 가로선을 일정한 간격으로 5개의 손톱 모두 균일하게 작업

   나) 마블링 부채꼴 세로선 7줄 : 마블링을 표현하는 선은 구심점을 중심으로 7개의 세로선으로서 마블링이 되도록 명료하게 작업

   다) 개별 손톱 내에서 가로선의 폭은 동일(단, 5지(새끼손가락)의 경우 가로선 총 5개(흰색 3개, 빨간색 2개), 세로선 5줄로 줄여서 작업 가능)

6. 컬러 도포 시 프리에지 단면의 앞 선까지 모두 도포

7. 젤 베이스 코트 1회 – 빨간색 폴리시 1회 이상 – 흰색과 빨간색 젤 폴리시 선 마블링 – 젤 탑 코트 1회

8. 젤 램프기기는 수험자의 상황에 맞도록 적절히 사용

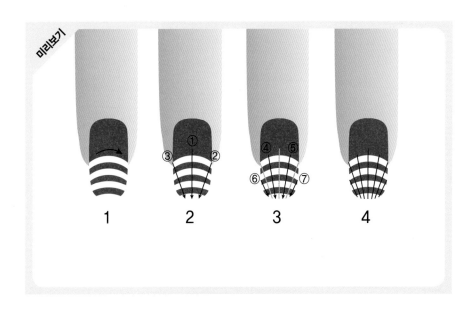

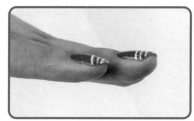

완성 옆면

프리에지

시술 순서 ① **사전준비** 79p ➡ ② **공통과정** 80p ➡ ③ **마블링** 87p

①▶ 사전준비 79p

②▶ 공통과정 80p

③▶ 마블링(부채꼴)

1 전처리제 도포하기

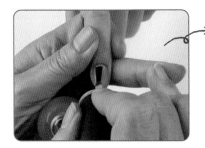

→ 상황에 따라 생략해도 된다.

전처리제를 도포해서 젤의 밀착력을
돕고 자연손톱의 pH 밸런스를 맞춘다.

2 베이스 젤 도포하기

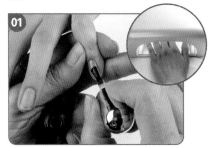

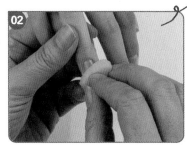

→ 제품 특성에 따라 닦지
않는 경우도 있다.

베이스 젤을 아주 얇게 도포하여 젤
마블링 시 프리에지의 뭉침을 방지
한다.

미경화 젤을 닦아낸다. 큐티클 주변
과 사이드까지 세심히 닦아준다.

3 마블링하기

🔗 레드 젤 폴리시 도포하기

[마블링하기]
동영상 QR코드

자연손톱의 프리에지 단면부터 레드
젤 폴리시가 뭉치지 않도록 주의하
여 도포한다.

큐티클에서부터는 일반 폴리시 도포
방법으로 도포해도 상관없다. 하지
만 프리에지를 힘을 주어 바르면 큐
티클과 프리에지의 농도가 달라지므
로 주의한다.

큐티클 주변을 조심스럽게 빈틈없이
도포한다.

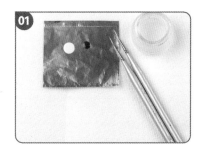

커팅 페이퍼 타월, 디펜디시와 젤 브러시, 레드 젤 폴리시와 화이트 젤 폴리시를 깨끗하게 덜어서 준비한다.

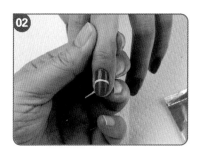

화이트 젤 폴리시의 기준을 맞추어 양쪽의 대칭을 보면서 화이트 젤 폴리시를 도포한다.

화이트 젤 폴리시와 레드 젤 폴리시의 간격을 균일하게 맞추어 라인 작업을 한다.

화이트 젤 폴리시 중간에 레드 젤 폴리시를 화이트 라인에 닿지 않게 도포한다.

Tip

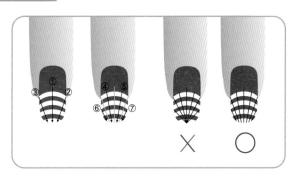

7개의 세로선을 균일하게 작업하며 정중앙의 라인이 프리에지에 겹쳐지지 않도록 그리려면 중앙의 기준선을 그릴 때 시선을 프리에지에서 2~3mm 정도 가상길이에 두고 그려야 세로선이 겹쳐지지 않는다.

🖉 세로선 그리기

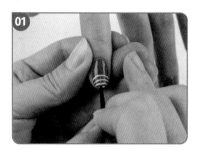
정중앙에 라인을 그을 때는 브러시를 세워야 얇고 깨끗하게 그을 수 있다.

중앙을 기준으로 오른쪽 라인 작업을 한다. 시술자에 따라 왼쪽부터 작업을 해도 무관하다.

왼쪽 라인을 기준으로 공간을 주면서 작업한다.

①번과 ③번 사이에 다시 ④번 라인 작업을 한다.

④번과 ③번 사이에 ⑤번 라인 작업을 한다.

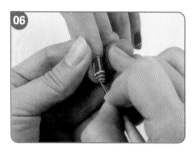
⑥번째 라인 작업을 한다.

오른쪽도 같은 각도와 같은 너비로 라인 작업을 한다.

7개의 라인을 균일하게 작업한다. 이때 정중앙의 라인 끝이 프리에지에 겹쳐지지 않도록 주의한다.

👍 Tip

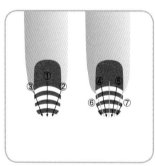

4 탑 젤 도포하기

제품 특성에 따라 닦지 않는 경우도 있다.

프리에지부터 탑 젤이 두꺼워지지 않도록 얇게 도포한 후 마블한 면부터 탑 젤을 도포하여 표면을 균일하게 한다.

부채꼴 마블링 젤 매니큐어

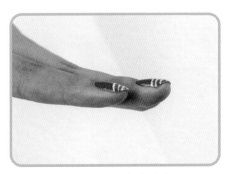
부채꼴 마블링 젤 옆면

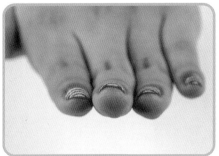
부채꼴 마블링 젤 프리에지

제3과제

IV

인조네일

40분

과제명	인조네일
쉐입	스퀘어 쉐입
시험시간	40분
대상부위	오른손 3, 4지 손톱
세부과제	① 내추럴 팁 위드 랩 ② 젤 원톤 스컬프쳐 ③ 아크릴 프렌치 스컬프쳐 ④ 네일 랩 익스텐션
배점	30

※ 인조네일 ①~④ 과제 중 1과제를 선정

※ 2과제 종료 후 3과제 준비시간 전에 본부요원의 지시에 따라 인조네일 4가지 유형 중 선정된 1가지 과제의 재료만을 3과제 시작 전 미리 작업대에 준비해야 합니다.

※ 인조네일 과제의 프리에지 C-커브는 원형의 20~40%의 비율까지 허용이 됨을 참고하시기 바랍니다(인조네일 과제의 길이 : 프리에지 중심기준으로 0.5~1cm 미만).

Part 04 인조네일

1 시험내용

형태	길이	시술	시간	배점
스퀘어	옐로우 라인에서 0.5~1cm 미만	오른손 3, 4지 손톱	40분	30점

내추럴 팁 위드 랩
(Natural Tip With Wrap)

젤 원톤 스컬프쳐
(Gel One-tone Sculpture)

아크릴 프렌치 스컬프쳐
(Acrylic French Sculpture)

네일 랩 익스텐션
(Nail Wrap Extension)

2 파일의 단위와 적용순서

- 자연네일용(인조네일에도 사용가능) : 180/200G
- 인조손톱용(쿠션파일) : 100/150G(길이·두께 조절), 150/180G(표면 정리), 200/240G(세심한 표면 조절)
- 샌딩 파일(버퍼) : 180/280G(표면 다듬기)
- 광택용(샤이너) : 광택내기

※ 단위(Grit)가 클수록 입자가 곱고 부드럽다.

❶▶ 사전 준비

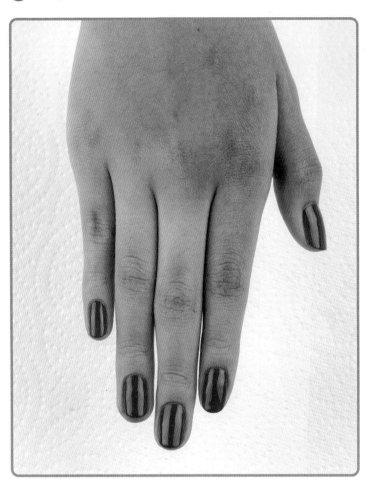

👍 **시술 전 모델의 준비상태**

① **1과제 시술 종료 상태 그대로**

오른손 1~5지 손가락 라운드 형태

② **컬러**

1과제에 시술된 오른손 컬러링 상태 그대로인지
확인!

※ 사전 폴리시 제거 금지

③ **형태**

라운드 형태로 다듬어져 있는지 확인!

👍 **체크포인트**

① **네일 폴리시가 제거되어 있지는 않는가?**

1교시 과제였던 네일 폴리시(오른손 1~5지 손톱)
컬러링 상태 그대로 시험에 임한다.

② **손톱과 주변 피부의 상태는 양호한가?**

손톱과 손톱 주변의 피부에 이물질이 묻어 있지는
않은지, 손톱의 모양이 0.3~0.5㎝ 이내 라운드 형
태로 조형되어 있는지 확인한다.

③ **손톱을 보수하였는가?**

모델의 손톱은 오른손, 왼손 각각 2개까지 허용되
나 3교시 과제의 오른손 3, 4지는 제외되므로 보수
할 수 없다.

❷▶ 공통과정

1 손 소독하기

수험자와 모델의 손등, 손바닥, 손가락 사이를 소독한다.

2 네일 폴리시 제거하기

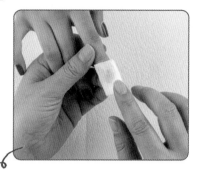

네일 폴리시를 1~5지 모두 제거한다.

오렌지 우드스틱 또는 거즈로
잔여물이 남아있지 않은지 확인
후 한 번 더 깨끗이 제거한다.

3 형태 및 표면 다듬기

길이가 길 경우
클리퍼를 사용해도 된다.

🔗 모양잡기

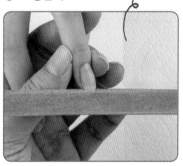

3~4지 손톱의 왼쪽 바깥 코너부터
중앙을 향해 1mm 이하의 형태(라운
드)로 파일링한다.

🔗 에칭하기

샌드버퍼 또는 버퍼파일로 표면의
유분기를 제거하여 팁 접착이 용이
하도록 표면에 에칭을 준다.

🔗 더스트 제거

네일 더스트 브러시로 더스트를 털
어준다.

4 마무리

🔗 전처리제 도포하기

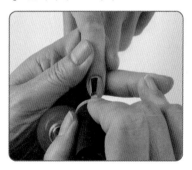

네일 전처리제를 소량 도포하여 자
연손톱의 pH 밸런스를 조절해준다.

📋 네일 전처리(Preparation)

인조네일 시술에는 자연네일의 전처리
(Preparation) 과정이 필요하다. 인조네
일이 들뜨는(리프팅) 현상을 방지하고,
자연네일의 유·수분기를 제거하여 곰팡
이나 박테리아 같은 네일 질병 발생을 예
방하고 인조네일을 잘 유지할 수 있도록
하는 중요한 단계이다. 이를 잘 시행하지
못하면 자연네일이 상하거나 인조네일의
유지력이 저하된다.

Chapter 1 　 내추럴 팁 위드 랩

1 시험내용

형태	길이	시술	시간	배점
스퀘어	옐로우 라인에서 0.5~1cm 미만	오른손 3, 4지 손톱	40분	30점

내추럴 팁 위드 랩
(Natural Tip With Wrap)

2 시간 배분

| 1 | 2 | 3 | 4 | 5 | 6 | 7 | 8 | 9 | 10 | 11 | 12 | 13 | 14 | 15 | 16 | 17 | 18 | 19 | 20 | 21 | 22 | 23 | 24 | 25 | 26 | 27 | 28 | 29 | 30 | 31 | 32 | 33 | 34 | 35 | 36 | 37 | 38 | 39 | 40 |

공통과정	팁 부착, 길이, 팁 턱 제거	표면보강, 표면정리	실크 재단, 부착, 실크 턱 제거	글루 코팅, 샌드버퍼, 쉐입	광내기, 마무리

0　　5　　15　　20　　30　　35　　40

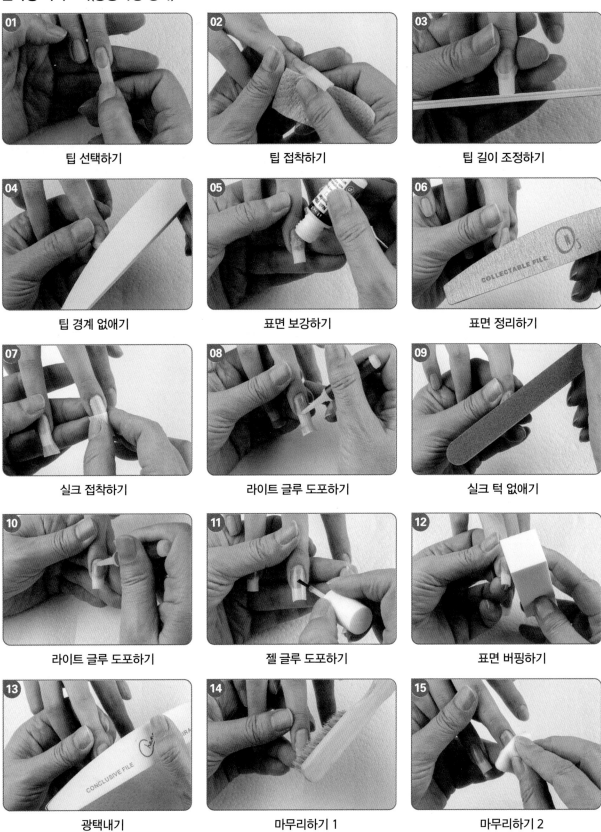

01 팁 선택하기	**02** 팁 접착하기	**03** 팁 길이 조정하기
04 팁 경계 없애기	**05** 표면 보강하기	**06** 표면 정리하기
07 실크 접착하기	**08** 라이트 글루 도포하기	**09** 실크 턱 없애기
10 라이트 글루 도포하기	**11** 젤 글루 도포하기	**12** 표면 버핑하기
13 광택내기	**14** 마무리하기 1	**15** 마무리하기 2

CHECK LIST

기본 세팅 재료와 도구

- ☐ 마스크
- ☐ 지혈제
- ☐ 타월(흰색)
- ☐ 정리함
- ☐ 탈지면
- ☐ 클리퍼
- ☐ 소독제(알코올)
- ☐ 소독용기

- ☐ 파일꽂이
- ☐ 멸균거즈
- ☐ 탈지면 용기
- ☐ 페이퍼 타월
- ☐ 폴리시 리무버
- ☐ 손목 받침대
- ☐ 오렌지 우드스틱
- ☐ 큐티클 푸셔

- ☐ 큐티클 니퍼
- ☐ 큐티클 오일
- ☐ 위생봉투(비닐봉투)
- ☐ 네일 더스트 브러시
- ☐ 자연네일용 파일
  (에머리 보드)
- ☐ 샌드 파일(버퍼)
- ☐ 손 소독제

인조네일 재료와 도구

- ☐ 보안경
- ☐ 파일(인조손톱용 100~240G)
- ☐ 광택용 파일
- ☐ 전처리제
- ☐ 네일 팁(하프 웰 팁)
- ☐ 네일 글루
- ☐ 네일 젤 글루

- ☐ 글루 드라이어(액티베이터)
- ☐ 물 분무기
- ☐ 필러 파우더
- ☐ 실크
- ☐ 팁 커터
- ☐ 실크 가위

※ 3과제 내추럴 팁 위드 랩에 해당되는 재료와 도구를 반드시 세팅해야 합니다.

준비 재료

| 내추럴 팁 | 실크 | 실크 가위 | 필러 파우더 | 젤 글루 | 라이트 글루 | 글루 드라이어 |

| 광택용 파일(200~240G) | 인조손톱용 파일(100~240G) | 클리퍼 | 팁 커터 |

지참 재료 및 도구를 사용하여 아래의 요구사항대로 내추럴 팁 위드 랩을 완성하시오.

1. 과제를 수행하기 위해 수험자의 손 및 모델의 손과 손톱을 소독

2. 1과제 작업 상태의 모델 손톱을 3과제 작업에 적합하도록 전처리

   가) 사전 작업된 오른손 1∼5지 손톱의 네일 폴리시를 모두 제거

   나) 모델의 자연손톱은 1㎜ 이하의 라운드 또는 오발(Oval) 형태로 준비

3. 자연손톱 색을 띤 내추럴 색의 하프 웰 팁을 사용하여 오른손 중지, 약지 2개의 손톱에 도면과 같은 내추럴 팁 위드 랩을 완성

4. 부착된 팁은 길이 0.5∼1㎝ 정도로 모두 일정하게 맞추어 잘라내고, 가로, 세로 모두 직선의 스퀘어 모양으로 조형

5. 팁의 경계선이 자연손톱과 매끄럽게 연결되도록 안전하고 자연스럽게 파일링

6. 글루(라이트, 브러시 등)는 수험자가 작업 상황에 맞도록 적절히 사용하되, 피부에 닿거나 흐르지 않도록 유의

7. 실크는 손톱 범위에 따라 알맞게 큐티클 부분을 1㎜ 정도 남기고 재단 및 부착하여 사용

8. 필러 파우더는 수험자가 작업 상황에 맞도록 적절히 사용

9. 손톱 표면은 중심(하이포인트)에서 좌/우, 상/하 사방의 굴곡이 자연스럽게 연결되고, 기포 없이 맑고 투명하게 완성

10. 인조손톱은 자연손톱 전체에 조형되어야 하며, 그 경계선을 매끄럽게 연결하되, 주변의 피부가 손상되거나 출혈되지 않도록 유의

11. 프리에지 C−커브는 원형의 20∼40% 비율로, 두께는 0.5∼1㎜ 이하로 일정하게 조형

12. 측면 사이드 스트레이트 선은 자연손톱에서부터 프리에지까지 연결선이 너무 올라가거나 처지지 않도록 하며 직선을 유지

13. 스퀘어 모양을 유지하여 2개 손톱 모두 일정하게 완성

14. 파일로 인한 거친 표면을 샌딩 버퍼로 매끄럽게 정리

15. 광택용 버퍼를 사용하여 광택 마무리

16. 손과 손톱 주변의 먼지 혹은 사용된 오일을 깨끗이 제거

    가) 핑거볼, 네일 더스트 브러시, 멸균거즈, 큐티클 오일 사용 가능

    나) 네일 더스트 브러시는 멸균거즈 등으로 물기를 완전히 제거한 후 사용

수험자 유의사항

① 시작 전 팁 크기를 선택해 놓거나, 재단을 하거나 미리 붙이지 않아야 합니다.
② 자연네일 파일링 시 문지르거나 비비지 말고 한 방향으로 파일링하시오.
③ 모델의 손과 손톱에 지저분한 큐티클 및 거스러미, 먼지나 분진이 없도록 항상 깨끗이 정리하시오.
④ 작업 시작부터 끝까지 눈을 보호할 수 있도록 하시오.
⑤ 구조를 위한 네일 도구(핀칭봉, C curve stick)는 작업 내용에 맞게 적절히 사용할 수 있습니다.
⑥ 마무리 작업의 먼지 및 오일 제거 시 핑거볼, 네일 더스트 브러시, 멸균거즈, 큐티클 오일을 사용할 수 있습니다.
⑦ 큐티클 니퍼, 큐티클 푸셔, 클리퍼, 네일 더스트 브러시, 오렌지 우드스틱(푸셔용)은 알코올 소독용기에 담가두어야 합니다.

①▶ 사전준비 93p

②▶ 공통과정 94p

③▶ 인조네일(내추럴 팁 위드 랩)

1 네일 팁 접착하기

🔗 팁 사이즈 선택하기

[네일 팁 접착하기]
동영상 QR코드

손톱에 알맞은 팁 사이즈를 선택한다.

사이드에서도 꼭 확인한다.

팁턱을 쉽게 파일하기 위해 웰의 끝부분을 직선으로 소폭 절단한다.

🔗 글루 도포하기

👎 **잘못된 팁 부착법**

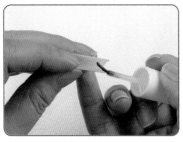

팁의 웰 부분에만 소량의 글루 또는 브러시 젤을 도포한다.

각도가 내려간 경우

각도가 올라간 경우

팁이 큰 경우

팁이 작은 경우

중심이 삐뚤어진 경우

🔗 팁 접착하기

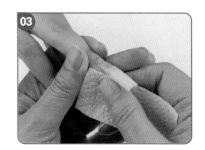

45° 각도로 양쪽 측면을 확인하며 조심스럽게 붙인다.

측면에서 봤을 때 자연스러운 커브를 연상하며 붙인다.

글루가 피부로 넘치지 않도록 주의하고 글루의 잔여물은 페이퍼타월로 닦아낸다.

🔗 고정하기

팁을 접착한 후 스트레스 포인트를 고정한다.

🔗 팁 자르기

팁을 자를 때는 자연손톱의 곡선을 고려해 각도에 주의한다.

📱 Tip

팁을 자를 때 자연손톱의 곡선을 고려하지 않은 예

🔗 팁 다듬기

01
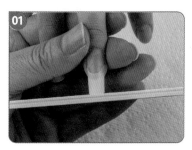

파일을 90°로 한 후 파일의 중앙을 보고 스퀘어 형태로 다듬는다.

02

C-커브의 면이 40%인 경우 양 사이드에서 각도를 보면서 파일한다.

팁을 자를 때 측면에서 보는 각도

파일의 각도는 90°, 팁의 사이드 각도도 90°를 유지한다.

03

팁 턱의 단차를 제거한다. 이때 파일의 각도는 10~15°이고, 팁 웰 2/3 지점까지 자연스럽게 없애준다.

04

모델 손에 손상이 가지 않도록 시술자의 왼손 엄지로 자연손톱을 보호하며 조심스럽게 파일한다.

05

COLLECYABLE FILE

완성도와 자연스러움을 위해 180그릿으로 자연손톱과 팁의 경계를 다시 한 번 파일한다.

06

팁 턱이 완벽하게 제거됐는지 확인하기 위해 라이트 글루로 경계를 바른다.

🔗 표면 조형하기

자연손톱과 팁 턱의 경계를 확인 후 글루를 충분히 도포한다.

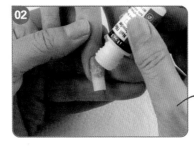

글루를 충분히 도포한 위에 필러 파우더를 소량 도포하여 굴곡을 채워 준다.

팁과 자연손톱 연결부위에 굴곡이 없을 시 부드럽게 연결되도록 시술하였다면 필러 파우더는 도포하지 않아도 된다.

라이트 글루 입구에 필러 파우더가 닿지 않도록 주의한다.

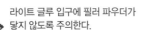

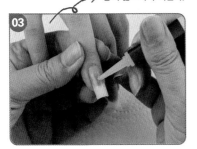

다시 필러 파우더 위에 라이트 글루를 도포한다.

글루 드라이어를 소량 분사한다. 이때 손톱과의 거리는 10~15cm 정도가 적당하다.

팁과 자연손톱의 굴곡을 필러 파우더로 도포해서 표면을 보강한 모습이다.

180그릿으로 자연손톱이 손상되지 않도록 조심스럽게 파일을 한다.

네일 더스트 브러시로 더스트를 털어준다.

2 랩 올리기

🔗 실크 재단하기

01
양쪽 스트레스 포인트에 사이즈를 맞추어 실크를 재단한다.

02
재단한 실크가 손톱 사이즈에 맞는지 확인한다.

03
실크를 손톱과 유사한 모양으로 큐티클까지 재단하여 붙여도 된다.

오른쪽 큐티클 코너만 자른 후 자연손톱에 맞추어 붙인다.

04
오른쪽 한쪽만 맞추어 붙인 후 실크를 자른다.

05
왼쪽 큐티클 부분에 가위 날을 길게 넣어 정확하게 자른다.

🔗 실크 접착하기

01
실크가 완전히 밀착되도록 실크를 떼어낸 종이 뒷면으로 표면을 눌러서 다시 한 번 부착 여부를 확인한다.

02
라이트 글루를 이용하여 실크의 표면과 사이드 부분을 꼼꼼하게 도포한다.

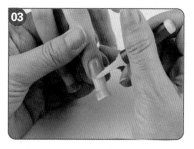

03
라이트 글루를 한 번 더 도포하여 글루가 완전히 스며들도록 밀착시킨다.

04
프리에지도 실크의 접착상태를 확인하고 살짝 당겨 밀착시킨다.

05
양쪽 실크가 완벽하게 접착되었는지 확인한다.

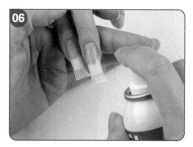

06
소량의 글루 드라이어로 실크를 고정시킨다(자연손톱과의 거리는 10~15cm 정도).

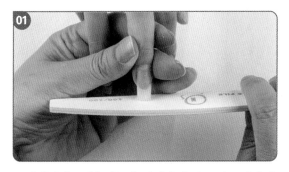

프리에지의 모양을 잡는다. 파일의 각도는 90°로 하되 파일의 중앙 부분을 확인하며 지정된 길이로 다듬는다.

큐티클 라인은 아주 얇게 밀착되었으므로 우드파일을 이용하여 실크 턱을 제거해도 된다.

큐티클과 파일의 각도를 10~15° 사이로 밀착시켜 큐티클 주위 실크 턱을 다듬는다.

왼쪽부터 오른쪽으로 큐티클의 각도를 유지하여 실크의 경계를 다듬는다.

파일의 각도를 0°로 한다.

사이드 월 부분과 일직선이 되도록 한다.

파일을 세워서 오른쪽 사이드 부분을 파일의 중앙을 확인하며 다듬는다.

사이드 일직선을 확인하여 파일을 살짝 안쪽으로 눕혀 실크의 경계를 다듬는다.

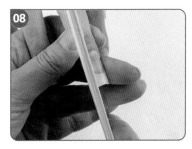

왼쪽 사이드에 파일을 고정시키고 각도를 오른쪽으로 15° 정도 틀어 파일한다(실크의 경계를 다듬어준다).

👎 잘못된 예

왼쪽 일직선 모양을 만들 때 프리에지를 더 많이 다듬으면 왼쪽 사이드 모양이 정확하지 않고 프리에지 끝이 약간 위로 향해 C-커브가 대칭이 되지 않는다.

🔗 두께 조정하기

실크 턱을 제거한 손톱 표면에 라이트 글루를 한 번 더 도포한다.

손톱 뒷면에도 프리에지 면에 글루 도포하여 실크와 팁 경계를 메운다.

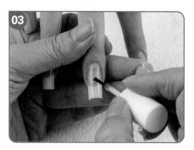

손톱 표면에 젤 글루를 한 번 더 도포하여 두께를 만들고 실크를 단단히 고정시킨다.

샌드버퍼로 손톱 표면 전체를 부드럽게 버핑한다.

광택 파일로 표면에 매끄럽게 광택을 낸다.

3 마무리하기

멸균거즈를 모델의 손 아래쪽에 놓고 윗면, 뒷면을 물 스프레이로 분사하여 세척한다.

큐티클 오일을 소량 도포하여 예민해진 큐티클을 진정시킨다.

솜을 이용하여 큐티클 주변을 반드시 닦아준다(완성도를 높이기 위함).

내추럴 팁 위드 랩

광택을 낸 옆모습

프리에지의 각도

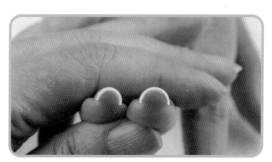
손톱의 단면 완성 모습

Chapter 2 젤 원톤 스컬프쳐

1 시험내용

형태	길이	시술	시간	배점
스퀘어	옐로우 라인에서 0.5~1cm 미만	오른손 3, 4지 손톱	40분	30점

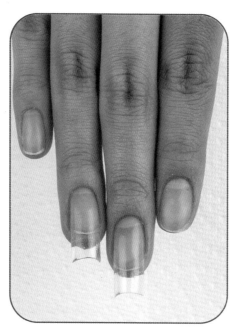

젤 원톤 스컬프쳐
(Gel One-tone Sculpture)

2 시간 배분

1 2 3 4 5	6 7 8 9 10 11 12 13	14 15 16 17 18 19 20 21 22 23 24 25 26 27	28 29 30 31 32 33 34 35	36 37 38 39 40
공통과정	폼 재단, 부착	클리어 젤 도포(큐어)	표면정리(파일, 샌드버퍼)	탑 젤(큐어) 마무리
0	5	13	27	35 40

3 전과정 미리보기(공통과정 생략)

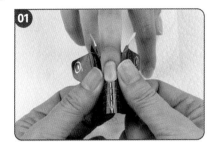

네일 폼 부착하기

클리어 젤 도포하기(프리에지)
*큐어링

클리어 젤 도포하기
(하이 포인트, 전체 도포)
*큐어링

미경화 젤 닦기

네일 폼 제거하기

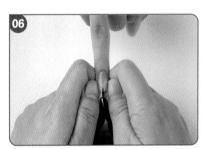

핀치하기

파일링하기

더스트 제거하기

탑 젤 도포하기 *큐어링

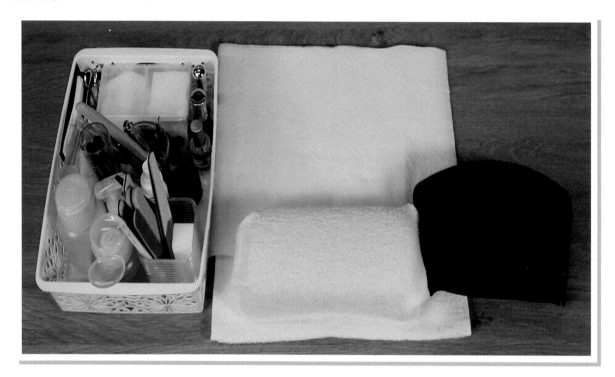

CHECK LIST

기본 세팅 재료와 도구

- ☐ 마스크
- ☐ 지혈제
- ☐ 타월(흰색)
- ☐ 정리함
- ☐ 탈지면
- ☐ 클리퍼
- ☐ 소독제(알코올)
- ☐ 소독용기
- ☐ 파일꽂이

- ☐ 멸균거즈
- ☐ 탈지면 용기
- ☐ 페이퍼 타월
- ☐ 손목 받침대
- ☐ 오렌지 우드스틱
- ☐ 폴리시 리무버
- ☐ 큐티클 푸셔
- ☐ 큐티클 니퍼
- ☐ 큐티클 오일

- ☐ 물 분무기
- ☐ 위생봉투(비닐봉투)
- ☐ 네일 더스트 브러시
- ☐ 자연네일용 파일
  (에머리 보드)
- ☐ 샌드 파일(버퍼)
- ☐ 손 소독제

인조네일 재료와 도구

- ☐ 보안경
- ☐ 핑거볼
- ☐ 파일(인조손톱용 100~240G)
- ☐ 전처리제
- ☐ 네일 폼
- ☐ 핀칭봉
- ☐ 커팅 페이퍼 타월
- ☐ 클리어 젤
- ☐ 젤 브러시

- ☐ 젤 클렌저
- ☐ 탑 젤
- ☐ 젤 램프기기

※ 3과제 젤 원톤 스컬프쳐에 해당되는 재료와 도구를 반드시 세팅해야 합니다.

준비 재료

네일 폼 　　 폼가위 　　 탑 젤 　　 클리어 젤 　　 브러시

젤 램프 　　 젤 클렌저 　　 커팅 페이퍼 타월 　　 인조손톱용 파일(100~240G)

지참 재료 및 도구를 사용하여 아래의 요구사항대로 젤 원톤 스컬프쳐를 완성하시오.

1. 과제를 수행하기 위해 수험자의 손 및 모델의 손과 손톱 소독

2. 1과제 작업 상태의 모델 손톱을 3과제 작업에 적합하도록 전처리

    가) 사전 작업된 오른손 1~5지 손톱의 네일 폴리시를 모두 제거

    나) 모델의 자연손톱은 1㎜ 이하의 라운드 또는 오발(Oval) 형태로 준비

3. 폼과 투명 젤을 사용하여 오른손 중지, 약지 2개의 손톱에 도면과 같은 젤 원톤 스컬프쳐를 완성

4. 연장된 프리에지 길이는 중심 기준으로 0.5~1cm 미만이며, 가로 세로 직선의 스퀘어 모양으로 조형

5. 손톱 표면은 중심(하이포인트)에서 좌우, 상하 사방의 굴곡이 자연스럽게 연결되고, 기포 없이 맑고 투명하게 완성

6. 인조손톱은 자연손톱 전체에 조형되어야 하며 그 경계선을 매끄럽게 연결하되, 주변의 피부가 손상되거나 출혈되지 않도록 유의

7. 프리에지 C-커브는 원형의 20~40% 비율로, 두께는 0.5~1㎜ 이하로 일정하게 조형

8. 측면 사이드 스트레이트 선은 자연손톱에서부터 프리에지까지 연결선이 너무 올라가거나 처지지 않도록 하며 직선을 유지

9. 스퀘어 모양을 유지하여 2개 손톱 모두 일정하게 완성

10. 파일로 인한 거친 표면을 샌딩 버퍼로 매끄럽게 정리

11. 탑 코트 젤로 도포하여 광택을 완성

12. 손과 손톱 주변의 먼지 혹은 사용된 오일을 깨끗이 제거

    가) 핑거볼, 네일 더스트 브러시, 멸균거즈, 큐티클 오일을 사용 가능

    나) 네일 더스트 브러시는 멸균거즈 등으로 물기를 완전히 제거한 후 사용

수험자 유의사항

① 시작 전 폼을 재단을 하거나 미리 붙이지 않아야 합니다.

② 자연네일 파일링 시 문지르거나 비비지 말고 한 방향으로 파일링하시오.

③ 모델의 손과 손톱에 지저분한 큐티클 및 거스러미, 먼지나 분진이 없도록 항상 깨끗이 정리하시오.

④ 작업 시작부터 끝까지 눈을 보호할 수 있도록 하시오.

⑤ 젤 경화 시간을 준수하여 필요시, 미경화된 부분이 남지 않도록 작업하시오.

⑥ 젤 클렌저와 젤 램프기기 및 구조를 위한 네일 도구(핀칭봉, 핀칭텅, 핀셋)는 작업내용에 맞게 적절히 사용할 수 있습니다.

⑦ 마무리 작업의 먼지 및 오일 제거 시 핑거볼, 네일 더스트 브러시, 멸균거즈, 큐티클 오일을 사용할 수 있습니다.

⑧ 큐티클 니퍼, 큐티클 푸셔, 클리퍼, 네일 더스트 브러시, 오렌지 우드스틱(푸셔용)은 알코올 소독용기에 담가두어야 합니다.

①▶ 사전준비 93p

②▶ 공통과정 94p

③▶ 인조네일(젤 원톤 스컬프쳐)

1 네일 폼 부착하기

🔗 네일 폼 재단하기

[네일 폼 부착하기]
동영상 QR코드

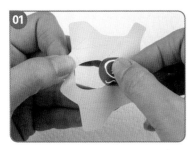

폼 중앙의 둥근 절개 부분을 떼어 뒷면의 프리에지 부분에 붙여 지지대를 만든다. 그 후 나와 있는 부분의 스티커를 제거한다.

폼을 재단하기 전 손톱의 사이즈를 확인한다.

모델 손의 하이포니키움 모양을 고려하며 폼의 중앙 부위를 재단한다.

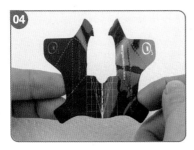

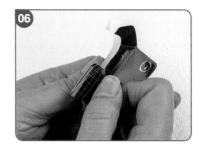

중지와 약지는 오벌 타입으로 폼을 재단하기보다는 사진과 같이 재단해야 안정감 있고 자연손톱과 폼 사이의 단차가 생기지 않는다. 이때, 종이 위의 절취선을 오픈하여 준비한다.

네일 폼에 손톱의 커브에 맞게 곡선을 만든다.

커브가 만들어진 모양대로 폼을 끼운다.

🔗 네일 폼 끼우기

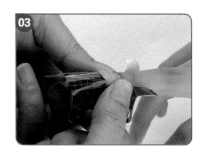

양손 엄지로 그림과 같이 자연손톱의 스트레스 포인트 부분을 잡아 안정감 있게 폼을 끼운다.

폼을 세게 밀어 올리면 하이포니키움에 통증을 유발할 뿐만 아니라 피부조직을 상하게 할 염려가 있으므로 주의한다.

폼은 밀어 올리는 것이 아니고 손톱의 프리에지에 걸어준다고 생각하며 끼운다.

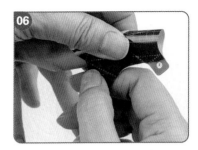

엄지와 검지로 스트레스 포인트를 잡아준다.

폼이 움직이지 않게 고정시킨 후 폼의 앞부분을 붙여준다.

폼이 정확하게 정착된 것을 확인한 후 딱 맞게 밀착시킨다.

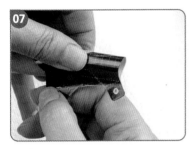

양쪽 폼이 어긋나지 않도록 확인하며 뒷부분도 붙여준다.

다시 한 번 스트레스 포인트 부분의 폼을 눌러 폼이 잘 정착되도록 한다.

C-커브 스틱을 넣어 원형이 변형되지 않도록 한다. 정면에서 자연손톱과 폼의 사이가 벌어지지 않도록 주의하며 고정한다. 프리에지의 폼이 손톱보다 크게 끼워지지 않도록 주의한다.

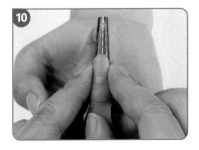

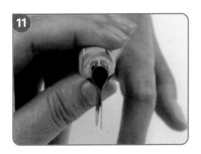

모델 쪽으로 손을 돌려 폼이 정확한지 확인한다.

C-커브가 잘 만들어졌는지, 폼과 자연손톱의 단차가 생기지 않았는지 정면에서 확인한다.

🔖 **잘못된 예**

폼이 처진 예

손톱과 폼 사이가 벌어진 예

폼이 틀어진 예

손톱과 폼 사이의 단차

🔖 **올바른 방법**

측면에서 봤을때 일직선

하이포인트와 폼과의 사이 일직선

정면

측면

2 클리어 젤 도포하기

01 네일 폼의 중앙에 브러시를 밀착시켜 클리어 볼을 도포한다.

02 네일 폼의 중앙선에서 한쪽으로 치우치지 않도록 적당량의 젤을 올린다.

반대쪽도 동일하게 해준다.

03 중앙에 올린 볼을 끝 부분만 브러시로 조심스럽게 끌어서 스트레스 포인트까지 올린다. 이때 브러시의 각도는 30°가 적당하다.

04 오른쪽 사이드에 흘러내린 클리어 볼을 젤 브러시의 에지(Edge)를 이용하여 닦아준다.

05 프리에지 쪽으로 사이드를 일직선으로 닦아준다.

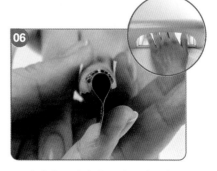

06 프리에지도 닦아서 두께를 맞춘다.

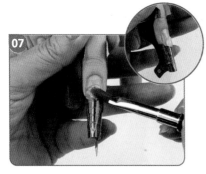

07 두 번째 클리어 볼을 하이 포인트에 올려놓는다.

08 젤의 특성을 고려해 큐티클 라인에서부터 브러시를 45°로 잡고 폴리시를 바르듯이 가볍게 도포한다.

09 미경화 젤을 닦아준다(폼을 제거한 후 인조네일 뒷면의 미경화 젤도 꼼꼼히 닦아준다).

3 폼 제거하기

01 밀착된 종이 폼 아래에서 앞 부분을 접는다.

02 살며시 폼을 밑으로 당긴 다음 폼에 있는 절개선의 앞부분을 당겨 분리시켜 제거한다.

03 폼의 옆 부분 절개선을 잘라 내어 폼 제거를 쉽게 한다.

04 프리에지와 스트레스 포인트 를 핀치한다.

4 전체 모양 다듬기

 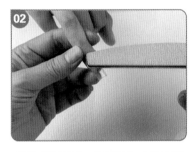 

01 먼저 세로로 두께를 고르게 다듬는다.

02 젤은 부드러운 파일(180~220그릿) 로 다듬어도 된다.

03 큐티클의 각도를 정확히 두고 다듬 는다.

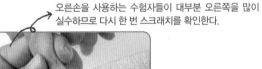
오른손을 사용하는 수험자들이 대부분 오른쪽을 많이 실수하므로 다시 한 번 스크래치를 확인한다.

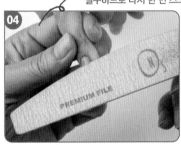 

04 파일을 최대한 손톱 의 표면에 눕혀서 다 듬는다.

05 파일 중앙 부분의 색선 을 보면서 손톱의 모양 을 확인하며 일직선으 로 양사이드와 프리에 지를 스퀘어 형태로 다 듬는다.

인조네일 파일의 순서

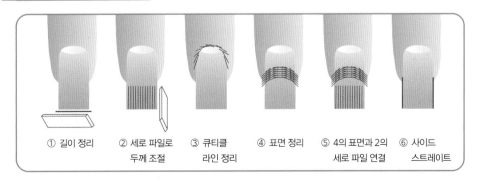

① 길이 정리　② 세로 파일로　③ 큐티클　④ 표면 정리　⑤ 4의 표면과 2의　⑥ 사이드
　　　　　　　두께 조절　　라인 정리　　　　　　　세로 파일 연결　스트레이트

🔗 표면 버핑하기

01

02

03

샌드 버퍼로 손톱 표면 전체를 부드럽게 버핑한다.

샌드 버퍼(피니셔 280)를 사용하여 파일로 인한 스크래치를 다듬는다.

전체적인 표면을 부드럽게 한다.

5 마무리하기

🔗 더스트 제거하기

[마무리하기]
동영상 QR코드

01

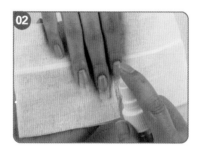
02

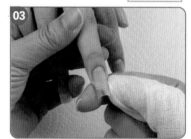
03

젤 파일의 더스트는 아주 미세하므로 더스트 브러시로 손톱의 사이드 월까지 꼼꼼하게 제거한다.

멸균거즈를 모델의 손 아래쪽에 놓고 윗면, 뒷면을 물스프레이로 분사하여 세척한다.

큐티클과 양 손톱 사이드, 손톱의 아랫면도 빈틈없이 닦아준다.

🔗 탑 젤 바르기

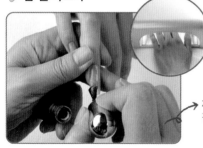

→ 제품 특성에 따라 닦지 않는 경우도 있다.

탑 젤 도포 시 큐티클과 사이드에 넘치지 않도록 주의를 기울여 도포한다.

🔗 오일로 마무리하기

오일을 소량 도포하고 솜을 이용하여 큐티클 주변을 반드시 닦아준다 (완성도를 높이기 위함).

젤 원톤 스컬프쳐

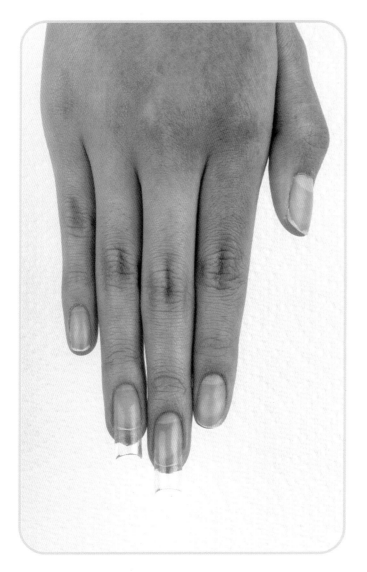

정면

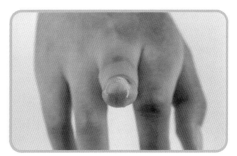

C-커브 확인

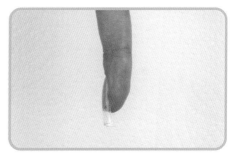

측면

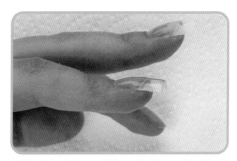

완성된 손가락 두 개를 나란히 놓고 확인한다.

Chapter 3 🔧 아크릴 프렌치 스컬프쳐

1️⃣ 시험내용

형태	길이	시술	시간	배점
스퀘어	옐로우 라인에서 0.5~1cm 미만	오른손 3, 4지 손톱	40분	30점

아크릴 프렌치 스컬프쳐
(Acrylic French Sculpture)

2️⃣ 시간 배분

1 2 3 4 5	6 7 8 9 10 11 12 13	14 15 16 17 18 19 20 21 22 23 24 25 26 27	28 29 30 31 32 33 34 35	36 37 38 39 40
공통과정	폼 재단, 부착	아크릴 볼 올리기(화이트, 핑크), 핀칭	표면정리(파일, 샌드버퍼), 쉐입	광내기, 마무리

0   5   13   27   35   40

3 전과정 미리보기(공통과정 생략)

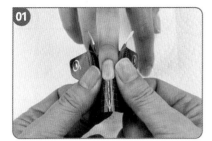

네일 폼 부착하기

아크릴 볼 올리기(스마일 라인)

아크릴 볼 올리기(하이포인트)

아크릴 볼 올리기(큐티클)

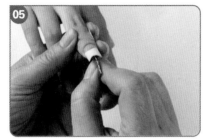

네일 폼 제거하기

핀치넣기

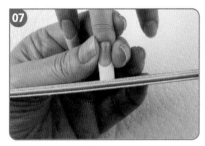

파일링하기

표면 정리하기

광택내기

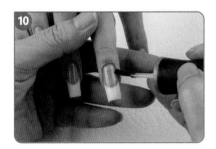

마무리하기

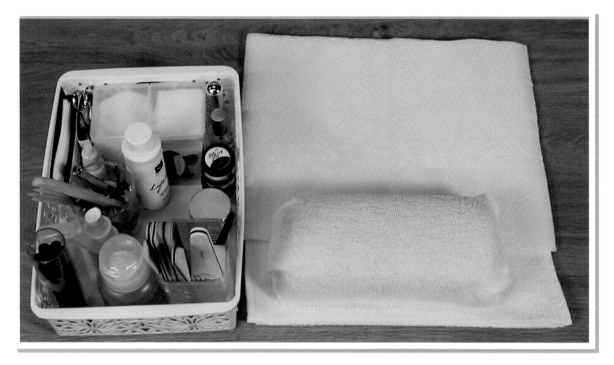

기본 세팅 재료와 도구

CHECK LIST

인조네일 재료와 도구

- ☐ 마스크
- ☐ 지혈제
- ☐ 타월(흰색)
- ☐ 정리함
- ☐ 탈지면
- ☐ 클리퍼
- ☐ 소독제(알코올)
- ☐ 소독용기

- ☐ 파일꽂이
- ☐ 멸균거즈
- ☐ 탈지면 용기
- ☐ 페이퍼 타월
- ☐ 폴리시 리무버
- ☐ 손목 받침대
- ☐ 오렌지 우드스틱
- ☐ 큐티클 푸셔

- ☐ 큐티클 니퍼
- ☐ 큐티클 오일
- ☐ 위생봉투(비닐봉투)
- ☐ 네일 더스트 브러시
- ☐ 자연네일용 파일
  (에머리 보드)
- ☐ 샌드 파일(버퍼)
- ☐ 손 소독제

- ☐ 보안경
- ☐ 물 분무기
- ☐ 파일(인조손톱용 100~240G)
- ☐ 광택용 파일
- ☐ 전처리제
- ☐ 네일 폼
- ☐ 모노머(리퀴드)
- ☐ 디펜디시

- ☐ 아크릴 파우더
  (핑크, 클리어, 화이트)
- ☐ 아크릴 브러시
- ☐ 핀칭봉
- ☐ 커팅 페이퍼 타월

※ 3과제 아크릴 프렌치 스컬프쳐에 해당되는 재료와 도구를 반드시 세팅해야 합니다.

준비 재료

| 폴리머(화이트) | 폴리머(핑크) | 폴리머(클리어) | 모노머(리퀴드) | 디펜디시 |

| 네일 폼 | 폼가위 | 인조손톱용 파일(100~240G) | 커팅 페이퍼 타월 | 아크릴 브러시 |

지참 재료 및 도구를 사용하여 아래의 요구사항대로 아크릴 프렌치 스컬프쳐를 완성하시오.

1. 과제를 수행하기 위해 수험자의 손 및 모델의 손과 손톱 소독

2. 1과제 작업 상태의 모델 손톱을 3과제 작업에 적합하도록 전처리

   가) 사전 작업된 오른손 1~5지 손톱의 네일 폴리시를 모두 제거

   나) 모델의 자연손톱은 1㎜ 이하의 라운드 또는 오발(Oval) 형태로 준비

3. 화이트 폴리머(파우더), 핑크 또는 클리어 폴리머, 모노머와 폼을 사용하여 오른손 중지, 약지 2개의 손톱에 도면과 같은 프렌치 스컬프쳐를 완성

4. 스마일 라인은 선명하게 표현되어야 하고, 모양은 좌우 대칭이 되도록 조형

5. 제품 사용 시 기포가 생기거나 얼룩지지 않도록 주의

6. 연장된 프리에지 길이는 중심 기준으로 0.5~1㎝ 미만이며, 가로 세로 직선의 스퀘어 모양으로 조형

7. 손톱 표면은 중심(하이포인트)에서 좌우, 상하 사방의 굴곡이 자연스럽게 연결되고 기포 없이 맑고 투명하게 완성

8. 인조손톱은 자연손톱 전체에 조형되어야 하며, 그 경계선을 매끄럽게 연결하되, 주변의 피부가 손상되거나 출혈되지 않도록 유의

9. 프리에지 C-커브는 원형의 20~40% 비율로, 두께는 0.5~1㎜ 이하로 일정하게 조형

10. 측면 사이드 스트레이트 선은 자연손톱에서부터 프리에지까지 연결선이 너무 올라가거나 처지지 않도록 하며 직선을 유지하여 만들기

11. 스퀘어 모양을 유지하여 2개 손톱 모두 일정하게 완성

12. 파일로 인한 거친 표면을 샌딩 버퍼로 매끄럽게 정리

13. 광택용 버퍼를 사용하여 광택 마무리

14. 손과 손톱 주변의 먼지 혹은 사용된 오일을 깨끗이 제거

    가) 핑거볼, 네일 더스트 브러시, 멸균거즈, 큐티클 오일 사용 가능

    나) 네일 더스트 브러시는 멸균거즈 등으로 물기를 완전히 제거한 후 사용

① 자연네일 파일링 시 문지르거나 비비지 말고 한 방향으로 파일링하시오.
② 모델의 손과 손톱에 지저분한 큐티클 및 거스러미, 먼지나 분진이 없도록 항상 깨끗이 정리하시오.
③ 작업 시작부터 끝까지 눈을 보호할 수 있도록 하시오.
④ 폴리머 중 화이트 폴리머는 반드시 사용하여야 하며, 핑크 및 클리어 폴리머는 선택 가능하다.
⑤ 구조를 위한 네일 도구(핀칭봉, 핀칭텅, 핀셋)는 작업내용에 맞게 적절히 사용할 수 있다.
⑥ 마무리 작업의 먼지 및 오일 제거 시 핑거볼, 네일 더스트 브러시, 멸균거즈, 큐티클 오일을 사용할 수 있다.
⑦ 큐티클 니퍼, 큐티클 푸셔, 클리퍼, 네일 더스트 브러시, 오렌지 우드스틱(푸셔용)은 알코올 소독용기에 담가두어야 한다.

❶▶ 사전준비 93p   **❷▶ 공통과정** 94p

❸▶ 인조네일(아크릴 프렌치 스컬프쳐)

1 네일 폼 부착하기 110p

2 화이트 아크릴볼 올리기

[화이트 아크릴볼 올리기]
동영상 QR코드

🔗 볼 올리기

화이트 폴리머(파우더)를 사용하여 프리에지 끝에 살며시 올려준다.

볼의 표면이 매끄럽게 되기를 기다리며 브러시를 닦아준다.

볼이 중심에 오도록 양쪽에서 브러시로 다듬어준다.

🔗 스마일 라인 만들기

 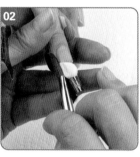  

왼쪽으로 브러시를 30° 정도 기울여 살며시 볼을 밀어준다.

브러시를 좀 더 왼쪽면에 붙여 대각선으로 밀이준다.

스마일 라인을 40°로 스트레스 포인트 끝을 만들어준다.

왼쪽 사이드 라인을 정리한다.

 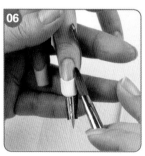  

오른쪽도 30°로 기울인 브러시의 중간과 뒷부분을 이용하여 밀어준다.

40° 각도로 스트레스 포인트 쪽을 만들어준다.

오른쪽 면에 브러시를 눕혀서 대각선으로 밀어준다.

사이드를 정리해준다.

프리에지와 두께를 균일하게 정리
한다.

모델의 손을 돌려 스마일 라인의 오른
쪽을 정리한다.

스마일 라인이 좌우대칭이 되도록 브
러시 끝을 사용하여 라인을 정리한다.

두 번째 볼을 이용하여 스마일 라인의 대칭을 맞추고자 함이다.
경우에 따라 두 번째 볼은 사용하지 않아도 무방하다.

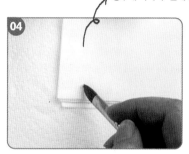

스마일 라인을 연결할 작은 볼을 만
든다.

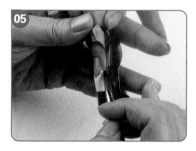

브러시를 조심스럽게 움직여 두 번째
의 작은 볼을 연결한다.

작은 볼로 스마일 라인의 대칭과 두께
를 맞추어 끝을 정리하고 다시 한 번
점검한다.

왼쪽도 오른쪽과 같이 두 번째 볼을
올려 스마일 라인을 마무리한다.

측면에서 봤을 때 자연손톱의 하이포
인트와 화이트 볼의 높이가 정확한지
확인한다.

스마일 라인이 좌우대칭인지 확인
한다.

3 핑크 아크릴볼 올리기

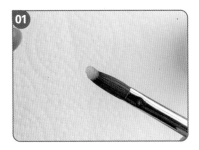

소량의 핑크 볼을 만든다.

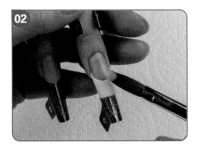

스마일 라인 위에 브러시를 45°로 잡고 살며시 도포한다.

3초 정도 기다린 다음 살며시 눌러준다.

핑크볼은 두 번, 세 번 나누어 Apply 해도 괜찮다. 시술하는 방법에 차이가 있는 것 뿐이다.

좌우 끝으로 두께가 생기지 않도록 다독여준다.

화이트 쪽으로 핑크가 덮이지 않게 하고 스마일 라인과 핑크의 경계가 없도록 정리한다.

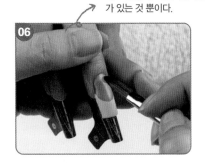

큐티클 부위에 첫 번째 핑크 볼보다 약간 작은 볼을 도포한다. 이때 브러시의 각도는 45°를 유지해야 큐티클 부위가 얇게 도포된다.

첫 번째 올린 핑크 볼과의 경계를 먼저 다듬어준다.

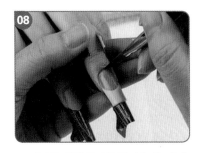

브러시를 세워 큐티클 주변을 한 번 닦아주고 큐티클 코너 오른쪽, 왼쪽 라인을 정리한다.

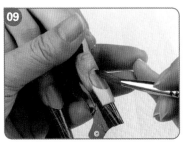

다시 한 번 브러시로 큐티클 주위를 살며시 눌러준 후 브러시로 큐티클 부위와 첫 번째 도포한 부위를 매끄럽게 한다.

[모노머(리퀴드) 양 조절하기]

① 브러시를 조심스럽게 리퀴드에 흠뻑 적셔준다.

　※ 사전에 브러시를 모노머에 하루 정도 담가둔 다음 사용해야 모노머가 적당히 스며들어 볼 컨트롤이 용이하다.

② 디펜디시의 가장자리를 사용하여 브러시가 머금을 리퀴드의 양을 조절한다.

③ 브러시 팁(Tip) 부분을 45˚로 폴리머에 살며시 눌러 한 곳에서 볼을 떠낸다.

[아크릴 볼(Ball) 뜨는 법]

(OK) 브러시의 아랫면으로만 폴리머(파우더)를 한 곳에서 덜어내면 얼룩 없이 스며들어 사용하기 알맞은 볼이 떠진다.

(NO) 브러시의 윗면에까지 폴리머(파우더)가 떠지게 되면 리퀴드가 잘 스며들지 않아 볼 굳기의 정도가 달라진다.

딱딱한 볼의 예

묽은 볼의 예

폴리머(파우더)보다 모노머의 양이 적으면 폴리머가 다 스며들지 못하고 건조한 볼이 되어 굳는 속도의 차이가 많아 모양 만들기가 용이하지 않다.

폴리머(파우더)보다 리퀴드의 양이 많으면 볼이 흘러내려 모양을 쉽게 만들 수 없다.

[아크릴 볼(Ball) 조형하는 방법]

① 올바른 방법

　볼을 올릴 때는 볼의 형태가 무너지지 않도록 브러시에 힘을 빼고 살짝 놓아두고, 최소 3초 정도 기다려야 모노머가 폴리머에 충분히 결합되어 쓰기 좋은 농도가 된다.

② 잘못된 방법

　묽은 볼을 올리면 쉽게 흘러내리고 얇은 부분은 빨리 굳기 때문에 볼을 컨트롤하기가 어렵다.

[브러시 닦는 법]

브러시에 남아있는 리퀴드를 테이블 타월이나 페이퍼 타월에 흡수시켜 닦아낸다(2~3회 반복).

※ 브러시에 리퀴드가 남아있는 상태로 볼을 만지면 남아있는 리퀴드가 볼에 스며들어 볼을 묽게 만들 수 있다. 브러시를 움직이지 않고 제자리에서 폴리머를 덜어내야 마블링 현상을 최소화할 수 있다.

[브러시 클린 방법]

사진과 같이 브러시를 모너머에 담가두면 자연스럽게 폴리머 믹스쳐가 모노머에 서서히 녹아 브러시가 최상의 컨디션으로 돌아온다.

4 핀치하기

🔗 폼 제거하기

[핀치하기]
동영상 QR코드

밀착된 종이 폼 아래에서 앞부분을 접는다.

폼의 앞부분의 절개선을 잡아 누른 다음 스컬프쳐한 부분에 손상이 가지 않도록 절개선 그대로 잘라낸다.

살에 붙어 있던 부분도 조심스럽게 떼어낸다.

🔗 C-커브 만들기

핀칭봉을 이용하여 프리에지의 C-커브를 확인한다. 프리에지 두께가 일정하지 않으면 C-커브의 형태가 고르지 않으므로 핀칭봉을 이용해야 완성도를 높일 수 있다.

프리에지보다 한 치수 작은 핀칭봉을 사용하여 C-커브를 완벽하게 만든다.

스마일 라인 위치에 핀치한다.

네일 사이드 월 부분에 핀치한다.

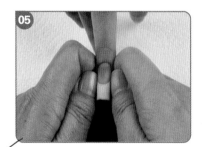

스트레스 포인트와 스마일 라인을 동시에 핀치해 전체적인 모양이 일직선이 되게 한다.

이때 프리에지 부분은 닿지 않도록 주의한다.

5 전체 모양 다듬기

🔗 파일하기

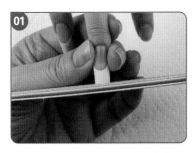
프리에지에 90° 각도로 파일하여 스퀘어 형태와 지정된 길이로 다듬는다.

세로 파일로 프리에지 두께를 조절한다.

먼저 다듬은 쪽과 사이드가 대칭이 되는지 확인하며 반대쪽도 파일한다.

왼쪽 사이드 월과 큐티클 왼쪽 코너를 파일한다.

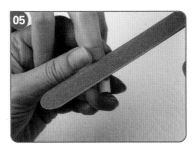
왼쪽 사이드 월에서 시작하여 큐티클 라인을 파일하여 연결해준다.

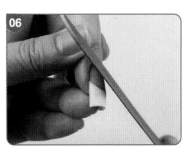
큐티클 파일 각도는 10~15°를 유지해 큐티클 주변의 손상을 최소화한다.

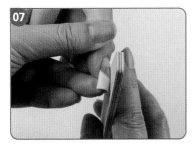
부드러운 파일(180G)로 큐티클과 하이포인트 부분을 연결하여 파일한다.

양쪽 손톱의 길이를 확인한다.

측면에서 하이포인트와 사이드가 균일한지 확인한다.

🧰 인조네일 파일의 순서

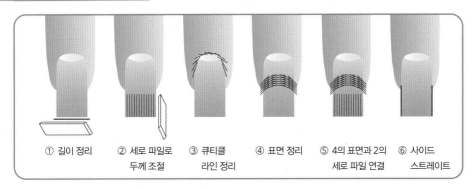
① 길이 정리　② 세로 파일로 두께 조절　③ 큐티클 라인 정리　④ 표면 정리　⑤ 4의 표면과 2의 세로 파일 연결　⑥ 사이드 스트레이트

📎 표면 정리하기

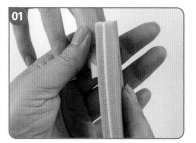

샌드 버퍼로 표면의 스크래치를 부드럽게 한다.

샌드 버퍼로 표면을 부드럽게 하여 광택을 쉽게 낼 수 있도록 한다.

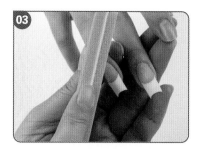

큐티클 부위도 확인한다.

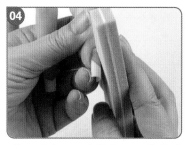

샌드 버퍼로 프리에지 → 큐티클 라인 → 하이포인트 순서로 부드럽게 파일한다.

왼쪽 코너 사이드 월도 빈틈없이 확인한다. 반대쪽도 동일하게 확인한다.

표면의 파일 스크래치를 한 번 더 확인한다.

📎 광택내기

광택용 버퍼로 광택을 낸다.

양쪽 사이드도 빈틈없이 확인한다.

6 마무리하기

[마무리하기] 동영상 QR코드

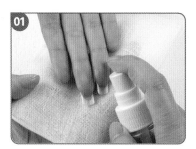

멸균거즈를 모델의 손 아래쪽에 놓고 윗면, 뒷면을 물 스프레이로 분사하여 세척한다.

큐티클과 양 손톱 사이드, 손톱의 아랫면도 빈틈없이 닦아준다.

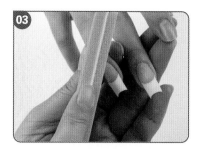

오일을 소량 도포하고 솜을 이용하여 큐티클 주변을 반드시 닦아준다 (완성도를 높이기 위함).

아크릴 프렌치 스컬프쳐

완성(측면)

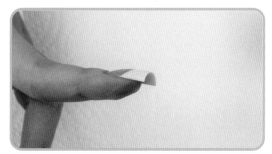

오른쪽 정측면 C-커브

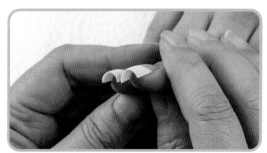

왼쪽 정측면 C-커브

1 시험내용

형태	길이	시술	시간	배점
스퀘어	옐로우 라인에서 0.5~1cm 미만	오른손 3, 4지 손톱	40분	30점

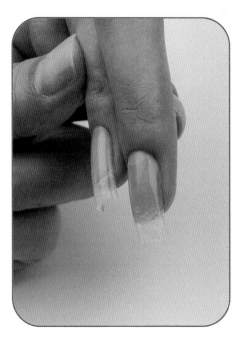

네일 랩 익스텐션
(Nail Wrap Extension)

2 시간 배분

1 2 3 4 5	6 7 8 9 10 11 12 13 14 15 16 17 18 19 20 21 22	23 24 25 26 27 28 29 30	31 32 33 34 35	36 37 38 39 40
공통과정	실크 재단, 부착, C-커브 모양 만들기, 두께 만들기	표면정리(파일, 샌드버퍼)	글루, 젤 글루 코팅, 샌드버퍼, 쉐입	광내기, 마무리

0　5　22　30　35　40

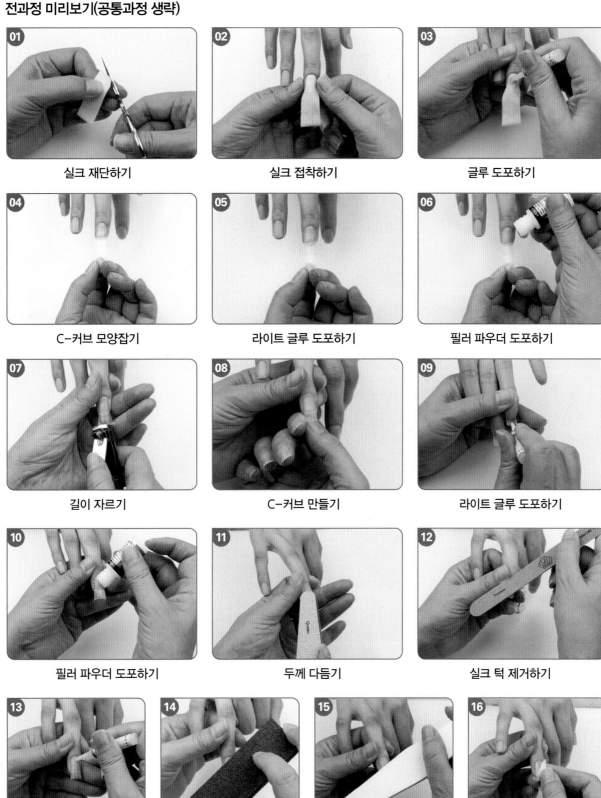

01 실크 재단하기	**02** 실크 접착하기	**03** 글루 도포하기
04 C-커브 모양잡기	**05** 라이트 글루 도포하기	**06** 필러 파우더 도포하기
07 길이 자르기	**08** C-커브 만들기	**09** 라이트 글루 도포하기
10 필러 파우더 도포하기	**11** 두께 다듬기	**12** 실크 턱 제거하기
13 글루 코팅하기	**14** 표면 버핑하기	**15** 광택내기
16 마무리하기		

CHECK LIST

기본 세팅 재료와 도구

- ☐ 마스크
- ☐ 지혈제
- ☐ 타월(흰색)
- ☐ 정리함
- ☐ 탈지면
- ☐ 클리퍼
- ☐ 소독제(알코올)
- ☐ 소독용기

- ☐ 파일꽂이
- ☐ 멸균거즈
- ☐ 탈지면 용기
- ☐ 페이퍼 타월
- ☐ 폴리시 리무버
- ☐ 손목 받침대
- ☐ 오렌지 우드스틱
- ☐ 큐티클 푸셔

- ☐ 큐티클 니퍼
- ☐ 큐티클 오일
- ☐ 위생봉투(비닐봉투)
- ☐ 네일 더스트 브러시
- ☐ 자연네일용 파일
  (에머리 보드)
- ☐ 샌드 파일(버퍼)
- ☐ 손 소독제

인조네일 재료와 도구

- ☐ 보안경
- ☐ 물 분무기
- ☐ 파일(인조손톱용 100~240G)
- ☐ 광택용 파일
- ☐ 전처리제
- ☐ 네일 글루
- ☐ 네일 젤 글루
- ☐ 글루 드라이어(액티베이터)

- ☐ 필러 파우더
- ☐ 실크
- ☐ 실크 가위
- ☐ 핀칭봉
- ☐ 커팅 페이퍼 타월

※ 3과제 네일 랩 익스텐션에 해당되는 재료와 도구를 반드시 세팅해야 합니다.

준비 재료

| 실크 | 실크 가위 | 필러 파우더 | 젤 글루 | 라이트 글루 |

| 광택용 파일(200~240G) | 인조손톱용 파일(100~240G) | 글루 드라이어 | 클리퍼 |

지참 재료 및 도구를 사용하여 아래의 요구사항대로 네일 랩 익스텐션을 완성하시오.

1. 과제를 수행하기 위해 수험자의 손 및 모델의 손과 손톱 소독

2. 1과제 작업 상태의 모델 손톱을 3과제 작업에 적합하도록 전처리

    가) 사전 작업된 오른손 1~5지 손톱의 네일 폴리시를 모두 제거

    나) 모델의 자연손톱은 1㎜ 이하의 라운드 또는 오발(Oval) 형태로 준비

3. 실크 랩, 네일 글루, 젤 글루, 필러 파우더를 사용하여 오른손 중지, 약지 2개의 손톱에 도면과 같은 네일 랩 연장을 완성

4. 연장된 프리에지의 길이는 0.5~1cm 미만으로 모두 일정하게 맞춰 잘라내고, 가로 세로 모두 직선의 스퀘어 모양으로 조형

5. 글루(네일 글루, 젤 글루 등)는 수험자가 작업 상황에 맞도록 적절히 사용하되, 피부에 닿거나 흐르지 않도록 유의

6. 실크는 손톱 범위에 따라 알맞게 큐티클 부분을 1㎜ 정도 남기고 재단 및 부착하여 사용

7. 필러 파우더는 수험자가 작업 상황에 맞도록 적절히 사용

8. 손톱 표면은 중심(하이포인트)에서 좌우, 상하 사방의 굴곡이 자연스럽게 연결되고, 기포 없이 맑고 투명하게 완성

9. 인조손톱은 자연손톱 전체에 조형되어야 하며 그 경계선을 매끄럽게 연결하되, 주변의 피부가 손상되거나 출혈되지 않도록 유의

10. 프리에지 C-커브는 원형의 20~40% 비율로, 두께는 0.5~1㎜ 이하로 일정하게 조형

11. 측면 사이드 스트레이트선은 자연손톱에서부터 프리에지까지 연결선이 너무 올라가거나 쳐지지 않도록 하며 직선을 유지

12. 스퀘어 모양을 유지하여 2개 손톱 모두 일정하게 완성

13. 파일로 인한 거친 표면을 샌딩 버퍼로 매끄럽게 정리

14. 광택용 파일을 사용하여 광택 마무리

15. 손과 손톱 주변의 먼지 혹은 사용된 오일을 깨끗이 제거

    가) 핑거볼, 네일 더스트 브러시, 멸균 거즈, 큐티클 오일 사용 가능

    나) 네일 더스트 브러시는 멸균 거즈 등으로 물기를 완전히 제거한 후 사용

수험자 유의사항

① 시작 전 실크 랩을 재단하거나 미리 붙이지 않아야 합니다.
② 자연네일 파일링 시 문지르거나 비비지 말고 한 방향으로 파일링하시오.
③ 모델의 손과 손톱에 지저분한 큐티클 및 거스러미, 먼지나 분진이 없도록 항상 깨끗이 정리하시오.
④ 작업 시작부터 끝까지 눈을 보호할 수 있도록 하시오.
⑤ 구조를 위한 네일 도구(핀칭 봉, 핀칭 텅, 핀셋)는 작업 내용에 맞게 적절히 사용할 수 있습니다.
⑥ 마무리 작업의 먼지 및 오일 제거 시 핑거볼, 네일 더스트 브러시, 멸균 거즈, 큐티클 오일을 사용할 수 있습니다.
⑦ 큐티클 니퍼, 큐티클 푸셔, 클리퍼, 네일 더스트 브러시, 오렌지 우드스틱(푸셔용)은 알코올 소독용기에 담가 두어야 합니다.

①▶ 사전준비 93p

②▶ 공통과정 94p

③▶ 인조네일(네일 랩 익스텐션)

1 실크 부착하기

🔗 실크 재단하기

[실크 부착하기]
동영상 QR코드

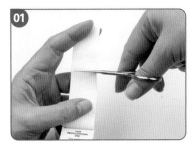 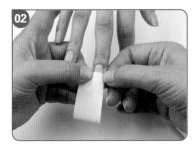 

실크를 적당한 크기로 자른다.   손톱 사이즈에 맞게 실크를 완만한 사   큐티클 라인에 맞게 실크를 오린다.
다리꼴로 재단한다.

🔗 실크 접착하기

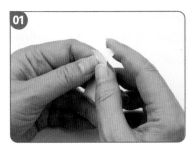 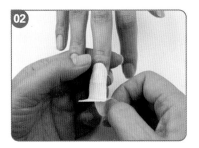 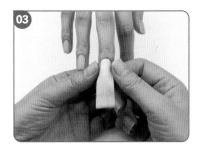

가능하면 손에 닿지 않게 실크 접착   재단한 실크를 자연네일 표면에 부   손톱의 양 사이드를 눌러 실크를 밀
제를 분리한다.   착한다.   착시킨다.

🔗 모양 만들기

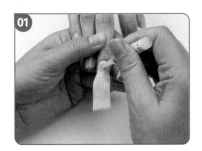  

실크를 자연네일에 고정시키기 위해   사이드를 오렌지 우드스틱으로 살며   네일 바디 표면에 전체적으로 라이
네일 바디 위에만 글루를 도포한다.   시 누르며 밀착시킨다.   트 글루를 도포한다.

엄지와 중지, 검지를 이용해 실크의
C-커브 모양을 잡아준다.

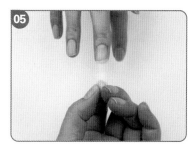

길이를 만들 부분에 라이트 글루를
도포한다.

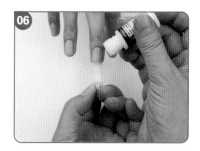

실크 모양을 교정하기 위해 필러 파
우더를 가볍게 도포한다.

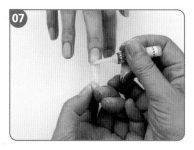

라이트 글루를 필러 파우더 위에 가
볍게 도포한다.

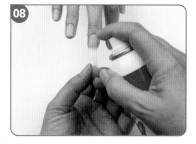

글루 드라이로 라이트 글루를 고정
한다.

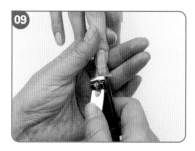

클리퍼 또는 가위를 이용하여 길이
를 자른다.

이때 펀칭봉을 사용할 수 있다.

엄지손톱을 이용하여 C-커브를 만
들어준다.

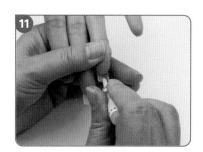

투명도를 높이기 위해 실크 뒷면에
라이트 글루를 도포한다.

두께를 만들기 위해 라이트 글루를
스트레스 포인트 부분까지 전체적으
로 도포한다.

라이트 글루 입구에 필러
파우더가 닿지 않도록 주의한다.

필러 파우더를 스트레스 포인트 부
분까지 그라데이션하듯 자연스럽게
도포한다.

라이트 글루를 필러 파우더 위에 도
포한다.

2 전체 모양 다듬기

[전체 모양 다듬기]
동영상 QR코드

🔗 파일하기

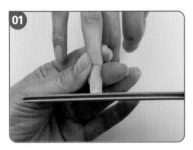

프리에지에 90° 각도로 파일하여 스퀘어 형태와 지정된 길이로 다듬는다.

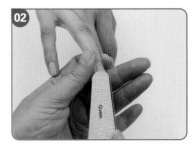

파일을 세로로 움직이며 표면 두께를 고르게 다듬는다.

우드파일로 실크 턱을 제거한다.

사이드 월의 실크 턱을 제거한다.

큐티클과 파일을 10~15° 정도로 밀착시켜 큐티클 주위의 실크 턱을 다듬는다.

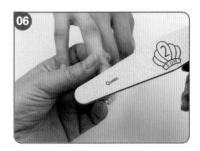

파일을 최대한 손톱 표면에 밀착시켜 다듬는다.

파일 중앙의 검정색 선을 보면서 손톱 모양을 일직선으로 다듬는다.

🔗 표면 버핑하기

샌드 버퍼로 손톱 표면 전체를 부드럽게 버핑한다.

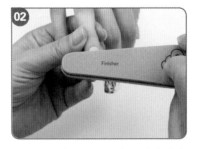

샌드 버퍼(피니셔 280)를 사용하여 파일로 인한 스크래치를 다듬는다.

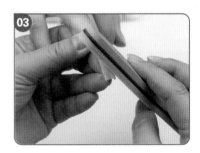

전체적인 표면을 부드럽게 한다.

🔗 글루 코팅하기

정리된 표면에 사이드, 프리에지까지 라이트 글루를 고르게 도포한다.

젤 글루를 사용하여 표면을 매끄럽게 코팅하고 두께를 만든다.

투명도와 C-커브를 만들기 위해 라이트 글루를 도포한 다음 젤 글루로 마무리한다.

프리에지와 스트레스 포인트를 핀치한다.

🔗 광택내기

광택용 버퍼를 이용하여 표면에 광택을 낸다.

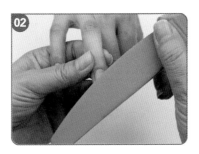
광택용 버퍼를 이용하여 완성도를 위해 표면에 한 번 더 광택을 낸다.

3 마무리하기

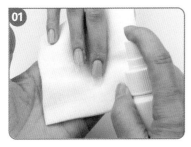
멸균거즈를 모델의 손 아래쪽에 놓고 윗면, 뒷면을 물 스프레이로 분사하여 세척한다.

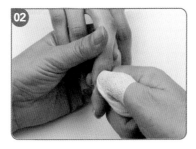
큐티클과 양 손톱 사이드, 손톱의 아랫면도 빈틈없이 닦아준다.

오일을 발라서 파일로 예민해진 큐티클을 진정시킨다.

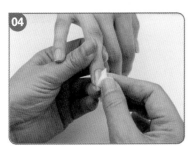
표면의 오일이 묻어나오지 않게 반드시 닦아낸다.

네일 랩 익스텐션

측면

C-커브

제4과제

과제명	인조네일 제거
쉐입	라운드 또는 오벌 쉐입
시험시간	15분
대상부위	오른손 3지 손톱
세부과제	인조네일 제거
배점	10

※ 3과제 시 선정된 인조네일 제거
※ 사전 인조네일 제거 및 길이 조정 금지

인조네일 제거

1 시험내용

형태	시술	시간	배점
라운드, 오벌	오른손 3지 손톱	15분	10점

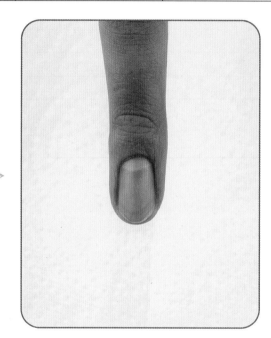

2 시간 배분

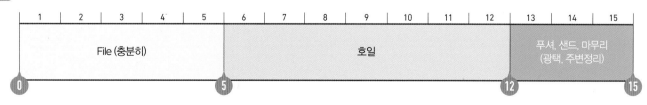

| | | | | | | | | | | | | | | |
|1|2|3|4|5|6|7|8|9|10|11|12|13|14|15|

File (충분히) | 호일 | 푸셔, 샌드, 마무리 (광택, 주변정리)

0   5   12   15

3 전과정 미리보기

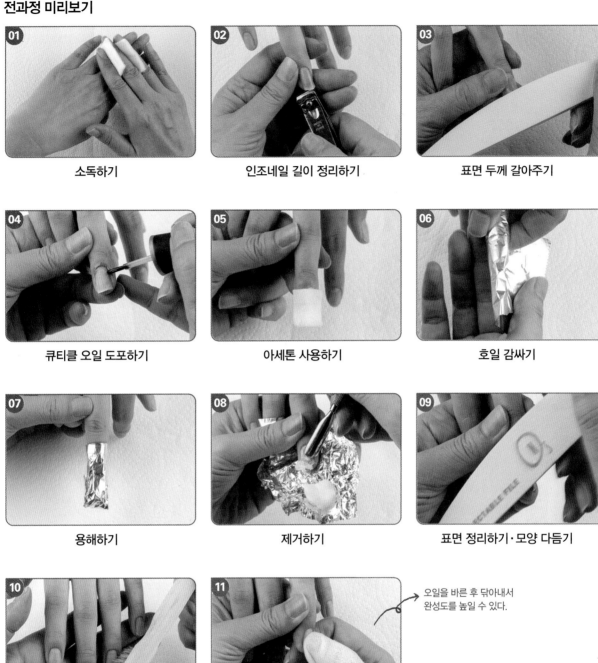

01 소독하기	02 인조네일 길이 정리하기	03 표면 두께 갈아주기
04 큐티클 오일 도포하기	05 아세톤 사용하기	06 호일 감싸기
07 용해하기	08 제거하기	09 표면 정리하기·모양 다듬기
10 더스트 제거	11 마무리하기	오일을 바른 후 닦아내서 완성도를 높일 수 있다.

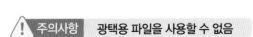

⚠ 주의사항 광택용 파일을 사용할 수 없음

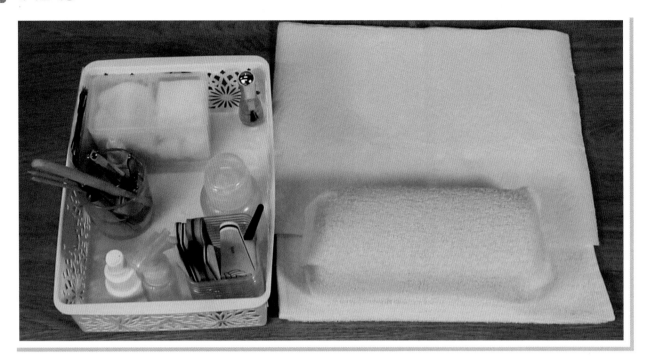

기본 세팅 재료와 도구		CHECK LIST	인조네일 제거 재료와 도구

기본 세팅 재료와 도구

- ☐ 마스크
- ☐ 지혈제
- ☐ 타월(흰색)
- ☐ 정리함
- ☐ 탈지면
- ☐ 클리퍼
- ☐ 소독제(알코올)
- ☐ 소독용기
- ☐ 파일꽂이
- ☐ 멸균거즈
- ☐ 탈지면 용기
- ☐ 페이퍼 타월
- ☐ 손목 받침대
- ☐ 오렌지 우드스틱
- ☐ 큐티클 푸셔
- ☐ 큐티클 니퍼

CHECK LIST

- ☐ 위생봉투(비닐봉투)
- ☐ 네일 더스트 브러시
- ☐ 자연네일용 파일 (에머리 보드)
- ☐ 샌드 파일(버퍼)
- ☐ 손 소독제

인조네일 제거 재료와 도구

- ☐ 보안경
- ☐ 호일(8×8cm 이하)
- ☐ 쏙 오프 전용 리무버(아세톤)
- ☐ 파일(인조손톱용 100~220G)
- ☐ 큐티클 오일
- ☐ 물 분무기

※ 4과제 인조네일 제거에 해당되는 재료와 도구를 반드시 세팅해야 합니다.

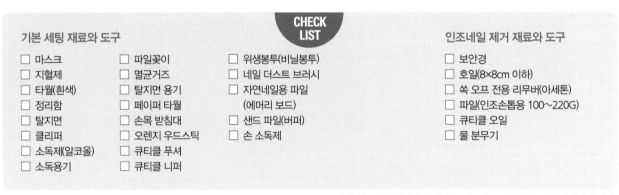

인조네일 제거용 호일　　　　인조네일 제거용 탈지면　　　　인조네일 제거용 파일

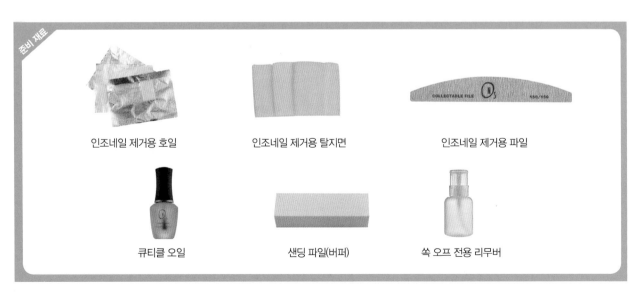

큐티클 오일　　　　샌딩 파일(버퍼)　　　　쏙 오프 전용 리무버

준비 재료

지참 재료 및 도구를 사용하여 아래의 요구사항에 따라 인조네일을 제거하시오.

1. 과제를 수행하기 위해 수험자의 손 및 모델의 손과 손톱 소독

2. 전 과제에 조형된 인조손톱 중 중지의 손톱을 제거

3. 자연손톱의 경계선을 파악한 뒤 연장된 프리에지를 안전하게 잘라내기

4. 자연손톱과 주변에 상처가 나지 않도록 유의하여 인조손톱의 표면 두께를 적당히 갈아내기

5. 아세톤을 적신 솜을 올리고 호일로 감싼 듯 마감

   (단, 피부의 보습을 위하여 큐티클 오일을 사용하여야 하며, 젤의 종류에 따라 쏙 오프 과정을 생략 가능)

6. 일정한 시간이 흐른 후 녹은 부분을 적절히 제거

   (단, 젤의 종류에 따라 쏙 오프 시 호일마감 과정을 생략 가능)

7. 손톱 위 잔여물을 깨끗이 제거

8. 자연손톱의 형태를 라운드 혹은 오발(Oval)로 완성 후 표면을 매끄럽게 정리

9. 마무리로 손과 주변의 먼지를 깨끗이 제거

   가) 핑거볼, 네일 더스트 브러시, 멸균거즈, 큐티클 오일 사용 가능

   나) 네일 더스트 브러시는 멸균거즈 등으로 물기를 완전히 제거한 후 사용

수험자 유의사항

① 인조손톱의 두께를 파일링으로 제거할 시 자연손톱과 주변에 상처가 나지 않도록 유의하시오.

② 자연네일 파일링 시 문지르거나 비비지 말고 한 방향으로 파일링하시오.

③ 모델의 손과 손톱에 지저분한 큐티클 및 거스러미, 오일, 먼지나 분진 등의 잔여물이 없도록 항상 깨끗이 정리하시오.

④ 필요시 요구사항의 4번과 5번의 작업을 반복할 수 있으며, 우드스틱, 메탈 푸셔, 파일은 선택하여 중복 허용할 수 있습니다.

⑤ 제거 작업 시 전동 파일 기기(전기 드릴 기기)는 사용할 수 없습니다.

⑥ 마무리 작업 시 핑거볼, 멸균거즈, 큐티클 오일을 사용할 수 있습니다.

⑦ 큐티클 니퍼, 큐티클 푸셔, 클리퍼, 네일 더스트 브러시, 오렌지 우드스틱(푸셔용)은 알코올 소독용기에 담가 두어야 합니다.

❶▶ 사전 준비

👍 **시술 전 모델의 준비상태**

① **3과제 시술 종료 상태 그대로**
   오른손 3,4지 손가락

② **인조네일**
   3과제에 시술된 오른손 인조네일 상태 그대로인지
   확인!

   ※ 사전 인조네일 제거 및 길이 조정 금지

❷▶ 인조네일 제거

1 손 소독하기

🔗 **수험자 손 소독**
수험자의 손등, 손바닥, 손가락 사이를 소독한다.

🔗 **모델의 손 소독**
모델의 손등, 손바닥, 손가락 사이를 소독한다.

  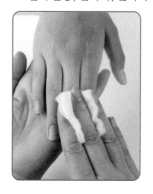 

2 표면 두께 정리하기

히이포니키움이 손상되지 않게
뒷면을 확인 후 자른다.

🔗 **길이 정리하기**

클리퍼로 인조네일의 길이를 짧게
잘라준다.

🔗 **표면 두께 갈아주기**

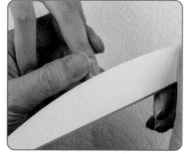

파일(150G)로 인조네일의 두께를 최
대한 얇게 갈아준다.

🔗 **큐티클 오일 도포하기**

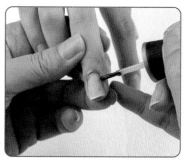

큐티클 오일을 발라 피부의 건조를
예방한다.

3 호일 감싸기

🔗 솜 올리기

아세톤에 적신 솜을 올려준다.

🔗 호일 감싸기

01

반짝거리지 않은 쪽 호일로 감싸준다.

02

손가락의 두 번째 마디 밑으로 하여 공기가 통하지 않게 감싼다.

🔗 용해하기

공기가 통하지 않게 감싸주어야 쉽게 용해가 된다.

4 제거하기

🔗 제거하기

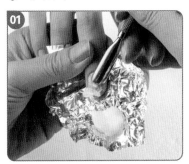

01

오렌지 우드스틱이나 푸셔로 조심스레 용해된 인조네일 잔여물을 밀어낸다.

02

잘 용해가 되지 않았다면 파일 후 다시 호일을 감아서 한 번 더 반복해도 무방하다.

03

오렌지 우드스틱이나 푸셔로 조심스레 용해된 인조네일 잔여물을 밀어낸다.

🔗 표면 및 형태 정리하기

파일(220~240G)로 남아있는 잔재를 제거하고 라운드 또는 오벌 형태로 다듬은 후 샌드 버퍼로 표면을 부드럽게 정리한다.

🔗 더스트 제거

네일 더스트 브러시로 더스트를 털어준다.

5 마무리하기

오일을 바른후 닦아내서 완성도를 높일 수 있다.

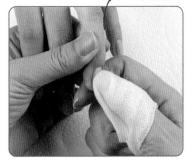

멸균거즈를 사용해 손가락의 잔여물을 닦아준다.

인조네일 제거

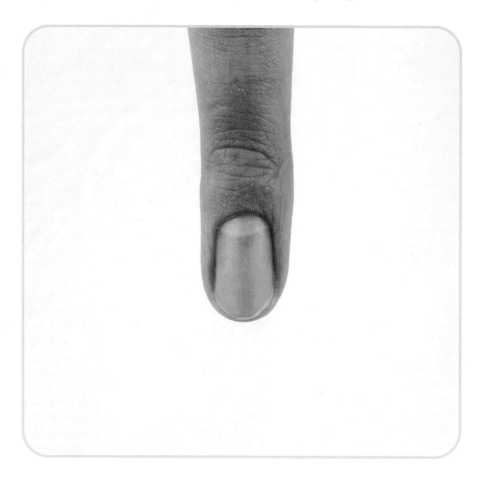

QPASS

미용사
네일
실기

실기 무료 동영상 강의

실기

탑클래스 전문가가 알려주는 합격 비법과 꿀팁 대방출
혼공을 위한 디테일한 사진과 일러스트
기본기부터 착실하게 다져가는 구성

원큐패스 Q PASS

원큐패스는 수험생들이 한번에 합격하기를 응원합니다.

미용사 네일 필기

혼공비법

한국 네일의 거장과 국내 1위, 세계챔피언이
네일 미용인의 실력향상 위해 뭉쳤다!

기본 다지기부터 실전까지

네일 미용인 기본 지침서

다락원

II

필기시험

I
공중위생
관리

공중보건

① 공중보건 기초

1 공중보건학

(1) 공중보건의 정의

공중보건학이란 조직화된 지역사회의 노력을 통해 질병을 예방하고, 수명을 연장시키며, 신체적, 정신적 효율을 증진시키는 기술과학으로 대상은 개인의 건강이 아닌 지역사회(전체 주민 또는 국민)의 건강

(2) 공중보건학의 개념

① 감염병에 대한 예방에 관한 연구(질병예방)
② 지역주민의 수명 연장에 관한 연구(생명연장)
③ 신체적, 정신적 효율 증진에 관한 연구(건강증진)
④ 공중보건의 최소단위는 지역사회이며 전체 주민 또는 국민을 대상(집단 또는 지역사회 대상)

(3) 건강의 정의

단순히 질병이 없고 허약하지 않은 상태만이 아니라 "신체적, 정신적, 사회적 안녕이 완전한 상태"

(4) 공중보건의 3대 사업

보건교육, 보건행정(보건의료 서비스), 보건관계법(보건의료 법규)

(5) 세계보건기구(WHO)에서 규정하는 건강지표 3가지 ➡(2015.7)③

① 조사망률 : 인구 1,000명당 1년간의 전체 사망자 수
② 평균수명 : 0세의 평균여명(어떤 시기를 기점으로 그 후 생존할 수 있는 평균연수)
③ 비례사망지수 : 연간 총 사망자수에 대한 50세 이상의 사망자수를 퍼센트로 표시한 지수

$$비례사망지수 = \frac{50세 이상의 사망자 수}{총 사망자 수} \times 100$$

(6) 국가 간이나 지역사회 간의 보건수준을 평가하는 3대 지표

영아사망률, 비례사망지수, 평균수명

(7) 영아사망률 ➡(2014.11)⑦

① 한 지역이나 국가의 대표적인 보건수준 평가기준의 지표
② 가장 예민한 시기이므로 영아사망률은 지역사회의 보건수준을 가장 잘 나타냄
③ 출생 후 1년 이내에 사망한 영아수를 해당 연도의 총 출생아 수로 나눈 비율(1,000분비)

$$영아사망률 = \frac{그 해의 1세 미만 사망아 수}{그 해의 연간 출생아 수} \times 1,000$$

2 공중보건의 관리 범위 ➡(2015.4)④

① 질병관리 : 역학, 감염병 및 비감염병관리, 기생충관리
② 가족 및 노인보건 : 인구보건, 가족보건, 모자보건, 노인보건

③ 환경보건 : 환경위생, 대기환경, 수질환경, 산업환경, 주거환경
④ 식품보건 : 식품위생
⑤ 보건관리 : 보건행정, 보건교육, 보건통계, 보건영양, 사회보장제도, 정신보건, 학교보건 등

② 질병관리

1 역학 ➡(2016.4)②(2015.10)③

① 집단 현상으로 발생하는 질병의 발생 원인과 감염병이 미치는 영향을 연구하는 학문
② 질병 발생의 간접적인 원인 및 직접적인 원인이나 관련된 위험 요인을 규명하여 질병의 원인을 제거
③ 집단을 대상으로 유행병의 감시 역할을 하고 예방대책을 모색

2 검역

외국 질병의 국내 침입방지를 위한 감염병 예방대책으로 감염병 유행지역의 입국자에 대하여 감염병 감염이 의심되는 사람의 강제격리로서 "건강격리"라고도 함

3 감염병 및 비감염병 관리

(1) 질병의 정의
신체의 구조적, 기능적 장애로서 질병 발생의 삼원론에 의해 항상성이 파괴된 상태

(2) 질병 발생의 3대 요인 ➡(2015.7)④(2015.4)①
① 병인 : 병원균을 인간에게 직접 가져오는 원인(병원체, 영양상태, 생물학적 요인, 물리화학적 요인 등)
② 숙주 : 병원체의 기생으로 영양물질의 탈취, 조직손상을 당하는 생물(숙주의 감수성), 연령, 성별, 인종, 영양상태, 질병, 면역 등
③ 환경 : 생물학적 환경, 물리화학적 환경(계절, 기후, 자외선), 병원체의 전파수단이 되는 모든 사회경제적 환경(직업, 인구밀도, 경제활동, 생활습관) 등

(3) 감염병 생성과정의 6대 요소
병원체 → 병원소 → 병원소로부터 병원체의 탈출 → 병원체의 전파 → 신숙주로 침입 → 숙주의 감수성(감염)

4 감염병 관련 질병 ➡(2016.7)③

(1) 병원체
숙주에 침입하여 질병을 일으키는 미생물

세균(박테리아)	콜레라, 폐렴, 이질, 결핵, 한센병(나병), 장티푸스, 파상풍, 디프테리아, 매독, 임질 등
바이러스	후천성 면역결핍 증후군(AIDS), 홍역, 간염, 인플루엔자, 광견병, 폴리오, 일본뇌염, 풍진 등
리케차	양충병(쯔쯔가무시), 발진열, 록키산홍반열, 발진티푸스 등
진균(사상균, 곰팡이)	무좀, 칸디다증 등
스피로헤타	매독, 재귀열, 렙토스피라증(와일씨병), 서교증 등
클라미디아	비임균성 요도염, 자궁경부염, 트라코마 감염 등
기생충	원충류, 선충류, 조충류, 흡충류 등

(2) 병원소 ➡(2016.1)②(2014.11)④

① 인간 병원소 : 병원체가 생활, 증식, 생존하는 곳으로 새로운 숙주에게 전파될 수 있는 장소

감염자	• 균이 침입된 감염자
현성 감염자	• 균이 증상으로 나타난 감염자
불현성 감염자	• 균이 증식하고 있으나 아무런 증상이 나타나지 않은 감염자
건강 보균자 (불현성 보균자)	• 디프테리아, 폴리오, 일본뇌염, 유행성 수막염 등 • 증상이 없으면서 균을 보유하고 있는 자로서 보건관리가 가장 어려운 보균자
잠복기 보균자 (발병 전 보균자)	• 디프테리아, 홍역, 백일해, 유행성 이하선염 등 • 증상이 나타나기 전에 균을 보유하고 있는 보균자
병후 보균자 (만성회복기 보균자)	• 이질, 장티푸스, 디프테리아, 파라티푸스 등 • 균을 지속적으로 보유하고 있는 보균자

② 동물 병원소 : 병원체를 보유하고 있는 동물이 인간 숙주에게 감염시키는 감염원으로 인수공통감염병

소	탄저병, 결핵, 파상열, 살모넬라증 등
돼지	탄저병, 파상열, 일본뇌염, 살모넬라증 등
말	탄저병, 유행성 뇌염, 살모넬라증 등
양	탄저병, 파상열, 브루셀라증
쥐	페스트, 발진열, 살모넬라증, 서교증, 유행성 출혈열, 렙토스피라증(와일씨병), 양충병(쯔쯔가무시) 등
고양이	살모넬라증, 톡소플라스마증, 서교증 등
개	광견병(공수병), 톡소플라스마증 등
닭, 오리	조류인플루엔자 등
토끼	야토증

(3) 병원소로부터 병원체의 탈출 ➡(2015.10)⑦

호흡기계 탈출	• 디프테리아, 결핵, 홍역, 백일해, 천연두, 유행성 이하선염, 두창, 인플루엔자, 폐렴 등 • 기침, 재채기, 침, 가래 등으로 탈출
소화기계 탈출	• 파라티푸스, 장티푸스, 세균성 이질, 콜레라, 폴리오, 유행성 간염, 파상열 등 • 분변, 구토물 등으로 탈출
비뇨생식기계 탈출	• 매독, 임질, 연성하감 등 • 소변, 성기 분비물 등으로 탈출
개방병소로 직접 탈출	• 나병(한센병) • 피부병, 피부의 상처, 농양 등으로 직접 탈출
기계적 탈출	• 말라리아, 황열 등 • 이, 벼룩, 모기 등 흡혈성 곤충에서 탈출

(4) 병원체의 전파

① 직접 전파

호흡기	• 말, 재채기 등의 오염된 공기로 전파되는 비말 감염 • 홍역, 결핵, 폐렴, 인플루엔자, 성홍열, 백일해, 유행성 이하선염 등
혈액, 성매개	• 혈액이나 신체 접촉을 통한 성병으로 전파되는 감염 • 후천성 면역결핍증(AIDS), B형 감염, 매독, 임질 등

② 절지동물(곤충) 매개 전파(간접 전파) ➡ (2016.4)③ (2015.10)④ (2014.11)⑤

진드기	양충병(쯔쯔가무시), 유행성 출혈열, 재귀열, 발진열
모기	일본뇌염, 말라리아, 뎅기열, 황열, 사상충
파리	장티푸스, 이질, 콜레라, 파라티푸스, 결핵, 디프테리아
바퀴	장티푸스, 이질, 콜레라, 소아마비
벼룩	발진열, 페스트
이	발진티푸스, 재귀열

③ 무생물 매개 전파(간접 전파) ➡ (2015.10)⑧ (2015.4)⑤⑭ (2014.11)⑫

비말(포말) 감염	• 디프테리아, 성홍열, 인플루엔자, 결핵, 백일해, 폐렴, 유행성 감기 등 • 눈, 호흡기 등으로 전파 • 비말핵이 먼지와 섞여 공기를 통해 전파
수인성 감염 (수질, 식품)	• 세균성 이질, 콜레라, 장티푸스, 파라티푸스, 폴리오, 장출혈성 대장균 등 • 인수(사람, 가축)의 분변으로 오염되어 전파 • 쥐 등으로 병에 걸린 동물에 의해 오염된 식품으로 전파 • 단시일 이내에 환자에게 폭발적으로 일어나며 발생률, 치명률이 낮음
토양 감염	• 파상풍, 가스괴저병 등 • 오염된 토양에 의해 피부의 상처 등으로 감염
개달물 감염	• 결핵, 트라코마, 두창, 비탈저, 디프테리아 등 • 수건, 의류, 서적, 인쇄물 등의 개달물에 의해 감염

(5) 숙주로 침입

호흡기계 침입	비말핵 감염(기침, 재채기), 공기전파 감염
소화기계 침입	경구 감염(구강)
비뇨생식기계 침입	성기 감염
경피 침입	피부 감염
기계적 침입	유행성 A형 간염은 수혈을 통하여 침입

(6) 숙주의 감염(면역과 감수성)

① 숙주란 병원체가 옮겨 다니며 기생할 수 있는 대상(사람, 동물)
② 숙주의 감수성은 숙주의 저항성인 면역성과 관련
③ 병원체가 숙주에 침입하면 반드시 병이 발생(단, 신체 저항력과 면역이 형성되면 병이 발생하지 않을 수 있음)
④ 감수성 지수가 높으면 면역성이 떨어지고 감수성 지수가 낮으면 면역성이 높아짐. 즉, 감수성이 높으면 질병 발병이 많고 감수성이 낮아 면역력이 높으면 질병이 발생하지 않음

감수성 지수	홍역·두창(95%), 백일해(60~80%), 성홍열(40%), 디프테리아(10%), 폴리오(0.1%)

5 면역

(1) 선천적 면역

태어날 때부터 개인적 차이에 의해 자연적으로 가지고 형성되는 면역

(2) 후천적 면역 ➡(2016.7)⑥(2016.1)⑥

① 자연 능동면역 : 각종 질환 이후 형성되는 면역
② 인공 능동면역 : 예방접종으로 항체를 만들어 형성되는 면역
③ 자연 수동면역 : 태반이나 수유를 통해 형성되는 면역
④ 인공 수동면역 : 항체주사를 통해 일시적으로 질병에 대응하는 면역

(3) 능동면역의 종류 ➡(2015.7)②

자연능동면역	질병이환 후 영구 면역		홍역, 수두, 장티푸스, 콜레라, 백일해, 유행성 이하선염(볼거리), 두창, 황열, 페스트
	불현성감염 후 영구 면역		일본뇌염, 소아마비(폴리오)
	질병이환 후 약한 면역		디프테리아, 세균성 이질, 인플루인자, 폐렴, 수막구균성 수막염
	감염면역만 형성		매독, 임질, 말라리아
인공능동면역	예방접종	생균백신	결핵, 홍역, 폴리오, 두창, 탄저, 광견병, 황열
		사균백신	장티푸스, 파라티푸스, 콜레라, 백일해, 폴리오, 일본뇌염
		순화독소	파상풍, 디프테리아

> 📖 **예방접종시기** ➡(2016.1)⑦(2015.7)①
>
> ① 초회 접종 : B형간염(양성-0, 1, 6개월 3회 / 음성-0, 1, 2 또는 0, 1, 6개월 3회)
> ② 1개월 이내 : BCG(결핵)
> ③ 2, 4, 6개월 : 폴리오, DPT(디프테리아, 백일해, 파상풍)
> ④ 12~15개월 : MMR(홍역, 유행성 이하선염, 풍진)
> ⑤ 12~24개월, 36개월 : 일본뇌염(12~24개월 중 1~2주 간격으로 2회 실시하고 12개월 후 3차 접종, 유행 시기 전 임시 예방접종

6 법정 감염병의 종류 → (2016.7)① (2016.4)⑥ (2014.11)③

법정 감염병은 보건복지부장관이 지정하는 감염병으로서 유행 여부의 조사를 위하여 감시 활동의 대책이 요구됨

제1급 감염병	에볼라바이러스병, 마버그열, 라싸열, 크리미안콩고출혈열, 남아메리카출혈열, 리프트밸리열, 두창, 페스트, 탄저, 보툴리눔독소증, 야토병, 신종감염병증후군, 중증급성호흡기증후군(SARS), 중동호흡기증후군(MERS), 동물인플루엔자 인체감염증, 신종인플루엔자, 디프테리아
제2급 감염병	결핵, 수두, 홍역, 콜레라, 장티푸스, 파라티푸스, 세균성이질, 장출혈성대장균감염증, A형간염, 백일해, 유행성이하선염, 풍진, 폴리오, 수막구균 감염증, b형헤모필루스인플루엔자, 폐렴구균 감염증, 한센병, 성홍열, 반코마이신내성황색포도알균(VRSA) 감염증, 카바페넴내성장내세균목(CRE) 감염증, E형간염
제3급 감염병	파상풍, B형간염, 일본뇌염, C형간염, 말라리아, 레지오넬라증, 비브리오패혈증, 발진티푸스, 발진열, 쯔쯔가무시증, 렙토스피라증, 브루셀라증, 공수병, 신증후군출혈열, 후천성면역결핍증(AIDS), 크로이츠펠트—야콥병(CJD) 및 변종크로이츠펠트—야콥병(vCJD), 황열, 뎅기열, 큐열, 웨스트나일열, 라임병, 진드기매개뇌염, 유비저, 치쿤구니야열, 중증열성혈소판감소증후군(SFTS), 지카바이러스 감염증, 매독, 엠폭스(MPOX)
제4급 감염병	인플루엔자, 회충증, 편충증, 요충증, 간흡충증, 폐흡충증, 장흡충증, 수족구병, 임질, 클라미디아감염증, 연성하감, 성기단순포진, 첨규콘딜롬, 반코마이신내성장알균(VRE) 감염증, 메티실린내성황색포도알균(MRSA) 감염증, 다제내성녹농균(MRPA) 감염증, 다제내성아시네토박터바우마니균(MRAB) 감염증, 장관감염증, 급성호흡기감염증, 해외유입기생충감염증, 엔테로바이러스감염증, 사람유두종바이러스 감염증, 코로나바이러스감염증—19

7 기생충 관리

(1) 기생충
① 다른 생물체의 몸속에서 먹이와 환경을 의존하여 기생생활을 하는 무척추동물
② 인간에게 기생하여 질병을 일으키는 균 중 약 25%는 기생충 질환
③ 기생물이 붙어서 사는 생물을 숙주라고 함

(2) 기생충 관리
① 기생충 질환을 일으키는 발생 원인을 제거
② 유행지역의 역학적 조사와 적극적인 관리 실시
③ 개인 위생관리(소독)를 철저히 하고 비위생적인 환경을 개선

(3) 원충(단세포의 원생동물)

질트리코모나스 (질편모충)	원인 : 화장실 변기, 목욕탕, 불건전한 성행위, 타월로 인해 감염
	감염 : 비뇨생식기계에 기생
	증상 : 질염, 성병
	관리 : 불건전한 성 접촉(위생관리에 주의) 피함
이질아메바	원인 : 물로 인해 감염
	감염 : 장에 기생
	증상 : 급성 이질, 대장염, 설사병, 복통 등
	관리 : 물을 끓여서 음용하고 상하수도와 토양 위생관리
말라리아 (학질)	원인 : 말라리아 원충에 감염된 모기
	감염 : 모기 침이 백혈구 안에서 분열, 증식, 기생
	증상 : 오한, 발열, 발한, 빈혈, 두통, 합병증 발생
	관리 : 야간 외출 삼가, 모기 기피제 및 모기장 사용

(4) 연충(윤충, 다세포의 동물)
① 선충류(감염률이 가장 높음)

회충	원인 : 토양, 물, 채소로 인해 감염 감염 : 소장에 기생 증상 : 복통, 구토, 장염 관리 : 채소를 익혀서 섭취, 분뇨, 토양의 위생관리
요충	원인 : 물, 집단감염(의복, 침구류 전파), 소아감염이 잘 되는 인구밀집지역에 많이 분포 감염 : 충수, 맹장, 소장 하부, 직장에 기생 증상 : 습진, 피부염, 소화 장애, 신경증상, 항문의 가려움증 관리 : 개인 위생관리, 의복·침구류 등 소독
구충 (십이지장충)	원인 : 경피 감염(십이지장충, 아메리카구충) 감염 : 소장 상부에 기생 증상 : 피부염, 채독증, 빈혈, 이명증 관리 : 채소를 익혀서 섭취, 분뇨와 토양의 위생관리
사상충 (말레이사상충)	원인 : 모기로 감염(인도, 말레이시아 등 특정지역에 국한되어 유행하며 상피병이라 함) 감염 : 림프관과 림프선에 기생 증상 : 근육통, 두통, 고열, 림프관염, 상피증 관리 : 야간 외출 삼가, 모기 기피제 및 모기장 사용
선모충	원인 : 날고기 섭취로 인한 감염 감염 : 근육, 간, 소장에 기생 증상 : 근육통, 두통, 발열 관리 : 육류(-37℃ 이하) 냉동보관, 익혀서 섭취
아니사키스충 (고래회충)	원인 : 해산어류의 생식으로 인한 감염(오징어, 고등어 등) 감염 : 위장에 기생 증상 : 구토, 복통 관리 : 해산어류(-20℃ 이하) 24시간 냉동보관, 익혀서 섭취, 내장은 섭취 자제

② 조충류 ➡(2014.11)⑥

유구조충증 (갈고리촌충)	원인 : 돼지고기 감염 : 소장에 기생 증상 : 복통, 설사, 만성소화기 장애, 신경증상, 식욕부진 관리 : 돼지고기를 익혀서 섭취
무구조충증 (민촌충)	원인 : 소고기 감염 : 소장에 기생 증상 : 복통, 설사 관리 : 소고기를 익혀서 섭취
긴촌충증 (광절열두조충)	원인 : 제1숙주(물벼룩), 제2숙주(연어, 송어) 감염 : 소장에 기생 증상 : 복통, 설사, 빈혈 관리 : 민물고기를 익혀서 섭취

③ 흡충류 ➡(2015.7)⑦

간흡충 (간디스토마증)	원인 : 제1숙주(우렁이), 제2숙주(잉어, 참붕어, 피라미) 감염 : 간의 담도에 기생 증상 : 소화불량, 설사, 담관염 관리 : 민물고기를 익혀서 섭취
폐흡충 (폐디스토마증)	원인 : 제1숙주(다슬기), 제2숙주(게, 가재) 감염 : 폐에 기생 증상 : 기침, 객담, 객혈 관리 : 게, 가재를 익혀서 섭취
요코가와흡충	원인 : 제1숙주(다슬기), 제2숙주(은어, 숭어) 감염 : 소장에 기생 증상 : 설사, 장염 관리 : 은어, 숭어를 익혀서 섭취

③ 가족 및 노인보건

1 인구보건

(1) 인구
① 일정기간 동안 일정한 지역에서 생존하는 인간의 집단
② 인구 조사 : 일정기간의 인구의 규모와 구조변동에 관한 조사로서 인구동태(출생, 사망, 전입 및 전출 등), 인구증가(자연증가, 사회증가)를 조사하는 것
③ 인구 정태 : 일정지역 내의 인구는 끊임없이 변동되고 있지만, 일정시점에서 조사하면 여러 가지 내용으로 분류되는데, 조사 시점에 있어서 인구의 상태를 말함
④ 인구 문제 : 인구의 구성과 인구 수, 지역적 분포 등 인구 현상에 있는 모든 변화에 의하여 발생

(2) 인구구성형태(인구모형) ➡(2016.4)④(2015.10)⑥

피라미드형	후진국형 (인구증가형)	• 출생률 증가, 사망률 감소 • 14세 이하 인구가 65세 이상 인구의 2배 이상인 형태
종형	이상적인형 (인구정지형)	• 출생률과 사망률이 낮은 형 • 14세 이하 인구가 65세 이상 인구의 2배 정도인 형태
항아리형 (방추형)	선진국형 (인구감퇴형)	• 출생률이 사망률보다 낮은 형 • 14세 이하 인구가 65세 이상 인구의 2배 이하인 형태
별형	도시형 (인구유입형)	• 생산연령 인구 증가 • 생산인구가 전체인구의 50% 이상인 형태
호로형 (표주박형)	농어촌형 (인구감소형)	• 생산연령 인구 감소 • 생산인구가 전체인구의 50% 미만인 형태

> 📖 **인구통계에서 5~9세 인구** ➡(2016.1)④
> 만 5세 이상에서 만 10세 미만의 인구

2 가족보건

(1) 가족계획

① '모자보건법'(산아제한)에 의해 출산의 시기 및 간격을 조절
② 출생 자녀수도 제한하고 불임증 환자를 진단 및 치료하는 것
③ 초산 연령(20~30세), 단산 연령(35세 이전)을 조절, 출산횟수 조절(임신간격 약 3년)

(2) 영·유아 보건을 위한 가족계획

신생아 및 영아의 건강상태, 유전인자, 모성의 연령, 출산의 터울, 주거 등의 환경요인

(3) 모성 및 영·유아 외의 가족계획

여성의 사회생활을 고려하여 가정 경제 및 조건에 적합한 자녀수를 출산

(4) 조출생률

① 인구 1,000명에 대한 연간 출생아 수
② 가족계획 사업의 효과 판정 상 유력한 지표

$$조출생률 = \frac{연간\ 출생아\ 수}{그\ 해의\ 인구} \times 1,000$$

3 모자보건

(1) 모자보건의 정의

① 모성 및 영·유아의 건강을 유지·증진시키는 것
② 대상 : 12~44세 이하의 임산부 및 6세 이하의 영·유아

(2) 모자보건 지표

영아사망률, 주산기사망률, 모성사망률

(3) 영·유아보건

① 태아 및 신생아, 영·유아를 대상
② 초생아 : 출생 1주 이내
③ 신생아 : 출생 4주 이내
④ 영아 : 출생 1년 이내
⑤ 유아 : 만 4세 이하
⑥ 우리나라 영·유아 사망의 3대 원인 : 폐렴, 장티푸스, 위병

(4) 모성보건 3대 사업 목표

산전관리, 산욕관리, 분만관리

(5) 임산부의 주요 질병

① 유산 : 임신 28주(7개월)까지의 분만
② 조산 : 임신 28~38주의 분만
③ 사산 : 죽은 태아의 분만
④ 조산아 : 2.5kg 이하(미숙아)
⑤ 임신중독증 : 폐부종, 고혈압, 간·콩팥기능 이상, 시야 장애 등 원인
⑥ 자궁 외 임신 : 난관의 손상에 의해 발생, 결핵성 난관염, 인공유산 후의 염증, 임균성 등의 원인
⑦ 분만 시 이상출혈 : 자궁파열, 경부나 질의 열상, 회음열상, 태반인자, 혈소판 감소증 등의 원인
⑧ 분만 전 이상출혈 : 자궁 경부 정맥류, 탯줄의 기시부 이상 등의 원인

⑨ 산욕기 이상출혈 : 분만 전에 정상적인 생리적 상태로 회복하기까지의 기간

⑩ 산욕열 및 감염 : 산욕기(출산 6~8주 사이) 감염에 의한 심한 발열 현상으로 고열과 오한이 생기는 증세

(6) 모유수유 ➡(2016.1)⑤

① 수유 전 산모의 손을 씻어 감염을 예방

② 모유에는 림프구, 대식세포 등의 백혈구가 들어 있어 각종 감염으로부터 장을 보호하고 설사를 예방하는데 큰 효과

③ 초유는 영양가가 높고 면역체가 있으므로 아기에게 반드시 먹이도록 함

4 성인보건

① 노인 : 노인의 평균수명 연장으로 질병과 장애 발병률이 높아지고 있음

② 고령화 사회진입, 노인질환 급증, 국민 총 의료비 증가 등의 이유로 노인보건 필요

③ 의료비, 소득 감소 등의 경제적인 문제, 소외의 문제 등 노인문제 발생

④ 의료지원, 사회복지, 사회활동 등의 지원 및 문제 해결방안 모색 요구

⑤ 성인병 : 성인과 노인에게 많이 발생

- 식습관, 운동습관, 흡연, 음주 등의 생활습관
- 고혈압, 당뇨병, 비만, 동맥경화증, 협심증, 심근경색증, 뇌졸중, 퇴행성관절염, 폐질환, 간질환 등

4 환경보건

1 환경위생

(1) 세계보건기구(환경위생전문위원회)의 정의

인간의 신체 발육과 건강 및 생존에 유해한 영향을 미치거나 미칠 가능성이 있는 모든 환경 요소를 관리

(2) 우리나라(환경보전법)의 정의

자연환경과 인간의 일상생활과 밀접한 관계가 있는 재산의 보호 및 동·식물의 생육에 필요한 생활환경

> 📖 **인류 생존 위협 대표 3요소** ➡(2016.7)⑦
> 인구, 환경오염, 빈곤

(3) 환경위생의 범위 ➡(2016.4)①

자연적 환경	우리 생활에 필요한 물리적 환경	• 공기 : 기온, 기습, 기류, 기압, 매연, 가스 등 • 물 : 강수, 수량, 수질관리, 수질오염, 지표수, 지하수 등 • 토지 : 지온, 지균, 쓰레기 처리 등 • 소리 : 소음 등
사회적 환경	우리 생활에 직·간접으로 영향을 주는 환경	정치, 경제, 종교, 인구, 교통, 교육, 예술 등
인위적 환경	외부의 자극으로부터 인간을 보호하는 환경	의복, 식생활, 주택, 위생시설 등
생물학적 환경	동·식물, 미생물, 설치류, 위생 해충 등이 갖는 환경	구충구서 : 곤충, 해충(파리, 모기) 등

(4) 기후의 3대 요소 ➡(2015.4)②

기온	18±2℃(쾌적 온도 18℃), 실·내외 온도차(5~7℃)
기습	40~70%(쾌적 습도 60%)
기류	실내 0.2~0.3m/sec, 실외 1m/sec(쾌적 기류 1m/sec, 불감 기류 0.5m/sec 이하)

(5) 온열조건

기온, 기습, 기류, 복사열

2 대기환경

(1) 공기

지구를 둘러싸고 있는 대기를 구성하는 기체로, 지구상 생물 존재에 꼭 필요한 역할을 하는 요소

(2) 공기의 성분

산소(O_2) 21%, 질소(N_2) 78%, 이산화탄소(CO_2) 0.03%

(3) 대기오염 ➡(2016.7)④(2015.10)②

① 대기 중 고유의 자연 성질을 바꿀 수 있는 화학적, 물리적, 생리학적 요인으로 인한 오염
② 실내공기 오염의 지표 : 이산화탄소(CO_2)
③ 대기오염의 지표 : 이산화황(SO_2), 아황산가스, 아황산무술
④ 오존층 파괴의 대표 가스 : 염화불화탄소(CFC)

질소(N_2)	• 공기 중의 약 78% 차지 • 비독성 가스이며 고압에서는 마취 현상이 나타남 • 고기압 환경이나 감압 시에는 모세혈관에 혈전이 나타남(감압병(잠함병))
산소(O_2)	• 공기 중의 약 21% 차지 • 산소 농도가 10% 이하일 경우 호흡곤란 증상, 7% 이하일 경우 질식
이산화탄소(CO_2)	• 공기 중의 약 0.03% 차지 • 실내공기 오염의 지표 • 지구의 온난화 현상의 원인이 되는 대표 가스 • 기체상을 탄산가스라고 함 • 무색, 무취, 비독성 가스 기체 • 실내 이산화탄소의 최대허용량(상한량) : 0.1%(1,000ppm) • 7%에서는 호흡곤란, 10% 이상일 경우 사망 • 실내에 이산화탄소가 증가 시 온도와 습도가 증가하여 무더우며 군집독 발생
일산화탄소(CO)	• 탄소의 불완전 연소로 생성되는 무색, 무취의 기체 • 산소와 헤모글로빈의 결합을 방해하여 세포와 신체조직에서 산소 부족 현상을 나타냄 • 호흡기로 흡입되어 체내에 침범하면 두통, 현기증, 중추신경계 손상, 질식 현상을 나타냄
이산화황(SO_2)	• 아황산가스, 아황산무수물이라고도 함 • 황과 산소의 화합물로서 황이 연소할 때 발생하는 무색의 기체 • 최대 허용량(상한량) : 0.05ppm • 독성이 강하여 공기 속에 0.003% 이상이 되면 식물이 죽음 • 금속을 부속시키며 자극이 강해 기관지, 만성염증, 심폐질환, 합병증을 일으킬 수 있음 • 대기오염의 기준, 도시공해 요인으로 자동차 배기가스, 중유연소, 공장매연 등에서 다량 배출

염화불화탄소 (CFC)	• 프레온 가스라고 하며 오존층 파괴의 대표 가스 • 냉장고나 에어컨 등의 냉매, 스프레이의 분사제에서 발생 • 오존이 존재하는 성층권까지 도달하면 오존층을 파괴
오존(O_3)	• 2차 오염 물질로 광화학 옥시던트를 발생 • 지상 25~30km(성층권)에 있는 오존층은 자외선 대부분을 흡수 • 가슴통증, 기침, 메스꺼움, 기관지염, 심장질환, 폐렴 증세 일으킴

(4) 공기의 자정작용 ➡(2014.11)②

① 공기 자체의 희석작용

② 태양광선의 자외선에 의한 살균작용

③ 강설, 강우에 의한 용해성 가스나 분진 등의 세정작용

④ 산소(O_2), 오존(O_3), 과산화수소(H_2O_2) 등에 의한 산화작용

⑤ 식물의 탄소 동화작용에 의한 이산화탄소(CO_2), 산소(O_2) 교환 작용

(5) 군집독

다수인이 밀폐된 공간의 실내 공기가 물리·화학적 변화를 초래해 불쾌감, 두통, 권태감, 현기증, 구토, 식욕 부진 등을 일으킴

> **대기환경현상**
> • 온난화 현상 : 지구의 온실효과가 지나쳐서 지구 전체의 온도가 과도하게 상승하는 현상
> • 기온역전(역전층) : 상부 기온이 하부 기온보다 높아지면서 공기의 수직 확산이 일어나지 않으므로 대기가 안정되지만 오염도는 심함

3 수질환경

(1) 수질기준

총 대장균군	100mL 중 검출되지 않아야 함	염소이온	250mg/L 미만
일반세균	1mL 중 100CFU 미만	수온이온농도	pH 5.8~8.5
색도	5도 미만	불소	1.5mg/L 미만
탁도	1NTU 미만	수은	0.001mg/L 미만

(2) 물의 경도(단위) ➡(2015.4)⑩

① 물속에 녹아있는 칼슘과 마그네슘의 총량을 탄산칼슘의 양으로 환산하여 표시

② 경도는 물속에 함유되어 있는 경도 유발물질에 의해 나타나는 물의 세기

③ 물 1L 중 1mg의 탄산칼슘이 들어 있을 때를 경도 1도라고 함

④ 경도가 높은 물은 산뜻하지 않은 진한 맛, 낮은 경우에는 담백하고 김빠진 맛이 남

⑤ 소독제를 수돗물로 희석하여 사용할 경우 경도에 주의

⑥ 경수(센물) : 경도 10도 이상의 물로서 칼슘, 마그네슘이 많이 포함되어 거품이 잘 일어나지 않고 뻣뻣하여 세탁, 목욕용으로는 부적합

⑦ 연수(단물) : 경도 10도 이하의 물로서 수돗물이 대표적이며 세탁, 생활용수, 보일러 등에 사용

⑧ 붕사 : 경수를 연수로 만드는 약품

⑨ 수돗물이 경도가 높으면 소독제와 불활성 효과, 즉 침전 상태가 될 수 있으므로 주의

(3) 정수법

① 수질검사 : 물리적·화학적 검사, 현장조사, 세균학적 검사, 생물학적 검사
② 수질 자정작용 : 희석작용, 침전작용, 일광 내 자외선에 의한 살균작용, 산화작용, 생물의 식균작용 등
③ 인공정수과정 : 침전 → 여과 → 소독 → 배수 → 급수
④ 완속사 여과는 보통침전법을 사용하고 급속사 여과는 약물침전법을 사용

> **오염도 지표** ➡(2015.7)⑤
> • 상수의 수질오염 분석 시 대표적인 생물학적 지표 : 대장균
> • 하수의 오염도를 나타내는 수질오염 지표 : BOD

(4) 하수와 보건

공장 폐수, 분뇨 등을 처리하지 않고 방류해서 발생하는 여러 가지 문제를 예방하고 대책 마련

(5) 하수오염의 측정

용존산소량 (DO)	• 물속에 용해되어 있는 유리산소량인 용존산소 • 5ppm 이상 • 용존산소가 낮으면 오염도가 높음 • 적조현상 등으로 생물의 증식이 높으면 용존산소량이 낮음 • 4mg/L 이하일 때 어류는 생존 불가능
생물화학적 산소요구량 (BOD)	• 미생물에 의해 분해되어 안정화되는데 소비되는 산소량 • 5ppm 이하 • 생물학적 산소요구량이 높으면 오염도가 높음 • 하수의 수질오염지표
화학적 산소요구량 (COD)	• 물속의 유기물을 무기물로 산화시킬 때 필요로 하는 산소요구량
부유물질 (SS)	• 불용해성 물질과 미소물질을 측정한 것 • 여과나 원심분리에 의해 분리되는 0.1μ 이상의 입자이며 현탁물질이라고도 함
수소이온농도 (pH)	• 산성, 중성, 알칼리성을 나타내는 척도 • pH 5.5~8.5(pH 7 이하는 산성, pH 7 이상은 알칼리성)
대장균군	• 100mL당 대장균 수

(6) 하수처리 과정

① 예비처리(1차) : 일반적으로 보통침전을 하는데, 약품침전을 할 때에는 황산알루미늄이나 황산철 등을 섞어서 사용
② 본처리(2차) : 혐기성 처리, 호기성 처리

혐기성 처리	• 무산소 상태에서 혐기성균을 이용하여 유기물을 환원·분해하는 방법 • 암모니아, 아미노산을 생성, 황화물을 분해, 황화수소, 메르캅탄 등의 화합물을 생성시키는 과정 • 부패조법, 희석방류법, 임호프탱크법 등에 의해 처리
호기성 처리	• 호기성균에 의해 하수 중의 부유물질을 산화·분해하는 방법 • 이산화탄소 발생 • 살수여과법, 산화지법, 활성오니법 등에 의해 처리

③ 오니처리 : 배수, 배기가스로 환경에 배출되는 오염물질을 고형물화하여 안전하게 복수시키며, 침전에 의해 분리한 활성오니의 일부는 반송되는데, 육상투기법, 해양투기법, 퇴비법, 소각법, 사상건조법, 소화법 등에 의해 일반적으로 처리(오니의 종류나 지역의 특성에 따라 처리방법에 차이가 있음)

(7) 오물처리
① 폐기물 : 소각법, 매립법, 퇴비법 등
② 분뇨처리 : 정화조 이용법, 해양투기법, 화학제 처리법, 비료화법 등
③ 쓰레기 처리 : 소각법, 매립법, 비료화법, 사료법 등

> **📖 소각법** ➡(2016.1)③
> 일반폐기물 처리 방법 중 가장 위생적인 방법

(8) 수질오염 물질

유기물질	BOD, COD 수치 높음, DO 수치 낮음
화학적 유해물질	수온, 납, 알칼리, 농약, 카드뮴, 시안, 산 등
병원균	장티푸스, 세균성 이질, 콜레라, 감염성 간염, 살모넬라
부영양화 물질	N·P계 물질, 적조·녹조 현상
현탁 고형물	난분해성 물질, 경성세제, PCB, DDT

(9) 수질오염 피해

수은 중독	• 메틸수은 폐수에 오염된 어패류 섭취로 발생 • 미나마타병 : 수은중독, 언어장애, 청력장애, 시야협착, 사지마비 등 증상
카드뮴 중독	• 지하수나 지표수에 오염되어 축적된 농산물을 섭취하여 발생 • 이타이이타이병 : 카드뮴 중독, 골연화증, 신장기능 장애, 보행 장애 등 증상
납 중독	• 빈혈, 신경마비, 뇌 중독 증상
PCB 중독	• PCB를 사용한 제품을 소각할 때 대기 중으로 확산되어 들어갔다가 빗물 등에 섞여서 토양, 하천 등으로 흘러 발생
기타	• 수인성 감염병, 기생충성 질환, 수도열, 농작물의 고사, 어패류의 사멸, 상수·공업용수의 오염

(10) 수질오염 개선 및 방지대책
① 하수도 정비촉진, 공장폐수 처리, 도시 수세식 변소의 시설관리 개선
② 불법투기 금지 조치, 해수오염 방지대책 마련 및 공장폐수 오염실태 파악 후 지역 개발의 사전 대책

4 산업환경

(1) 산업보건
① 산업현장의 산업종사자에 대한 육체적·정신적·사회적 안녕을 최고도로 증진·유지시키는 것을 목적
② 산업종사자뿐만 아니라 생산과 직결되어 기업의 손실 방지, 근로자의 건강과 안전을 위해서도 중요

(2) 산업재해 지수
① 재해통계는 항목과 내용, 재해요소가 정확하게 파악되며, 이에 따른 재해방지대책을 세우게 됨
② 재해의 지수로서 도수율과 강도율을 표준으로 재해의 발생빈도와 재해의 결과의 정도를 뜻함

(3) 산업재해의 보상

① 산재보상보험의 적용 사업장규모는 5인 이상의 사업체
② 산재보상보험법에서는 경영주체가 정부이고 각 사업장의 사업주가 이에 가입하여 보험금을 지불 규정
③ 업무상 재해 인정 범위는 업무상 사유에 의한 부상, 질병, 신체장애 또는 사망의 범위
④ 보험급여의 종류에는 요양급여, 휴업급여, 장해급여, 유족급여, 장의비 등

(4) 산업종사자와 질병

종사자	질병	원인
해녀, 잠수부	잠함병, 잠수병, 감압증	고압 환경
항공정비사	난청	소음
식자공	근시안	시력 저하
파일럿, 승무원	고산병	저압 환경
냉동고 취급자	참호족, 동상, 동창	저온 환경
광부(탄광)	진폐증	분진의 독성
석공(암석, 채석 연마자)	규폐증	규산 분진
인쇄공	납중독	납 분진
석면 취급자	석면폐증	석면 분진
연탄 취급자	탄폐증	연탄 분진
방사선 취급자	조혈 기능 장애, 백혈병, 생식 기능 장애	방사선
제철소, 용광로 작업자	열피로(고열 혈관 운동 장애), 열사병, 열경련(고온 순환 장애)	고열, 고온
불량조명 사용자	안구진탕증, 근시, 피로	조명
진동 작업자	레이노이드	진동

5 주거환경

(1) 주택 4대 조건

건강상	한적하고 교통이 편리하고, 공해를 방생시키는 공장이 없는 환경
안전성	남향 또는 동남향, 서남향의 지형이 채광에 적절
가능성	지질은 건조하고 침투성이 있는 오물의 매립지가 아니어야 함
쾌적성	지하수위가 1.5~3m 정도로 배수가 잘되는 곳, 실내·외 온도 차이 5~7℃

(2) 자연조명 조건

① 하루 최소 4시간 이상의 일조량
② 창의 면적은 방바닥 면적의 1/7~1/5 정도
③ 창의 방향은 조명의 균등을 요하는 네일숍은 동북향 또는 북창방향
④ 태양을 광원으로 연소산물이 없고 조도 평등으로 인해 눈의 피로도가 적어야 함
⑤ 주광률은 1% 이상

(3) 인공조명 조건 (2015.4)⑥
① 비싸지 않아야 함
② 유해가스가 발생되지 않아야 함
③ 광색은 주광색에 가까운 간접조명이 좋음
④ 충분한 조도를 위해 빛이 좌 상방에서 조명이 비춰줘야 함
⑤ 열의 발생이 적고, 폭발이나 발화의 위험이 없어야 함

(4) 소음피해 조건
① 불쾌감, 불안증, 교감신경의 작용으로 인한 생리적 장애
② 소음의 크기, 주파수, 폭로기간에 따라 다름
③ 청력장애, 수면방해, 맥박 수, 호흡 수 증가, 대화 방해 및 작업능률의 저하

⑤ 식품위생과 영양

① 식품위생

(1) 식품위생의 정의
식품의 재배, 생산, 제조로부터 인간이 섭취할 때까지의 모든 단계에 걸쳐 식품의 안전성, 완전 무결성 및 건전성을 확보하기 위한 모든 수단

(2) 식품위생 관리 3대 요소
안전성(가장 중요한 요소), 건강성(영양소의 적절한 함유), 건전성(식품의 신선도)

(3) 식품위생의 목적
① 식품으로 인한 위생상의 위해를 방지
② 식품 영양의 질적 향상 도모
③ 국민보건의 향상과 증진에 이바지

(4) 식품의 변질

변질	품질이 변화함으로써 영양소가 파괴되고 맛과 향이 손실되어 식용에 부적합해지는 현상
산패	지방류의 유기물이 공기 속에 의해 산화되어 악취가 발생하는 현상
부패	혐기성균 속의 번식에 의해 단백질 분해가 일어나고 식용에 부적합해지는 현상
변패	지방이나 탄수화물이 변질되는 현상
발효	탄수화물이나 단백질이 미생물에 의해 분해되어 더 좋은 상태로 발현
후란	호기성 세균이 단백질 식품에 작용하여 변질

(5) 식품 보존방법

물리적	건조법, 냉동법, 냉장법, 가열법, 밀봉법, 통조림법, 자외선 및 방사선 조사법
화학적	절임법, 보존료 첨가법, 훈증법, 훈연법
생물학적	세균, 곰팡이, 효모의 작용으로 식품을 저장하는 방법

2 식중독

(1) 식중독의 정의
① 발병 : 내·외적 환경 영향, 병원성 미생물 등으로 변질된 식품을 섭취
② 분류 : 곰팡이독, 자연독, 화학성, 세균성 식중독 등

(2) 곰팡이독 식중독
① 원인이 되는 아플라톡신은 황변미와 같은 곡류에서 주로 발생
② 간암을 일으키는 등 강력한 독성
③ 아플라톡신(땅콩, 옥수수), 시트리닌(황변미), 파튤린(부패된 사과), 루브라톡신

(3) 자연독 식중독 ➡(2015.4)⑦

식물성	감자(솔라닌)	구토, 복통, 설사, 발열, 언어장애 등
	버섯(무스카린)	위장형 중독, 콜레라형 중독, 신경장애형 중독 등
	맥각류(에르고톡신)	위궤양 증상과 신경계 증상
	독미나리(시큐톡신)	구토, 현기증, 경련(심하면 의식불명), 신경중추마비, 호흡곤란 등
	청매(아미그달린)	마비증상
동물성	복어(테트로도톡신)	사지마비, 언어장애, 운동장애 발생, 구토, 의식불명 등
	조개류 (삭시톡신, 베네루핀)	삭시톡신 : 신체마비, 호흡곤란 등 베네루핀 : 출혈반점, 혈변, 혼수상태 등

(4) 화학물질 식중독

식품첨가물	착색제, 방향제, 표백제, 산화방지제, 유호제, 발색제, 소포제
유해금속물	납, 아연, 구리, 비소, 수은, 카드뮴
농약	채소, 과일, 곡류 표면 잔류로 인한 식중독
용기	공업용 색소를 사용한 합성수지, 비위생적 포장지

(5) 세균성 식중독
① 감염형 : 세균 자체에 의해 증상을 일으키는 식중독
② 독소형 : 식품에 침입한 세균이 분비하는 독소에 의해 식중독 유발

감염형	살모넬라	원인 : 오염된 육류, 알, 두부, 유제품(잠복 12~48시간) 증상 : 발열, 두통, 설사, 복통, 구토 관리 : 도축장 위생, 식육류 안전보관, 식품의 가열
	장염비브리오	원인 : 오염된 어패류 등(잠복 1~26시간), 세균성 식중독의 60~70% 차지 증상 : 급성위장염, 복통, 설사, 구토, 혈변 관리 : 생어패류 생식금지, 조리기구 위생관리
	병원성대장균	원인 : 오염된 음식물 섭취(잠복 10~30시간) 증상 : 두통, 구토, 설사, 복통 관리 : 식수, 분병에 의한 음식물 오염 예방

	포도상구균	원인 : 화농성 질환, 엔테로톡신 분비로 발생(잠복 1~6시간) 증상 : 급성위장염, 구토, 복통, 설사, 타액 분비 증가 관리 : 화농성 질환자의 식품취급 금지
독소형	보툴리누스균	원인 : 혐기성 세균(뉴로톡신)의 분비로 발생(잠복 12~36시간) 증상 : 호흡곤란, 소화기계 증상, 신경계 증상 관리 : 혐기성 상태의 위생적 보관, 가공, 가열처리
	웰치균 (아포균)	원인 : 엔테로톡신 분비로 발생(잠복 10~12시간) 증상 : 구토, 설사, 위장계 증상 관리 : 육류의 위생, 가열

📖 세균성 식중독과 소화기계 감염병의 차이점

세균성 식중독	소화기계 감염병
• 2차 감염이 거의 없음 • 연령에 의한 역학적 특성이 없음 • 균량, 독소량이 많아야 함 • 원인식품에 의해 발병 • 감염병보다 잠복 기간이 짧고 면역이 형성되지 않음	• 2차 감염이 형성 • 젊은층, 장년층에 주로 발병 • 균량이 적어도 발생 • 숙주에서 숙주로 감염

⑥ 보건행정

1 보건행정

(1) 보건행정의 정의
일반적으로 정부와 공공단체가 국민 또는 지역사회주민의 건강을 유지·향상시키기 위하여 수행하는 행정 활동

(2) 보건행정의 목적
① 지역사회 주민의 올바른 건강 의식과 행동 변화, 생활환경 개선 등을 통해 질병을 예방하며 건강을 증진하여 수명을 연장하는 것
② 행정조직을 통하여 보건활동에 관여 이를 지원, 지도, 협력 및 교육하는 행정적 활동

(3) 보건행정 활동의 4대 요소
조직, 인사, 예산, 법적 규제

(4) 보건행정의 범위
① 보건관련 기록보존
② 대중에 대한 보건교육
③ 환경위생
④ 감염병 관리
⑤ 모자보건
⑥ 의료서비스 제공
⑦ 보건간호

(5) 보건행정의 특성 ➡(2016.7)⑤
① 공공성 및 사회성 : 공공의 이익과 집단 건강을 추구
② 봉사성 : 지속적이고 적극적인 서비스로 봉사
③ 조장성 및 교육성 : 주민들의 참여 및 교육에 관여
④ 과학성과 기술성 : 지식과 기술이 바탕

(6) 보건행정의 분야 및 보건행정기구
① 미리 정해진 목표를 달성하기 위하여 인적·물적 자원을 활용하여 공적 조직 내에 행해지는 과정의 상호작용
② 관리 과정의 요소 : 기획, 조직, 인사, 지휘, 조정, 보고, 예산 등
③ 기획과정 : 전제 → 예측 → 목표 설정 → 행동 계획의 전제 → 체계 분석

(7) 보건행정 사회보장제도 ➡(2015.10)⑤
① 실업·질병·사고·정년퇴직 등으로 인한 생계의 위협을 예방
② 출생·사망·혼인 등으로 인한 예외적 지출을 해결하기 위하여 소득을 보장하는 활동이라고 규정함
③ 사회보험(소득보장, 의료보장), 공적부조(기초생활보장, 의료급여), 사회복지(아동, 노인, 장애인, 가정복지)로 나뉨

(8) 보건소
보건행정의 합리적인 운영과 국민 보건을 향상시키고 도모하기 위해 전국 시·군·구 단위로 설치된 보건행정기관

> **의료보호** ➡(2015.4)③
> 자력으로 의료문제를 해결할 수 없는 생활무능력자 및 저소득층을 대상으로 공적으로 의료를 보장하는 제도

> **4대 공공 사회보험 제도**
> 의료보험, 국민연금, 고용보험, 산재보험

2 세계보건기구(WHO)

(1) 주요기능
① 국제 검역대책과 진단 및 검사 기준의 확립
② 국제적인 보건사업과 보건문제의 협의, 규제 및 권고안 제정
③ 보건문제 전문가 및 과학자들의 협력 도모
④ 보건, 의학과 사회보장 향상을 위한 교육, 통계자료 수집과 의학적인 조사연구사업 추진

(2) 세계보건기구(WHO)가 규정한 범위 ➡(2015.7)⑥(2014.11)①
① 보건자료(보건 관련 제 기록의 보존)
② 대중에 대한 보건교육
③ 환경위생
④ 감염병 관리
⑤ 모자보건
⑥ 의료
⑦ 보건간호

소독

1 소독의 정의 및 분류

1 소독

(1) 소독의 효과
멸균 〉 살균 〉 소독 〉 방부 〉 희석

(2) 소독의 분류 ➡(2016.4)⑧⑭(2016.1)⑩(2015.4)⑧

멸균	살아있는 모든 균을 완전히 없애는 것
살균	미생물을 급속 사멸시키는 것
소독	병원성 미생물을 가능한 제거하여 감염력을 없애는 것
방부	병원성 미생물의 증식과 성장을 억제하여 미생물의 부패나 발효를 방지하는 것
희석	용품이나 기구 등의 이물질을 제거하여 세척하는 것

> 🔖 아포 ➡(2015.7)⑭
> 미생물의 증식을 억제하는 영양의 고갈과 건조 등의 불리한 환경 속에서 생존하기 위하여 생성하는 것

2 소독약

(1) 소독제의 구비조건 ➡(2015.10)⑩(2015.7)⑬
① 살균력이 강함
② 인체에 무해·무독하여 안전성이 있음
③ 저렴하고 구입이 용이
④ 경제적이고 사용 방법이 용이
⑤ 소독 범위가 넓고, 냄새가 없고, 탈취력이 있음
⑥ 물품의 부식성과 표백성이 없음

(2) 소독약의 사용 및 보존상의 주의점 ➡(2016.1)⑭(2015.4)⑪
① 온도, 농도가 높고 접촉시간이 길수록 소독효과가 큼
② 소독 대상물의 성질, 병원체의 아포 형성 유무와 저항력을 고려하여 선택
③ 병원 미생물의 종류와 소독의 목적, 소독법, 시간을 고려하여 선택
④ 약제에 따라 사전에 조금 조제해 두고 사용해도 되는 것과 새로 만들어 사용하는 것을 구별하여 사용
⑤ 희석시킨 소독약은 장기간 보관하지 않음
⑥ 밀폐시켜 일광이 직사되지 않는 곳에 보관
⑦ 염소제는 일광과 열에 의해 분해되지 않도록 냉암소에 보관
⑧ 승홍이나 석탄산 같은 약품은 인체에 유해하므로 특별히 주의하여 취급
⑨ 화학제품을 사용할 때는 피부나 눈에 들어가지 않도록 조심할 것
⑩ 화학제품이 쏟아지면 즉시 닦고 사용한 후에는 반드시 손을 닦을 것

1 미생물의 증식환경

(1) 온도
① 미생물의 증식과 사멸에 있어 중요한 요소
② 미생물 증식 : 최적온도 28~38℃(가장 활발히 증식)
③ 저온균 : 최적온도 10~20℃(식품 부패균)
④ 중온균 : 최적온도 20~40℃(질병 병원균)
⑤ 고온균 : 최적온도 40~80℃(온천균)

(2) 습도(수분)
① 미생물은 약 80~90%가 수분
② 몸체를 구성하는 성분이 되며 생리기능을 조절
③ 습도가 높은 환경에서 서식
④ 건조해도 증식하는 세균(결핵균)과 사멸하는 세균(임균, 수막염균)이 있음

(3) 영양분
미생물이 발육하기 위해서는 필요한 에너지원인 탄소원, 질소원, 무기질 등의 영양소가 필요함

(4) 산소 ➡(2014.11)⑧

호기성 세균(편성호기성)	• 산소가 필요한 세균 • 결핵균, 디프테리아균, 백일해, 녹농균
미 호기성 세균	• 산소보다 낮은 농도 2~10% 범위에서만 증식이 가능한 세균 • 유산간균
혐기성 세균(편성혐기성균)	• 산소가 필요하지 않는 세균 • 파상풍균, 보툴리누스균, 가스괴저균
통성혐기성 세균	• 산소가 있는 곳과 없는 곳에서도 생육이 가능한 세균 • 포도상구균, 살모넬라균, 대장균

(5) 수소이온농도 ➡(2014.11)⑭
① pH 6~8(중성 또는 약알칼리성)에서 미생물의 발육이 가장 잘됨
② 약산성 : 진균, 유산 간균, 결핵균
③ 중성 : 박테리아 세균
④ 약알칼리성 : 콜레라균, 장염비브리오균

(6) 삼투압
① 미생물은 세포막이 있어 내부에 침투 농도와 이온 농도를 조절하는 능력이 있음
② 염분 농도가 높으면 미생물 세포 내의 수분이 빠져나와 세포가 정상적으로 증식할 수 없고 사멸

2 미생물의 분류 및 특성

(1) 병원성 미생물 ➡(2016.4)⑪(2016.1)⑬
① 인체에 침입하는 미생물
② 박테리아(세균), 바이러스, 리케차, 진균, 사상균, 원충류, 클라미디아 등

(2) 비병원성 미생물
① 병원성이 없는 인체에 해를 주지 않는 미생물
② 유산균, 효모균, 곰팡이류 등

1 미생물의 크기 ➡(2015.7)⑧

곰팡이 〉효모 〉세균 〉리케차 〉바이러스

2 바이러스 ➡(2016.1)⑧(2015.10)⑫

① 병원체 중 살아있는 세포 속에서만 생존
② 생체 내에서만 증식이 가능
③ 핵산 DNA와 RNA 중 하나를 유전체로 가지고 있음
④ 병원체 중에서 가장 작음(전자현미경으로 관찰)
⑤ 황열바이러스가 인간질병 최초의 바이러스
⑥ 항생제 등 약물의 감수성이 없어 예방접종 및 감염원 접촉을 피하는 것이 최선의 예방방법
⑦ 질병 : 후천성 면역결핍 증후군(AIDS), 간염, 홍역, 천연두, 인플루엔자, 광견병, 폴리오, 일본뇌염, 풍진 등

3 세균(박테리아)

① 미세한 단세포 원핵생물로 대부분은 동식물의 생체와 사체 또는 유기물에 기생하고 주로 분열로 번식
② 부패, 식중독, 감염병 등의 원인이며 인간에게 질병을 유발
③ 체내에 감염되면 빠른 속도로 퍼짐
④ 공기, 물, 음식 등으로 전염될 가능성이 높기 때문에 위험
⑤ 불리한 환경 속에서 생존하기 위하여 세균은 아포를 생성
⑥ 아포는 세균이 영양부족, 건조, 열 등의 증식환경이 부적당한 경우 균의 저항력을 높이고 장기간 생존
⑦ 질병 : 콜레라, 장티푸스, 디프테리아, 결핵, 나병, 백일해, 탄저, 보툴리즘, 페스트 등
⑧ 세균의 편모 : 균체의 표면의 편모는 운동성을 가지며 편모의 길이 $2\sim3\mu m$로서 항원성을 가짐
⑨ 세균의 섬모 : 편모보다 작은 미세한 털(섬모), 전자현미경으로 관찰하며 단백질로 구성되어 있고 항원성을 가짐

구균	쌍구균	• 2개씩 짝 • 폐렴균, 임균
	연쇄상구균	• 염주알 모양으로 연쇄구조 • 패혈증, 류마티스의 원인균(용혈연쇄상구균)
	포도상구균	• 포도송이 모양의 배열 • 인체의 화농성 질환의 원인균(황색포도상구균)
간균		• 형태는 종에 따라 다양(대나무 마디 모양, 각이진 것, 바늘같이 뾰족한 것, 곤봉모양, 콤마모양 등) • 크기에 따라 다름(작은 간균(0.5), 긴 간균(1.5×8) 등) • 디프테리아균, 결핵균, 파상풍균, 장티푸스균, 이질균, 나균(한센균), 백일해균
나선균		• 나선의 크기와 나선 수에 따라 나뉨(나선모양 나선균) • 콜레라균, 매독균

4 진균(사상균)

① 버섯, 효모, 곰팡이로 분류
② 비병원성으로 인체에 유익한 균도 있음
③ 병원성 진균은 진균증을 일으키며 사상균은 백선의 원인균으로 질병 유발
④ 무좀, 피부질환, 칸디다증 등

5 리케차

① 세균보다 작은 약 0.3㎛의 크기로 생 세포에서만 증식하는 병원성 미생물
② 곤충을 매개로 하여 인체에 침입하고 질환을 일으킴
③ 벼룩, 진드기, 이 등이 옮기는 병균
④ 유행성 발진티푸스, 발진열, 록키산홍반열, 양충병(쯔쯔가무시병), 선열 등

6 원충류(원생동물)

① 사람, 동물에 기생하며 사람에게 감염성을 나타내는 병원성 미생물
② 동물 중에서 체제가 가장 단순하고, 동물분류상 최하급에 위치에 있음
③ 하나의 세포로 구성된 현미경적 크기의 동물이며 하나의 개체로서 생활
④ 말라리아, 아메바성 이질, 톡소플라스마증, 질트리코모나스증 등

7 클라미디아

① 트라코마 결막 감염 병원체를 대표로 하는 편성 기생충인 병원성 미생물
② 세포 액포 안에서 증식하고 세포질에 들어가지 않음
③ 재감염이 일어남
④ 리케차와 가까운 미생물로 나뉨
⑤ 트라코마, 자궁경부염, 비임균성 요도염 등

---

4 소독방법

1 물리적 소독법 ➡(2016.7)⑧⑨(2016.4)⑧⑫⑬(2015.10)⑪⑬(2015.7)⑪(2014.11)⑪

열이나 수분, 자외선, 여과 등의 물리적인 방법을 이용하는 소독법

자외선	일광 소독	• 대상물 : 수건, 침구, 의류 등 • 20분 이상 강한 살균 작용
	자외선 소독기	• 대상물 : 철제(큐티클 니퍼, 큐티클 푸셔 등) • 2~3시간 이상 자외선에 직접 노출
건열법	건열 멸균법	• 대상물 : 유리, 주사바늘, 글리세린, 도자기, 분말 제품 • 170℃에서 1~2시간 가열하고 멸균 후 서서히 냉각처리
	화염 멸균법	• 대상물 : 금속류, 유리막대, 도자기 등 • 170℃에서 20초 이상 화염 속에서 가열
	소각법	• 대상물 : 오염된 휴지, 환자의 객담, 환자복, 오염된 가운, 쓰레기 등 • 불에 태워 멸균, 가장 강력 방법

습열법	자비 소독법	• 대상물 : 수건, 의류, 금속(철제 도구), 도자기, 식기류 등 • 100℃에서 끓는 물에 15~20분 가열 • 탄산나트륨 1~2% 첨가 시 살균력이 높아지며 금속 손상 방지
	고압증기 멸균법	• 대상물 : 의류, 이불, 거즈, 아포, 고무약액, 금속제품 등 • 고온 고압의 수증기를 미생물과 포자(아포)에 접촉 사멸(가장 효과적임) • 100℃ 이상 고압에서 기본 2기압(15파운드)으로 20분 가열
	유통증기 멸균법	• 대상물 : 스팀 타올, 도자기, 의류, 식기류 등 • 100℃ 유통증기 30~60분 가열(코흐 증기솥 사용)
	간헐 멸균법	• 대상물 : 도자기, 금속류, 아포 • 100℃에서 30~60분간 24시간마다 가열처리를 3회 반복하여 멸균 • 고압증기 멸균에 의해 손상될 위험이 있는 경우 이용
	초고온 순간 살균법	• 대상물 : 유제품 • 130~140℃에서 1~3초간 가열 후 급냉동 시킴
	고온 살균법	• 대상물 : 유제품 • 70~75℃에서 15초 가열 후 급냉동 시킴
	저온 살균법	• 대상물 : 유제품, 건조과실 등 • 62~63℃에서 30분간 살균처리(영양성분 파괴를 방지)
비열법	여과 멸균법	• 대상물 : 당, 혈청, 약제, 백신 등 • 열에 불안정한 액체의 멸균
	초음파 멸균법	• 대상물 : 액체, 손 소독 • 초음파 파장으로 미생물을 파괴하여 멸균
	방사선 멸균법	• 대상물 : 포장된 물품 • 방사선을 투과하여 미생물을 멸균

2 **화학적 소독법** ➡(2016.7)⑪(2016.1)⑨⑫㊽(2015.10)⑨⑭(2015.7)⑫(2015.4)⑨⑫⑬(2014.11)⑩⑬

네일숍에서 기구 및 도구, 제품 등을 소독할 때 사용되는 화학적 소독제 종류

석탄산 (페놀)	• 3% 농도 • 소독제의 살균력 지표 • 대상물 : 기구, 의료 용기, 방역용 소독 • 부적합 제품 : 피부점막, 아포, 금속류 등 • 세균의 단백질 응고, 세포의 용해작용으로 살균 • 소금(염화나트륨) 첨가 시 소독력이 높아짐 • 어떤 소독제의 석탄산 계수가 2라는 것은 살균력이 석탄산의 2배라는 의미 $$석탄산의\ 계수 = \frac{소독약의\ 희석배수}{석탄산의\ 희석배}$$ • 석탄산 계수가 높을수록 소독 효과가 뛰어남
승홍수	• 0.1~0.5% 농도 • 대상물 : 피부 • 부적합 제품 : 상처, 금속류, 음료수 • 단백질 변성 작용, 금속부식, 물에 녹지 않고 살균력과 독성이 매우 강함 • 맹독성이므로 취급, 보존 주의

알코올	• 70% 농도 • 대상물 : 손, 발, 피부, 유리, 철제 도구 • 부적합 제품 : 고무, 플라스틱, 아포 • 살균작용, 사용법이 간단하고 독성이 적음, 휘발성이 강함
머큐로크롬	• 2% 농도 • 대상물 : 점막, 피부상처 소독 • 물의 용해 강함, 세균발육 억제작용, 살균력이 약하며 자극성이 없음
포르말린	• 1~1.5% 농도 • 대상물 : 훈증 소독에 약제, 아포 • 부적합 제품 : 배설물, 객담 • 독성이 강하며 아포에 강한 살균 효과 • 눈, 코, 기도를 손상시키며 장기간 노출 시 만성기관지염 등을 유발
크레졸	• 3% 농도 • 대상물 : 아포, 바닥, 배설물 • 석탄산보다 2배 정도의 높은 살균력, 세균소독에 효과가 크고 독성이 비교적 약함
역성비누	• 0.01~0.1% 농도 • 대상물 : 손, 식기 • 물에 잘 녹음, 무 자극, 무독성, 세정력은 약하지만 소독력이 강함
과산화수소	• 3% 농도 • 대상물 : 구강, 피부 상처 • 표백작용, 무색, 무취, 산화작용으로 미생물을 살균
염소(액체염소)	• 대상물 : 음용수, 상수도, 하수도, 아포 • 산화작용, 살균력이 크나 냄새가 있고 자극성과 부식성이 강함
오존	• 대상물 : 물 • 반응성이 풍부하고 산화작용이 강함
생석회 (산화칼슘)	• 대상물 : 화장실, 분변, 하수도, 쓰레기통 • 가스분해 작용, 냄새가 없는 백색의 가루, 저렴한 비용으로 넓은 장소에 대량 소독에 주로 사용
훈증 소독법	• 대상물 : 해충, 선박 • 증기 소독법
E.O가스 멸균법 (에틸렌옥사이드)	• 대상물 : 고무, 플라스틱, 아포 • 고압증기 멸균법에 비해 멸균 후 장기 보존이 가능하나 멸균 시간이 길고 비용이 고가

3 소독제 사용처

① 화장실, 하수구, 오물 : 석탄산, 크레졸, 포르말린수, 생석회
② 배설물, 토사물, 분비물 : 소각법, 석탄산, 크레졸, 생석회
③ 수지 소독 : 석탄산, 크레졸, 승홍, 역성비누
④ 고무제품, 피혁제품 : 석탄산, 크레졸, 포르말린수
⑤ 의복, 침구류 : 증기소독, 자비소독, 일광소독, 자외선
⑥ 손 소독 : 헥사클로로펜, 요오드포름, 클로로헥시딘, 역성비누

> 📖 실내소독의 살균력
> 포르말린 〉 크레졸 〉 석탄산

📖 농도 표기법 ➡(2014.11)⑨

- 용액량 = 용질량(소독약) × 희석배
- 희석배 = 용액량 / 용질량
- 퍼센트(%) = 용질량(소독약) / 용액량(용매+용질) × 100
- 퍼밀리(‰) = 용질량(소독약) / 용액량(용매+용질) × 1,000
- 피피엠(ppm) = 용질량(소독약) / 용액량(용매+용질) × 1,000,000

4 소독법의 살균기전 ➡(2016.7)⑫⑭

① 단백질 변성작용 : 석탄산, 알코올, 크레졸, 승홍수, 포르말린
② 산화작용 : 오존, 과산화수소, 표백제, 염소, 차아염소산
③ 가수분해작용 : 생석회

5 분야별 위생·소독 ➡(2016.7)⑩⑬⑯⑰(2016.4)⑨⑩(2015.7)⑩

1 분야별 위생·소독

① 모든 작업 전에는 시술자와 고객은 흐르는 물에 비누로 깨끗이 씻고 손 소독
② 시술 전 70% 농도의 알코올을 적신 솜으로 소독
③ 타월, 가운 1회 사용 후 세탁·소독
④ 소독 및 세제용 화학제품은 서늘한 곳에 밀폐 보관
⑤ 네일숍 기구 큐티클 니퍼, 큐티클 푸셔, 클리퍼 등 자외선 소독기에 소독
⑥ 모든 도구는 70% 알코올을 이용하며 20분 동안 담근 후 건조시켜 사용
⑦ 아세톤, 네일 폴리시 리무버, 아크릴 리퀴드 등 폐기 시 페이퍼에 적셔 폐기
⑧ 사용한 페이퍼, 탈지면, 멸균 거즈 등 사용 후 밀폐된 쓰레기통에 폐기
⑨ 네일 파일, 오렌지우드스틱, 토우 세퍼레이터, 콘커터 날은 일회용으로 사용
⑩ 이·미용실의 기구 가위, 머리빗 등 자외선 소독기에 소독
⑪ 이·미용의 기구를 증기 소독한 후 수분을 닦아 자외선 소독기에 보관

Chapter 03 공중위생관리법규(법, 시행령, 시행규칙)

1 목적 및 정의

1 공중위생관리법의 목적

공중이 이용하는 영업의 위생관리 등에 관한 사항을 규정함으로써 위생 수준을 향상시켜 국민의 건강증진에 기여

2 공중위생영업의 정의 ➡(2016.4)㉒

① 다수인을 대상으로 위생관리서비스를 제공
② 미용업, 이용업, 숙박업, 세탁업, 목욕장업, 건물위생관리업

미용업	손님의 얼굴, 머리, 피부 및 손톱·발톱 등을 손질하여 손님의 외모를 아름답게 꾸미는 영업
이용업	손님의 머리카락 또는 수염을 깎거나 다듬는 등의 방법으로 손님의 용모를 단정하게 하는 영업
숙박업	손님이 잠을 자고 머물 수 있도록 시설 및 설비 등의 서비스를 제공하는 영업
세탁업	의류, 기타 섬유제품이나 피혁제품 등을 세탁하는 영업
목욕장업	물로 목욕을 할 수 있는 시설 및 설비 또는 땀을 낼 수 있는 시설 및 설비 등의 서비스를 제공하는 영업
건물위생관리업	공중이 이용하는 건축물·시설물의 청결 유지와 실내공기정화를 위한 청소 등을 대행하는 영업

3 공중위생관리법에 대한 명령

① 공중위생관리법 시행령 : 대통령령
② 공중위생관리법 시행규칙 : 보건복지부령

2 영업의 신고 및 폐업

1 영업신고

(1) 영업신고를 해야 하는 경우

① 영업소를 개설할 때에는 보건복지부령이 정하는 시설 및 설비를 갖추고 시장·군수·구청장에게 신고
② 공중위생영업자는 보건복지부령이 정하는 중요사항을 변경하고자 할 때에도 시장·군수·구청장에게 신고

(2) 이·미용업의 시설 및 설비기준 ➡(2016.1)㉓

① 미용기구는 소독을 한 기구와 소독을 하지 아니한 기구를 구분하여 보관할 수 있는 용기를 비치하여야 함
② 소독기, 자외선 살균기 등 미용기구를 소독하는 장비를 갖추어야 함
③ 작업장소, 응접장소, 상담실 등을 분리하기 위해 칸막이를 설치할 수 있으나 설치된 칸막이에 출입문이 있는 경우 출입문의 3분의 1 이상을 투명하게 하여야 함(단, 탈의실의 경우에는 출입문을 투명하게 하여서는 안 됨)

(3) 영업신고 시 구비서류 ➡(2015.10)㉗(2015.4)㉘
① 영업신고서
② 영업시설 및 설비개요서
③ 교육수료증(미리 교육을 받은 경우)

(4) 변경신고를 해야 할 경우 ➡(2015.7)㉘(2014.11)㉒
① 영업소의 명칭 또는 상호 변경
② 영업소의 주소 변경
③ 신고한 영업장 면적의 3분의 1 이상 증감 시
④ 대표자의 성명 또는 생년월일 변경
⑤ 미용업 업종 간 변경

(5) 영업신고 사항 변경 신고 시 제출서류
① 영업신고증
② 변경사항을 증명하는 서류

2 폐업신고
① 영업자는 영업을 폐업한 날로부터 20일 이내에 시장·군수·구청장에게 신고
② 폐업신고 시 신고서 첨부

3 영업의 승계 ➡(2016.1)㉗
① 공중위생영업자가 그 공중위생영업을 양도하거나 사망한 때 또는 법인의 합병이 있는 때에는 그 양수인·상속인 또는 합병 후 존속하는 법인이나 합병에 의하여 설립되는 법인은 그 공중위생영업자의 지위를 승계
② 민사집행법에 의한 경매, 채무자 희생 및 파산에 관한 법률에 의한 환가나 국세징수법·관세법 또는 「지방세징수법」에 의한 압류재산의 매각, 그밖에 이에 준하는 절차에 따라 공중위생영업 관련시설 및 설비의 전부를 인수하는 자는 이 법에 의한 그 공중위생영업자의 지위를 승계
③ 이·미용업의 경우에는 면허를 소지한 자에 한하여 공중위생영업자의 지위를 승계
④ 공중위생영업자의 지위를 승계한 자는 1월 이내에 보건복지부령이 정하는 바에 따라 시장·군수·구청장에게 신고

③ 영업자 준수사항

1 위생관리의 의무 ➡(2015.4)㉔
공중위생영업자는 그 이용자에게 건강상 위해요인이 발생되지 않도록 영업관련 시설 및 설비를 위생적이고 안전하게 관리

(1) 미용업을 하는 자가 지켜야 하는 사항
① 의료기구나 의약품을 사용하지 않는 순수한 화장 또는 피부미용을 할 것
② 미용기구는 소독을 한 기구와 소독을 하지 않는 기구로 분리하여 보관하고, 면도기는 1회용 면도날만을 손님 1인에 한하여 사용할 것
③ 미용사 면허증을 영업소 안에 게시할 것

(1) 미용기구의 소독기준 및 방법(보건복지부장관 고시)

물리적	자외선소독	1cm²당 85㎽ 이상의 자외선을 20분 이상 쬐어줌
	건열멸균소독	섭씨 100℃ 이상의 건조한 열에 20분 이상 쬐어줌
	증기소독	섭씨 100℃ 이상의 습한 열에 20분 이상 쬐어줌
	열탕소독	섭씨 100℃ 이상의 물속에 10분 이상 끓여줌
화학적	석탄산수소독	석탄산수(석탄산 3%), 물(97%)의 수용액에 10분 이상 담가둠
	크레졸소독	크레졸수(크레졸 3%), 물(97%)의 수용액에 10분 이상 담가둠
	에탄올소독	에탄올수용액 70%에 10분 이상 담가두거나 에탄올수용액을 머금은 면 또는 거즈로 기구의 표면을 닦아줌

(2) 이·미용업자의 위생관리 기준 ➡(2016.4)㉖(2015.7)㉒(2015.4)㉗

① 점 빼기, 귓불 뚫기, 쌍꺼풀 수술, 문신, 박피술, 그밖에 이와 유사한 의료행위를 해서는 안 됨
② 피부미용을 위하여 약사법에 따른 의약품 또는 의료기기법에 따른 의료기기를 사용해서는 안 됨
③ 미용기구 중 소독을 한 기구와 소독을 하지 아니한 기구는 각각 다른 용기에 넣어 보관할 것
④ 1회용 면도날은 손님 1인에 한하여 사용할 것
⑤ 영업장 안의 조명도는 75럭스 이상이 되도록 유지할 것
⑥ 영업소 내부에 미용업 신고증, 개설자의 면허증 원본을 게시할 것
⑦ 영업소 내부에 최종지급요금표를 게시 또는 부착해야 할 것
⑧ ⑦의 내용에도 불구하고 신고한 영업장 면적이 66제곱미터 이상인 영업소의 경우 영업소 외부에도 손님이 보기 쉬운 곳에 최종지급요금표를 게시 또는 부착할 것. 이 경우 최종지급요금표에는 일부 항목(5개 이상)만을 표시할 것
⑨ 3가지 이상의 미용서비스를 제공하는 경우에는 개별 미용서비스의 최종지급가격 및 전체 미용서비스의 총액에 관한 내역서를 이용자에게 미리 제공할 것. 이 경우 미용업자는 해당 내역서 사본을 1개월간 보관할 것

📖 **이·미용업 영업소 안의 게시물** ➡(2016.7)㉔(2016.1)㉒(2014.11)㉖
- 영업신고증
- 개설자의 면허증 원본
- 최종지급요금표

1 면허 ➡(2016.7)㉗(2015.7)㉔(2014.11)㉗

이·미용사가 면허를 받고자 할 때에는 보건복지부령이 정하는 바에 의하여 시장·군수·구청장의 면허를 받아야 함

면허 발급 자격	• 전문대학 또는 이와 같은 수준 이상의 학력이 있다고 교육부장관이 인정하는 학교에서 이용 또는 미용에 관한 학과를 졸업한 자 • 학점 인정 등에 관한 법률에 따라 대학 또는 전문대학을 졸업한 자와 같은 수준 이상의 학력이 있는 것으로 인정되어 이용 또는 미용에 관한 학위를 취득한 자 • 고등학교 또는 이와 같은 수준의 학력이 있다고 교육부장관이 인정하는 학교에서 이용 또는 미용에 관한 학과를 졸업한 자 • 초·중고등교육법령에 따른 특성화고등학교, 고등기술학교나 고등학교 또는 고등기술학교에 준하는 각종 학교에서 1년 이상 이용 또는 미용에 관한 소정의 과정을 이수한 자 • 국가기술자격법에 의한 이용사 또는 미용사의 자격을 취득한 자
면허 발급에 따른 제출서류	• 면허 신청서 • 졸업증명서 또는 학위증명서 또는 이수증명서 1부 • 정신질환자가 아님을 증명하는 최근 6개월 이내의 의사의 진단서 1부 • 감염병환자 또는 약물중독자가 아님을 증명하는 최근 6개월 이내의 의사의 진단서 1부 • 사진 1장 또는 전자적 파일 형태의 사진
면허 수수료	• 대통령령이 정하는 바에 따라 수수료를 납부 • 수수료는 시장·군수·구청장에게 납부 • 신규로 신청하는 경우 : 5,500원, 재교부 받고자 하는 경우 : 3,000원

2 면허 결격 사유

① 피성년후견인
② 정신질환자
③ 공중의 위생에 영향을 미칠 수 있는 감염병 환자로서 보건복지부령이 정하는 자(결핵환자)
④ 마약, 기타 대통령령으로 정하는 약물 중독자
⑤ 면허가 취소된 후 1년이 경과되지 아니한 자

3 면허의 정지 및 취소 ➡(2016.4)㉔(2015.10)㉓

시장·군수·구청장은 미용사 면허를 취소하거나 6개월 이내의 기간을 정하여 면허를 정지할 수 있음. 규정에 의한 면허취소·정지 처분의 세부적인 기준은 그 처분의 사유와 위반의 정도 등을 감안하여 보건복지부령으로 정함

(1) 면허취소

① 피성년후견인
② 정신질환자, 마약 등 기타 대통령령으로 정하는 약물 중독자에 해당할 때
③ 「국가기술자격법」에 따라 자격이 취소된 때
④ 이중으로 면허를 취득한 때(나중에 발급받은 면허를 말함)
⑤ 면허정지처분을 받고도 그 정지 기간 중에 업무를 한 때

(2) 면허정지

① 면허증을 다른 사람으로부터 대여한 때(1차 위반 : 면허정지 3개월, 2차 위반 : 면허정지 6개월, 3차 위반 : 면허취소)

② 국가기술자격법에 따라 자격정지처분을 받은 때(자격정지처분 기간에 한정함)

③ 성매매알선 등 행위의 처벌에 관한 법률이나 풍속영업의 규제에 관한 법률을 위반하여 관계 행정기관의 장으로부터 그 사실을 통보받은 때(1차 위반 : 면허정지 3개월, 2차 위반 : 면허취소)

4 면허증의 반납

① 면허 취소 또는 정지 명령을 받은 자는 지체 없이 시장·군수·구청장에게 면허증을 반납

② 면허정지에 의해 반납된 면허증은 그 면허정지기간 동안 관할 시장·군수·구청장이 보관

5 면허증의 재발급

면허증의 재발급	• 면허증의 기재사항에 변경이 있을 때 • 면허증을 잃어버린 때 • 면허증이 헐어 못쓰게 된 때
면허증 재발급에 따른 제출서류	• 면허증 원본(기재 사항이 변경되거나 헐어 못쓰게 된 때) • 사진 1장 또는 전자적 파일 형태의 사진

5 업무

1 이·미용사의 업무 범위

이·미용사의 면허를 받은 자가 아니면 이·미용업을 개설하거나 그 업무에 종사할 수 없음(단, 이·미용사의 감독을 받아 미용 업무의 보조를 행하는 경우에는 종사할 수 있음)

2 이·미용업의 장소 제한 ➡(2016.1)㉖

이·미용사의 업무는 영업소 외의 장소에서 행할 수 없음(단, 보건복지부령이 정하는 특별한 사유가 있는 경우에는 행할 수 있음)

① 질병·고령·장애나 그 밖의 사유로 인하여 영업소에 나올 수 없는 자의 경우

② 혼례나 그 밖의 의식에 참여하는 자에 대하여 그 의식 직전에 이용 또는 미용을 하는 경우

③ 사회복지시설에서 봉사활동으로 업무를 하는 경우

④ 방송 등의 촬영에 참여하는 사람에 대하여 그 촬영 직전에 하는 경우

⑤ 위의 네 가지 외에 특별한 사정이 있다고 시장·군수·구청장이 인정하는 경우

⑥ 행정지도감독

1 보고 및 출입·검사 ➡(2015.4)㉒

시·도지사 또는 시장·군수·구청장은 공중위생관리상 필요하다고 인정하는 때 다음을 실시할 수 있음
① 공중위생영업자에 필요한 보고를 하게 함
② 소속 공무원으로 하여금 영업소·사무소 등에 출입하여 영업자의 위생관리 의무 이행 등에 대하여 검사하게 함
③ 필요에 따라 공중위생영업장부나 서류를 열람하게 할 수 있음
④ 영업소에 설치가 금지되는 카메라나 기계 장치가 설치되었는지를 검사할 수 있음
⑤ 관계공무원은 그 권한을 표시하는 증표를 지녀야 하며, 관계인에게 이를 내보여야 함(위생관리의무 이행검사 권한을 행사할 수 있는 자 : 특별시·광역시·도 또는 시·군·구 소속 공무원)

2 영업의 제한

시·도지사는 공익상 또는 선량한 풍속을 유지하기 위하여 필요하다고 인정하는 때에는 공중위생영업자 및 종사원에 대하여 영업시간 및 영업행위에 관한 필요한 제한을 할 수 있음

3 위생지도 및 개선명령

시·도지사 또는 시장·군수·구청장은 아래에 해당하는 자에 대하여 보건복지부령으로 정하는 바에 따라 기간을 정하여 그 개선을 명할 수 있음
① 공중위생영업의 종류별 시설 및 설비기준을 위반한 공중위생영업자
② 위생관리의무 등을 위반한 공중위생영업자

4 영업소의 폐쇄

(1) 영업의 정지, 일부 시설의 사용중지, 영업소 폐쇄 ➡(2016.1)㉔

시장·군수·구청장은 공중위생영업자가 다음 중의 어느 하나에 해당하면 6월 이내의 기간을 정하여 영업의 정지 또는 일부 시설의 사용중지를 명하거나 영업소 폐쇄 등을 명할 수 있음(세부적 기준은 보건복지부령에 따름)
① 영업신고를 하지 아니하거나 시설과 설비기준을 위반한 경우
② 변경신고를 하지 아니한 경우
③ 지위승계신고를 하지 아니한 경우
④ 공중위생영업자의 위생관리의무 등을 지키지 아니한 경우
⑤ 카메라나 기계장치를 설치한 경우
⑥ 영업소 외의 장소에서 이용 또는 미용 업무를 한 경우
⑦ 보고를 하지 아니하거나 거짓으로 보고한 경우 또는 관계 공무원의 출입, 검사 또는 공중위생영업 장부 또는 서류의 열람을 거부·방해하거나 기피한 경우
⑧ 개선명령을 이행하지 아니한 경우
⑨ 성매매알선 등 행위의 처벌에 관한 법률, 풍속영업의 규제에 관한 법률, 청소년 보호법, 아동·청소년의 성보호에 관한 법률 또는 의료법을 위반하여 관계 행정기관의 장으로부터 그 사실을 통보받은 경우

(2) 시장·군수·구청장이 영업소 폐쇄를 명할 때

① 영업정지처분을 받고도 그 영업정지 기간에 영업을 한 경우
② 공중위생영업자가 정당한 사유 없이 6개월 이상 계속 휴업하는 경우
③ 공중위생영업자가 관할 세무서장에게 폐업신고를 하거나 관할 세무서장이 사업자 등록을 말소한 경우
④ 영업신고를 하지 않은 경우
⑤ 공중위생영업자가 영업을 하지 아니하기 위하여 영업시설의 전부를 철거한 경우

(3) 영업소 폐쇄명령을 받고도 계속하여 영업을 할 때의 조치 ➡(2015.7)㉓
① 해당 영업소의 간판 또는 기타 영업표지물의 제거
② 해당 영업소가 위법한 영업소임을 알리는 게시물 등의 부착
③ 영업을 위하여 필수불가결한 기구 또는 시설물을 사용할 수 없게 하는 봉인

(4) 시장·군수·구청장이 봉인을 해제할 수 있는 조건
① 봉인을 계속할 필요가 없다고 인정되는 때
② 영업자 등이나 그 대리인이 해당 영업소를 폐쇄할 것을 약속하는 때
③ 정당한 사유를 들어 봉인의 해제를 요청하는 때
④ 해당 업소가 위법한 영업소임을 알리는 게시물 등의 제거를 요청하는 경우

5 과징금 처분

(1) 과징금 처분
① 시장·군수·구청장은 영업정지가 이용자에게 심한 불편을 주거나 그 밖에 공익을 해할 우려가 있는 경우에는 영업정지 처분에 갈음하여 1억 원 이하의 과징금을 부과할 수 있음
② 위반행위의 종별, 정도 등에 따른 과징금의 금액 등에 관하여 필요한 사항은 대통령령으로 정함
③ 시장·군수·구청장은 공중위생영업자의 사업 규모, 위반 행위의 정도 및 횟수 등을 고려하여 과징금의 2분의 1 범위에서 과징금을 늘리거나 줄일 수 있음
④ 과징금을 늘릴 때에는 과징금의 총액이 1억 원을 초과할 수 없음
⑤ 시장·군수·구청장은 과징금을 납부해야 할 자가 납부 기한까지 이를 납부하지 아니한 경우에는 과징금 부과처분을 취소한 뒤 영업정지 처분을 하거나 지방세 외 수입금의 징수 등에 관한 법률에 따라 징수
⑥ 시장·군수·구청장이 부과·징수한 과징금은 당해 시·군·구에 귀속

(2) 과징금 산정 기준
① 영업정지 1개월은 30일을 기준으로 함
② 위반행위의 종별에 따른 과징금의 금액은 영업정지 기간에 ③에 따라 산정한 영업정지 1일당 과징금의 금액을 곱하여 얻은 금액으로 함(과징금 산정금액이 1억 원을 넘는 경우에는 1억 원으로 함)
③ 1일당 과징금의 금액은 위반행위를 한 공중위생영업자의 연간 총매출액을 기준으로 산출
④ 연간 총매출액은 처분일이 속한 연도의 전년도의 1년간 총매출액을 기준으로 함

(3) 과징금의 부과 및 납부
① 시장·군수·구청장은 과징금을 부과하고자할 때에는 그 위반행위의 종별과 해당 과징금의 금액 등을 명시하여 이를 납부할 것을 서면으로 통지함
② 통지를 받은 자는 통지를 받은 날로부터 20일 이내에 납부(단, 천재지변, 그밖에 부득이한 사유로 인하여 그 기간 내에 납부할 수 없을 때에는 그 사유가 없어진 날부터 7일 이내에 납부)
③ 과징금의 납부를 받은 수납기관은 영수증을 납부자에게 교부
④ 수납기관은 과징금을 수납할 때에는 그 사실을 시장·군수·구청장에게 통보
⑤ 과징금의 징수·절차는 보건복지부령으로 정함

6 행정제재처분 효과의 승계
① 공중위생영업자가 그 영업을 양도하거나 사망한 때 또는 법인의 합병이 있는 때
② 종전의 영업자에 대하여 행정제재처분의 효과는 그 처분기간이 만료된 날부터 1년간 양수인·상속인 또는 합병 후 존속하는 법인에 승계
③ 종전의 영업자에 대하여 진행 중인 행정제재처분 절차를 양수인, 상속인 또는 합병 후 존속하는 법인에 대하여 속행

④ 양수인이나 합병 후 존속하는 법인이 양수하거나 합병할 때에 그 처분 또는 위반사실을 알지 못한 경우에는 그러하지 아니함

7 같은 종류의 영업금지

위반한 법률	구분	영업금지 기간
성매매알선 등 행위의 처벌에 관한 법률, 아동·청소년의 성보호에 관한 법률, 풍속영업의 규제에 관한 법률, 청소년 보호법	위반한 자	2년
	위반한 영업장소	1년
그 외의 법률	위반한 자	1년
	위반한 영업장소	6개월

8 청문 ➡(2015.10)㉕

보건복지부장관 또는 시장·군수·구청장은 이·미용사의 면허취소 및 면허정지, 일부 시설의 사용중지 및 영업소 폐쇄명령 등의 처분을 하고자 하는 때에 청문을 실시

⑦ 업소 위생등급

1 위생서비스수준 평가 ➡(2014.11)㉔

보건복지부령	• 공중위생영업소의 보건·위생관리를 위하여 특히 필요한 경우에는 위생관리등급별로 평가주기를 달리할 수 있음 • 휴업신고를 한 경우 해당 공중위생영업소에 대해서는 위생서비스 평가를 실시하지 않을 수 있음
시·도지사	• 위생관리수준을 향상시키기 위하여 위생서비스 평가계획을 수립하여 시장·군수·구청장에게 통보
시장·군수·구청장	• 평가계획에 따라 관할지역별 세부평가계획을 수립한 후 공중위생영업소의 위생서비스 평가(2년에 한 번씩 실시) • 단, 평가의 전문성을 높이기 위해 필요한 경우는 관련 전문기관 및 단체가 위생서비스 평가를 실시하게 할 수 있음

> **📖 국고보조**
> 국가 또는 지방자치단체는 위생서비스 평가의 전문성을 높이기 위하여 관련 전문기관 및 단체로 하여금 위생서비스 평가를 실시하는 자에 대하여 예산의 범위 안에서 위생서비스 평가에 소요되는 경비의 전부 또는 일부를 보조

2 위생관리 등급 공표 ➡(2016.4)㉗

시장·군수·구청장	• 공중위생영업자에게 등급을 통보하고 이를 공표
공중위생영업자	• 시장·군수·구청장으로부터 통보받은 위생관리등급의 표시를 영업소의 명칭과 함께 영업소의 출입구에 부착할 수 있음
시·도지사 또는 시장·군수·구청장	• 위생서비스 평가의 결과 위생서비스의 수준이 우수하다고 인정되면 영업소에 포상 실시 • 위생등급별로 영업소에 대한 위생 감시를 실시

위생관리 3등급의 구분	
녹색 등급	최우수업소
황색 등급	우수업소
백색 등급	일반관리 대상 업소

3 **공중위생감시원** ➡(2016.7)㉓(2014.11)㉘

① 공중위생영업 신고, 승계, 위생관리업무 등 관계공무원의 업무 : 특별시·광역시·도·시·군·구 공중위생감시원을 둠
② 공중위생감시원의 자격, 임명, 업무범위 : 대통령령으로 정함

공중위생감시원 자격 및 임명	• 위생사 또는 환경기사 2급 이상의 자격증이 있는 사람 • 대학에서 화학, 화공학, 환경공학 또는 위생학 분야를 전공하고 졸업한 사람 또는 이와 같은 수준 이상의 학력이 있다고 인정되는 사람 • 외국에서 위생사 또는 환경기사의 면허를 받은 사람 • 1년 이상 공중위생 행정에 종사한 경력이 있는 사람
공중위생감시원 업무범위	• 시설 및 설비 확인 • 공중위생영업 관련 시설 및 설비의 위생상태 확인·검사, 공중위생업자의 위생관리의무 및 영업자 준수사항 이행여부의 확인 • 위생지도 및 개선명령 이행여부의 확인 • 영업의 정지, 일부 시설의 사용중지 또는 영업소 폐쇄명령 이행여부의 확인 • 위생교육 이행여부의 확인

4 **명예공중위생감시원**

(1) 시·도지사

① 공중위생의 관리를 위한 지도·계몽 등을 행하게 하기 위하여 명예공중위생감시원을 둘 수 있음
② 명예공중위생감시원의 활동지원을 위하여 예산의 범위 안에서 시·도지사가 정하는 바에 따라 수당 등을 지급할 수 있음
③ 명예공중위생감시원의 운영의 관하여 필요한 사항을 정함

(2) 대통령령

명예공중위생감시원의 자격 및 위촉방법, 업무범위 등에 관하여 필요한 사항을 정함

명예공중위생감시원 자격	• 공중위생에 대한 지식과 관심이 있는 자 • 소비자단체, 공중위생관련 협회, 단체의 소속직원 중에서 당해 단체 등의 장이 추천한 자
명예공중위생감시원 업무범위	• 공중위생감시원이 행하는 검사대상물의 수거지원 • 법령 위반행위에 대한 신고 및 자료 제공 • 공중위생에 관한 홍보, 계몽 등 공중위생관리 업무와 관련하여 시·도지사가 따로 정하여 부여하는 업무

5 **공중위생 영업자 단체의 설립**

공중위생영업자는 공중위생과 국민보건의 향상을 기하고 그 영업의 건전한 발전을 도모하기 위하여 영업의 종류별로 전국적인 조직을 가지는 영업자 단체를 설립할 수 있음

1 영업자 위생교육 ➡(2016.7)㉖(2015.7)㉖

(1) 위생교육 대상자
① 공중위생영업자(미용업, 이용업, 숙박업, 세탁업, 목욕장업, 건물위생관리업)
② 공중위생영업을 승계한 자
③ 영업하고자 시설 및 설비를 갖추고 신고하고자 하는 자(개설하기 전에 미리 받아야 함)
④ 영업에 직접 종사하지 않거나 2개 이상의 장소에서 영업을 하는 자는 종업원 중 영업장별로 공중위생에 관한 책임자를 지정하고 그 책임자로 하여금 위생교육을 받게 하여야 함
⑤ 동일한 공중위생영업자가 둘 이상의 미용업을 같은 장소에서 하는 경우에는 그 중 하나의 미용업에 대한 위생교육을 받으면 나머지 미용업에 대한 위생교육도 받은 것으로 봄
⑥ 위생교육 대상자 중 섬·벽지지역의 영업자에 대하여는 교육교재를 배부하여 이를 익히고 활용하도록 함으로써 교육에 갈음할 수 있음

> 📖 **위생교육** ➡(2015.4)㉓
> • 천재지변, 본인의 질병 또는 사고, 업무상 국외출장 등의 경우, 교육을 실시하는 단체의 시장 등으로 미리 교육을 받기 불가능한 경우 6개월 이내에 위생교육을 받을 수 있음
> • 위생교육을 받은 자가 위생교육을 받은 날부터 2년 이내에 위생교육을 받은 업종과 같은 업종의 영업을 하려는 경우 해당 영업에 대한 위생교육을 받은 것으로 봄

(2) 위생교육 시간 ➡(2015.10)㉔
① 위생교육은 시장·군수·구청장이 실시
② 위생교육은 매년 3시간

(3) 위생교육 내용
공중위생관리법 및 관련 법규, 소양교육(친절 및 청결에 관한 사항을 포함), 기술교육, 그 밖의 공중위생에 관하여 필요한 내용

(4) 위생교육 기관
① 위생교육을 실시하는 단체는 보건복지부장관이 고시함
② 위생교육 실시단체는 위생교육을 수료한 자에게 교육교재를 편찬하여 교육대상자에게 제공
③ 위생교육 실시단체장은 위생교육을 수료한 자에게 수료증을 교부
④ 위생교육 실시단체장은 교육실시 결과를 교육 후 1개월 이내에 시장·군수·구청장에게 통보
⑤ 위생교육 실시단체장은 수료증 교부대장 등 교육에 관한 기록을 2년 이상 보관, 관리

---

1 벌금 ➡(2015.7)㉕

(1) 1년 이하의 징역 또는 1천만 원 이하의 벌금
① 영업의 신고를 하지 아니하고 공중위생영업을 한 자
② 영업정지 명령 또는 일부 시설의 사용중지 명령을 받고도 그 기간 중에 영업을 하거나 그 시설을 사용한 자
③ 영업소 폐쇄명령을 받고도 계속하여 영업을 한 자

(2) 6월 이하의 징역 또는 500만 원 이하의 벌금
① 보건복지부령이 정하는 중요한 사항을 변경하고도 변경신고하지 아니한 자
② 공중위생영업자의 지위를 승계한 자로서 신고를 아니한 자
③ 건전한 영업질서를 위하여 공중위생영업자가 준수하여야 할 사항을 준수하지 아니한 자

(3) 300만 원 이하의 벌금
① 다른 사람에게 이용사 또는 미용사의 면허증을 빌려주거나 빌린 사람
② 이용사 또는 미용사의 면허증을 빌려주거나 빌리는 것을 알선한 사람
③ 면허의 취소 또는 정지 중에 이용업 또는 미용업을 한 사람
④ 면허를 받지 아니하고 이·미용업을 개설하거나 그 업무에 종사한 사람

2 양벌규정

법인의 대표자나 법인 또는 개인의 대리인, 사용인 그 밖의 종업원이 그 법인 또는 개인의 업무에 관하여 벌칙에 위반행위를 하면 그 행위자를 벌하는 외에 그 법인 또는 개인에게도 해당 조문의 벌금형을 부과(다만, 법인 또는 개인이 그 위반 행위를 방지하기 위해 주의와 감독을 한 경우에는 예외)

3 과태료 ➡(2016.4)㉓(2016.1)㉘(2015.4)㉕(2014.11)㉕

300만 원 이하	• 보고를 하지 아니하거나 관계공무원의 출입, 검사, 기타 조치를 거부, 방해 또는 기피한 자 • 개선 명령을 위반한 자
200만 원 이하	• 미용업소의 위생관리 의무를 지키지 아니한 자 • 영업소 외의 장소에서 이·미용업무를 행한 자 • 위생교육을 받지 아니한 자

4 과태료 부과와 징수 절차 ➡(2016.7)㉕(2015.10)㉒(2015.7)㉗(2014.11)㉓

① 보건복지부장관 또는 시장·군수·구청장이 부과·징수
② 보건복지부장관 또는 시장·군수·구청장은 위반 행위의 정도 및 위반 횟수, 위반 행위의 동기와 그 결과 등을 고려하여 1/2의 범위에서 가중 또는 경감할 수 있음

---

⑩ 시행령 및 시행규칙 관련 사항

1 행정처분기준 ➡(2016.7)㉒㉘(2016.4)㉕㉘(2016.1)㉕(2015.10)㉖(2015.4)㉖

위반행위	법조항	행정처분기준			
		1차 위반	2차 위반	3차 위반	4차 위반
1. 법 제3조 제1항 전단에 따른 영업신고를 하지 않거나 시설과 설비기준을 위반한 경우					
1) 영업신고를 하지 않은 경우	법 제11조 제1항 제1호	영업장 폐쇄명령	–	–	–
2) 시설 및 설비기준을 위반한 경우		개선명령	영업정지 15일	영업정지 1월	영업장 폐쇄명령

위반행위	법조항	행정처분기준			
		1차 위반	2차 위반	3차 위반	4차 위반
2. 법 제3조 제1항 후단에 따른 변경신고를 하지 않은 경우					
1) 신고를 하지 않고 영업소의 명칭 및 상호 및 미용업 업종간 변경하였거나 영업장 면적의 1/3 이상을 변경한 경우	법 제11조 제1항 제2호	경고 또는 개선명령	영업정지 15일	영업정지 1월	영업장 폐쇄명령
2) 신고를 하지 아니하고 영업소의 소재지를 변경한 경우		영업정지 1월	영업정지 2월	영업장 폐쇄명령	–
3. 법 제3조의 2 제4항에 따른 지위승계신고를 하지 않은 경우	법 제11조 제1항 제3호	경고	영업정지 10일	영업정지 1월	영업장 폐쇄명령
4. 법 제4조에 따른 공중위생영업자의 위생 관리 의무 등을 지키지 않은 경우					
1) 소독을 한 기구와 소독을 하지 않은 기구를 각각 다른 용기에 넣어 보관하지 않거나 1회용 면도날을 2인 이상의 손님에게 사용한 경우	법 제11조 제1항 제4호	경고	영업정지 5일	영업정지 10일	영업장 폐쇄명령
2) 피부미용을 위하여 「약사법」에 따른 의약품 또는 「의료기기법」에 따른 의료기기를 사용한 경우		영업정지 2월	영업정지 3월	영업장 폐쇄명령	–
3) 점빼기·귓불 뚫기·쌍꺼풀 수술·문신·박피술 그 밖에 이와 유사한 의료행위를 한 경우		영업정지 2월	영업정지 3월	영업장 폐쇄명령	–
4) 미용업 신고증 및 면허증 원본을 게시하지 않거나 업소 내 조명도를 준수하지 않은 경우		경고 또는 개선명령	영업정지 5일	영업정지 10일	영업장 폐쇄명령
5) 개별 미용 서비스의 최종 지급가격 및 전체 미용 서비스 총액에 관한 내역서를 이용자에게 미리 제공하지 않은 경우		경고	영업정지 5일	영업정지 10일	영업정지 1월
5. 법 제5조를 위반하여 카메라나 기계 장치를 설치한 경우	법 제11조 제1항 제4호의 2	영업정지 1월	영업정지 2월	영업장 폐쇄명령	–
6. 법 제7조 제1항 각 호의 어느 하나에 해당하는 면허정지 및 면허취소 사유에 해당하는 경우					
1) 피성년후견인, 정신질환자, 결핵환자, 약물 중독자	법 제7조 제1항	면허취소	–	–	–
2) 면허증을 다른 사람에게 대여한 경우		면허정지 3월	면허정지 6월	면허취소	–
3) 「국가기술자격법」에 따라 자격이 취소된 경우		면허취소	–	–	–
4) 「국가기술자격법」에 따라 자격 정지 처분을 받은 경우(「국가기술자격법」에 따른 자격 정지 처분 기간에 한정한다)		면허정지	–	–	–
5) 이중으로 면허를 취득한 경우(나중에 발급 받은 면허를 말한다)		면허취소	–	–	–
6) 면허정지처분을 받고도 그 정지 기간 중 업무를 한 경우		면허취소	–	–	–
7. 법 제8조 제2항을 위반하여 영업소 외의 장소에서 미용 업무를 한 경우	법 제11조 제1항 제5호	영업정지 1월	영업정지 2월	영업장 폐쇄명령	–

위반행위	법조항	행정처분기준			
		1차 위반	2차 위반	3차 위반	4차 위반
8. 법 제9조에 따른 보고를 하지 않거나 거짓으로 보고한 경우 또는 관계 공무원의 출입, 검사 또는 공중위생영업 장부 또는 서류의 열람을 거부·방해하거나 기피한 경우	법 제11조 제1항 제6호	영업정지 10일	영업정지 20일	영업정지 1월	영업장 폐쇄명령
9. 법 제10조에 따른 개선명령을 이행하지 않은 경우	법 제11조 제1항 제7호	경고	영업정지 10일	영업정지 1월	영업장 폐쇄명령
10. 「성매매알선 등 행위의 처벌에 관한 법률」, 「풍속영업의 규제에 관한 법률」, 「청소년 보호법」, 「아동·청소년의 성보호에 관한 법률」 또는 「의료법」을 위반하여 관계 행정기관의 장으로부터 그 사실을 통보받은 경우					
1) 손님에게 성매매알선 등 행위 또는 음란 행위를 하게 하거나 이를 알선 또는 제공한 경우	법 제11조 제1항 제8호	–	–	–	–
① 영업소		영업정지 3월	영업장 폐쇄명령	–	–
② 미용사		면허정지 3월	면허취소	–	–
2) 손님에게 도박 및 그밖에 사행행위를 하게 한 경우		영업정지 1월	영업정지 2월	영업장 폐쇄명령	–
3) 음란한 물건을 관람·열람하게 하거나 진열 또는 보관한 경우		경고	영업정지 15일	영업정지 1월	영업장 폐쇄명령
4) 무자각 안마사로 하여금 안마사의 업무에 관한 행위를 하게 된 경우		영업정지 1월	영업정지 2월	영업장 폐쇄명령	–
11. 영업정지처분을 받고도 그 영업정지 기간에 영업을 한 경우	법 제11조 제2항	영업장 폐쇄명령	–	–	–
12. 공중위생영업자가 정당한 사유 없이 6개월 이상 계속 휴업하는 경우	법 제11조 제3항 제1호	영업장 폐쇄명령	–	–	–
13. 공중위생영업자가 「부가가치세법」 제8조에 따라 관할 세무서장에게 폐업신고를 하거나 관할 세무서장이 사업자 등록을 말소한 경우	법 제11조 제3항 제2호	영업장 폐쇄명령	–	–	–

01 공중보건의 정의로 가장 적합한 것은?

① 질병예방, 생명연장, 질병치료에 주력하는 기술이며 과학이다.

② 질병예방, 생명유지, 조기치료에 주력하는 기술이며 과학이다.

③ 질병의 조기발견, 조기치료, 생명연장에 주력하는 기술이며 과학이다.

④ 질병예방, 생명연장, 건강증진에 주력하는 기술이며 과학이다.

해설 질병예방, 생명연장, 건강증진

02 다음 설명 중 틀린 것은?

① 조사망률은 인구 1,000명당 연간 발생한 총 사망자수로 표시하는 비율이다.

② 평균수명은 0세의 평균여명을 말한다.

③ 비례사망지수 = 당 연도의 0세 이상 사망자 수/연간 사망자 수×100

④ 영아사망률은 한 해 출생아 1,000명 중 1년 미만에 사망한 영아수의 비

해설 비례사망지수 = 당 연도의 50세 이상 사망자 수/연간 총 사망자수 × 100

03 가장 대표적인 보건수준 평가기준으로 사용되는 것은?

① 신생아사망률

② 영아사망률

③ 조사망률

④ 노인사망률

해설 영아사망률 : 한 지역이나 국가의 대표적인 보건수준 평가기준 지표

04 감염원(병인)에서 병원체의 경로가 아닌 것은?

① 세균　　　　② 바이러스

③ 리케차　　　④ 감염자

해설 감염자는 병원소의 경로이다.

05 페스트, 살모넬라증 등을 감염시킬 수 있는 동물은?

① 말　　　　② 쥐

③ 소　　　　④ 개

해설 페스트, 살모넬라증 – 쥐

06 감염병을 옮기는 매개곤충과 질병의 관계가 바르지 않은 것은?

① 양충병 – 진드기

② 재귀열 – 이

③ 발진열 – 파리

④ 장티푸스 – 바퀴

해설 발진열 – 벼룩

07 수인성 감염병이 아닌 것은?

① 이질

② 일본뇌염

③ 장티푸스

④ 콜레라

해설 일본뇌염 : 모기(절지동물로서 매개감염)
수인성 감염병 : 세균성이질, 콜레라, 장티푸스, 파라티푸스, 폴리오, 장출혈성 대장균 등

08 자연능동면역 중 감염면역만 형성되는 감염병은?

① 두창, 홍역

② 일본뇌염, 폴리오

③ 매독, 임질

④ 디프테리아, 폐렴

해설 감염면역 : 매독, 임질, 말라리아

정답 | 01 ④ | 02 ③ | 03 ② | 04 ④ | 05 ② | 06 ③ | 07 ② | 08 ③

09 생후 4주 이내에 가장 처음 하는 예방접종은?

① 결핵
② 백일해
③ 디프테리아
④ 파상풍

해설 2, 4, 6개월 DPT 예방접종 ②,③,④

10 제2급 감염병인 것은?

① 야토병
② 두창
③ 콜레라
④ 파상풍

해설 ①, ② 제1급 감염병, ④ 제3급 감염병

11 다음 중 2급 법정감염병이 아닌 것은?

① 결핵
② 신종인플루엔자
③ 장티푸스
④ A형간염

해설 신종인플엔자-제1급 감염병

12 일반적으로 돼지고기의 생식에 의해 감염될 수 없는 것은?

① 유구조충
② 살모넬라
③ 무구조충
④ 선모충증

해설 무구조충은 소고기의 생식으로 인해 감염된다.

13 기생충의 인체 내 기생부위 연결이 잘못된 것은?

① 구충증 – 대장
② 간흡충증 – 간의 담도
③ 요충증 – 직장
④ 폐흡충증 – 폐

해설 구충증은 구충이 소장 상부에 기생한다.

14 기생충 질병과 민물고기의 관계가 틀린 것은?

① 광절열두조충증 – 송어, 연어
② 간디스토마증 – 참붕어, 쇠우렁이
③ 폐디스토마증 – 잉어, 피라미
④ 요코가와흡충증 – 은어, 숭어

해설 폐디스토마증 – 가재, 게

15 다음 중 지구 온난화 현상의 원인이 되는 주된 가스는?

① N_2
② CO_2
③ CO
④ Ne

해설 이산화탄소(CO_2)는 지구 온난화 현상의 원인이 되는 대표가스이다.

16 다음 중 인체에 가장 심한 자극을 일으키고 식물을 고사시키는 공해 유독가스는?

① 일산화탄소
② 이산화탄소
③ 아황산가스
④ 이산화질소

해설 이산화황(아황산가스)은 대기오염 지표이며 인체에 가장 심하다.

17 하수처리법 중 호기성 처리 방법에 속하지 않는 것은?

① 활성오니법
② 산화지법
③ 살수여과법
④ 부패조법

해설 부패조법은 혐기성 처리법이다.

18 손 소독제로 에탄올의 적당한 농도는?

① 30%

② 50%

③ 70%

④ 100%

해설 에탄올(알코올)의 적당한 농도는 70%이다.

19 고기압 상태에서 생기는 인체 장애 질병은?

① 잠함병

② 근시안

③ 탄폐증

④ 레이노이드병

해설 잠함병은 해녀, 잠수부 등의 직업으로 고압환경에 노출되어 혈액 및 체액 속의 질소가 증가하여 생기는 질병이다.

20 납중독과 가장 거리가 먼 것은?

① 신경마비

② 뇌 중독 증상

③ 과다행동장애

④ 빈혈

해설 납중독 – 빈혈, 신경마비, 뇌 중독 증상

21 실내조명에서 조명효율이 좋은 것은?

① 직접조명

② 간접조명

③ 반직접조명

④ 반간접조명

해설 주광색에 가까운 간접조명이 좋다.

22 식품의 부패는 무엇이 변질된 것인가?

① 탄수화물

② 단백질

③ 비타민

④ 지방

해설 단백질이 혐기성 상태에서 미생물에 의해 분해되어 악취가 나고 유해한 물질이 생성된다.

23 세균성 식중독의 특성이 아닌 것은?

① 수인성 전파는 드물다.

② 2차 감염률이 낮다.

③ 다량의 균이 발생한다.

④ 잠복기가 길다.

해설 세균성 식중독은 잠복기가 짧다.

24 식중독 발생의 원인인 솔라닌과 관련이 된 것은?

① 모시조개

② 감자

③ 복어

④ 버섯

해설 ① 모시조개 – 삭시톡신, 베네루핀 ② 감자 – 솔라닌 ③ 복어 – 테트로도톡신 ④ 버섯 – 무스카린

정답	09 ①	10 ③	11 ②	12 ③	13 ①	14 ③	15 ②	16 ③	17 ④	18 ③	19 ①	20 ③	21 ②	22 ②	23 ④
	24 ②														

25 다음 중 의료보험 급여 대상이 아닌 것은?

① 질병
② 사망
③ 산재
④ 분만

> **해설** 산재는 사회보험 의료보장(산재보험)에 속한다.

26 다음 중 소독의 정의를 가장 올바르게 표현한 것은?

① 병원미생물을 파괴시켜 감염력, 증식력을 없애는 것
② 세균의 독성을 제거시키는 것
③ 아포를 포함한 모든 미생물의 발육을 제한시키는 것
④ 병원성 미생물의 부패방지를 하는 것

> **해설** 병원미생물을 파괴시켜 감염력, 증식력을 없애는 것이다.

27 소독 효과가 큰 순서로 바르게 나열한 것은?

① 멸균 〉 살균 〉 소독 〉 방부
② 살균 〉 멸균 〉 소독 〉 방부
③ 살균 〉 멸균 〉 방부 〉 소독
④ 멸균 〉 살균 〉 방부 〉 소독

> **해설** 멸균 〉 살균 〉 소독 〉 방부

28 다음 중 이·미용사의 손 소독으로 가장 좋은 것은?

① 과산화수소
② 승홍수
③ 포르말린액
④ 역성비누액

> **해설** 손의 소독 : 역성비누액, 약용비누

29 다음 중 크레졸의 설명으로 틀린 것은?

① 물에 잘 녹는다.
② 손, 오물, 객담 등의 소독에 사용된다.
③ 석탄산에 비해 2배의 소독력이 있다.
④ 3%의 수용액을 주로 사용한다.

> **해설** 크레졸은 물에 난용성이다.

30 자비소독시 살균력을 강하게 하고 금속기자재가 녹스는 것을 방지하기 위하여 첨가하는 물질이 아닌 것은?

① 2% 탄산나트륨
② 5% 석탄산
③ 5% 승홍수
④ 2% 크레졸 비누액

> **해설** 금속기자재는 승홍수에는 부적합 제품이다.

31 소독약의 "석탄계수가 2.0" 인 경우의 설명으로 알맞은 것은?

① 살균력이 석탄산의 20%이다.
② 살균력이 석탄산의 2배이다.
③ 살균력이 석탄산의 2%이다.
④ 석탄산의 살균력이 2배이다.

> **해설** 석탄산보다 2배의 소독력이다.

32 소독제의 농도가 알맞지 않은 것은?

① 승홍수 0.1%
② 알코올 70%
③ 석탄산 0.3%
④ 크레졸 3%

> **해설** 석탄산 3%

33 소독약 원액 5cc에 증류수 95cc를 혼합시켜 100cc의 소독약을 만들었을 때 소독약의 농도는?

① 30%

② 95%

③ 5%

④ 50%

해설 원액 5cc이므로 5% 농도이다.

34 실내소독의 살균력에 가장 효과적인 것은?

① 크레졸

② 석탄산

③ 포르말린

④ 생석회

해설 실내소독 살균력 : 포르말린 〉 크레졸 〉 석탄산

35 바이러스에 대한 설명으로 틀린 것은?

① 죽은 세포에서만 증식이 가능하다.

② 전자현미경으로 관찰이 가능하다.

③ 항생제에 반응하지 않는다.

④ DNA와 RNA 둘 중 하나만 가지고 있다.

해설 바이러스는 생체 내에서만 증식이 가능하다.

36 다음 (   )안에 적한한 말은?

> 공중위생관리법의 목적은 위생수준을 향상시켜 국민의 (   )에 기여함에 있다.

① 위생

② 건강증진

③ 건강관리

④ 위생관리

해설 위생수준을 향상시켜 국민의 (건강증진)에 기여한다.

37 공중위생영업의 신고에 필요한 제출서류가 아닌 것은?

① 영업신고서

② 교육수료증

③ 재산세 납부 영수증

④ 영업시설 및 설비개요서

해설 영업 신고시 구비서류 : 영업신고서, 공중위생영업 시설 및 설비개요서, 교육수료증(미리 교육을 받은 경우)

38 변경신고를 해야 할 경우가 아닌 것은?

① 영업소의 명칭 변경

② 영업소의 상호 변경

③ 영업자의 지위승계

④ 영업소의 주소 변경

해설 영업소의 명칭·상호 변경, 영업소 주소 변경, 신고한 영업장 면적의 1/3 이상의 증감 시, 대표자의 성명 및 생년월일 변경 등

39 공중위생영업자의 지위를 승계한 자가 취해야 하는 행정 절차는?

① 1개월 이내 시·군·구청장에게 신고

② 1개월 이내 시·도지사에게 허가

③ 2개월 이내 보건복지부령에 신고

④ 2개월 이내 세무서장에게 통보

해설 공중위생영업자의 지위를 승계한 자는 1월 이내에 시장·군수·구청장에게 신고한다.

| 정답 | 25 ③ | 26 ① | 27 ① | 28 ④ | 29 ① | 30 ③ | 31 ② | 32 ③ | 33 ③ | 34 ③ | 35 ① | 36 ② | 37 ③ | 38 ③ | 39 ① |

40 미용업자가 지켜야 할 사항이 아닌 것은?

① 미용기구는 소독을 한 기구와 소독을 하지 않은 기구로 분리하여 보관한다.

② 시·군·구청장령에 의한다.

③ 면도기는 1회용 면도날만을 손님 1인에 한하여 사용한다.

④ 이·미용 면허증은 영업소 안에 게시해야 한다.

해설 영업자가 준수할 사항은 보건복지부령에 따른다.

41 이·미용업소에서 실내조명은 몇 럭스(lux) 이상이어야 하는가?

① 75럭스(lux)

② 100럭스(lux)

③ 150럭스(lux)

④ 200럭스(lux)

해설 실내조명은 75럭스(lux) 이상이어야 한다.

42 다음 중 이·미용사의 면허의 발급자는?

① 시·도지사

② 주소지를 관할하는 보건소장

③ 시장·군수·구청상

④ 보건복지부장관

해설 시장·군수·구청장이 면허를 발급한다.

43 이·미용사의 면허가 취소되었을 경우 얼마나 경과되어야 다시 면허를 받을 수 있는가?

① 3개월

② 6개월

③ 1년

④ 2년

해설 면허가 취소된 후 1년이 경과되지 아니한 자는 면허 결격 사유에 해당한다.

44 이·미용사의 면허취소 및 정지에 대한 설명 중 틀린 것은?

① 면허증을 다른 사람에게 대여한 때에는 면허취소 사유에 해당한다.

② 면허가 취소된 자는 지체 없이 시장·군수·구청장에게 면허증을 반납해야 한다.

③ 시장·군수·구청장은 이용사 또는 미용사가 면허취소 및 정지에 해당하는 경우 그 면허를 취소하거나 3개월 이내의 정지를 명할 수 있다.

④ 반납 면허증은 면허정지 기간 동안 관할 시장·군수·구청장이 보관해야 한다.

해설 시장·군수·구청장은 이용사 또는 미용사가 면허취소 및 정지에 해당하는 경우 그 면허를 취소하거나 6개월 이내의 면허정지를 명할 수 있다.

45 영업장의 보고 및 출입, 검사를 인정하는 관청은?

㉠ 시·도지사	㉡ 시장·군수·구청장
㉢ 보건복지부장관	㉣ 교육부장관

① ㉠, ㉡

② ㉡, ㉢

③ ㉢, ㉣

④ ㉠, ㉣

해설 특별시장, 광역시장, 도지사 또는 시장·군수·구청장

46 시·도지사가 위생지도의 개선을 명할 수 있는 내용이 아닌 것은?

① 즉시 또는 일정 기간을 정하여 개선을 명할 수 있다.

② 위생관리 의무를 위반한 영업자

③ 영업자가 시설 및 설비를 갖추어 신고해야 하나 이를 위반했을 때

④ 영업소의 소재지를 변경하고 신고하지 아니할 때

해설 영업소의 소재지를 변경하고 신고하지 아니하면 영업소 폐쇄명령이다.

47 영업소 폐쇄명령을 받고도 계속해서 영업을 할 때의 조치로 옳은 것은?

① 해당 영업소의 강제 폐쇄 집행
② 해당 영업소의 출입자 통제
③ 해당 영업소의 간판, 기타 영업 표지물 제거
④ 해당 영업소의 금지구역 설정

해설 해당 영업소의 간판 및 영업표지물을 제거, 해당 영업소가 위법한 영업소임을 알리는 게시물 등의 부착, 영업을 위하여 필수 불가결한 기구 또는 시설물을 사용할 수 없게 하는 봉인을 한다.

48 영업정지가 이용자에게 심한 불편을 주거나 그 밖에 공익을 해할 우려가 있는 경우 영업정지 처분을 갈음한 과징금 부과의 금액 기준은?

① 300만 원 이하
② 500만 원 이하
③ 1천만 원 이하
④ 1억 원 이하

해설 가중하는 때에 과징금의 총액이 1억 원을 초과할 수 없다.

49 공중위생영업의 정지 또는 일부 시설의 사용중지 등의 처분을 하고자 하는 때에는 무엇을 실시하여야 하는가?

① 청문
② 감사
③ 공시
④ 열람

해설 영업정지명령, 일부 시설의 사용중지, 영업소폐쇄 명령 등의 처분을 하고자 하는 때에 청문을 실시한다.

50 과징금의 징수 · 절차는 어디서 정하는가?

① 시 · 도지사
② 시장 · 군수 · 구청장
③ 보건복지부령
④ 특별시장, 광역시장, 도지사

해설 과징금의 징수 · 절차는 보건복지부령으로 정한다.

51 공중위생관리법상 위생서비스수준의 평가에 대한 설명 중 맞는 것은?

① 평가는 3년 주기로 실시한다.
② 평가주기와 방법, 위생관리등급은 대통령령으로 정한다.
③ 전문기관 및 단체로 하여금 위생서비스 평가를 실시하게 할 수 있다.
④ 위생관리등급은 2개 등급으로 나뉜다.

해설 평가의 전문성을 높이기 위하여 필요하다고 인정하는 경우에는 전문기관 및 단체가 위생서비스 평가를 실시한다.

52 다음 중 위생서비스수준의 평가는 몇 년마다 실시해야 하는가?

① 매년
② 1년
③ 2년
④ 3년

해설 위생서비스평가를 2년에 한 번씩 실시한다.

53 위생서비스 평가의 결과에 따른 조치에 해당되지 않는 것은?

① 이 · 미용업자는 위생관리등급 표지를 영업소 출입구에 부착할 수 있다.
② 시 · 도지사는 위생서비스의 수준이 우수하다고 인정되는 영업소에 대한 포상을 실시할 수 있다.
③ 시장 · 군수는 위생관리등급별로 영업소에 대한 위생 감시를 실시할 수 있다.
④ 구청장은 위생관리등급의 결과를 세무서장에게 통보할 수 있다.

해설 시장 · 군수 · 구청장은 위생관리등급의 결과를 공중위생영업자에게 통보할 수 있다.

54 위생서비스 평가의 결과를 통보받은 영업소가 해야 할 일로 맞는 것은?

① 영업소 내에 잘 부착한다.
② 영업소의 명칭과 함께 영업소의 출입구에 부착한다.
③ 영업소 간판에 부착한다.
④ 영업소 내에 잘 보이는 곳에 부착한다.

해설 공중위생영업자는 시장 · 군수 · 구청장으로부터 통보받은 위생관리등급의 표시를 영업소의 명칭과 함께 영업소의 출입구에 부착할 수 있다.

55 다음 중 공중위생감시원이 될 수 없는 자는?

① 외국에서 공중위생감시원으로 활동한 경력이 있는 자

② 고등교육법에 의한 대학에서 화학, 화공학, 환경공학 또는 위생학 분야를 전공하고 졸업한 자

③ 위생사 또는 환경산업기사 2급 이상의 자격이 있는 자

④ 1년 이상 공중위생 행정에 종사한 경력이 있는 자

해설 외국에서 위생사 또는 환경기사의 면허를 받은 자

56 명예공중위생감시원의 자격 관련 내용이 아닌 것은?

① 공중위생에 대한 지식과 관심이 있는 자

② 소비자단체의 소속 직원

③ 미용사중앙회 강사

④ 공중위생 관련협회의 소속 직원

해설 자격 : 공중위생에 대한 지식과 관심이 있는 자, 소비자단체, 공중위생 관련 협회, 단체의 소속직원 중에서 당해 단체 등의 장이 추천한 자

57 이·미용업의 개설자는 연간 몇 시간의 위생교육을 받아야 하는가?

① 3시간

② 6시간

③ 8시간

④ 10시간

해설 매년 3시간 위생교육을 받아야 한다.

58 다음 중 200만 원 과태료 처분에 해당하지 아니하는 위반 내용은?

① 영업변경신고를 하지 아니한 자

② 위생교육을 받지 아니한 자

③ 위생관리 의무를 지키지 아니한 자

④ 영업소 외의 장소에서 이용 또는 미용업무를 행한 자

해설 영업변경신고를 하지 아니한 자 : 6월 이하의 징역 또는 500만 원 이하의 벌금

59 신고를 하지 아니하고 영업소의 소재지를 변경한 때 1차 행정처분은?

① 영업정지 1월

② 영업장 폐쇄명령

③ 영업정지 2월

④ 경고

해설 1차 : 영업정지 1월, 2차 : 영업정지 2월, 3차 : 영업장 폐쇄명령

60 신고를 하지 아니하고 영업장 면적의 3분의 1 이상을 변경한 때 1차 행정처분은?

① 경고 또는 개선명령

② 영업정지 15일

③ 영업정지 1월

④ 영업정지 2월

해설 1차 : 경고 또는 개선명령, 2차 : 영업정지 15일, 3차 : 영업정지 1월, 4차 : 영업장 폐쇄명령

61 이·미용영업소 안에 면허증 원본을 게시하지 않은 경우 1차 행정처분 기준은?

① 개선명령

② 경고

③ 개선명령 또는 경고

④ 영업정지 5일

해설 1차 : 경고 또는 개선명령, 2차 : 영업정지 5일, 3차 : 영업정지, 10일 4차 : 영업장 폐쇄명령

정답 55 ① 56 ③ 57 ① 58 ① 59 ① 60 ① 61 ③

II
네일미용 위생 서비스

네일미용의 이해

① 네일미용의 역사

1 한국의 네일미용 ➡(2016.1)④⑨(2015.10)④①

(1) 고려시대 ➡(2016.4)③⑦

고려 충선왕 때부터 부녀자와 처녀들 사이에서 '염지갑화'라고 하는 봉숭아물을 들이기 시작

(2) 조선시대

주술적인 의미로써 어른들뿐만 아니라 아이들에게도 손톱에 물들이는 것이 풍습처럼 전해져 내려옴

(3) 개화기 이후

① 1992년 : 최초의 네일숍인 '그리피스'가 서울 이태원에 개업
② 1995년 : 문화센터, 네일 전문 아카데미(조옥희 네일)가 서울 압구정동에 개원
③ 1996년 : 전문 네일숍 오픈(헐리우드 네일), 백화점 네일 코너 입점(키스 네일)
④ 1997년 : 한국네일협회 창립, 인기스타들에 의해 네일미용 대중화
⑤ 1998년 : 한국네일협회에서 최초로 네일민간자격 시험제도 도입·시행
⑥ 2000년 : 미용 관련 대학에서 네일미용사 배출되기 시작
⑦ 2014년 : 미용사(네일) 국가 자격증 제도화 시작

2 외국의 네일미용 ➡(2016.7)③⑦(2016.4)④⑥(2016.1)③⑨(2015.10)④⑥(2015.4)④③(2014.11)④⑨

네일미용의 역사는 약 5000년에 걸쳐 변화

(1) 고대(B.C 3000년경)

이집트	• 관목에서 추출된 붉은 오렌지색 염료로 손톱을 물들임(주술적인 의미 포함, 오늘날 헤나의 주 원료임) • 왕족과 신분이 높은 계층은 적색, 신분이 낮은 계층은 옅은 색(신분과 지위확인) • 파라오 무덤에서 금속으로 만들어진 오렌지우드스틱 발견 • 미이라의 손톱에 붉은색을 입혀 권력을 상징
중국	• B.C 600년경 귀족들은 금색과 은색을 손톱에 발라 신분 과시 • 고무나무 수액에서 추출한 끈끈한 액체와 젤라틴, 계란흰자(난백), 벌꿀 등을 손톱에 바름 • 홍화의 재배가 유행하여 연지를 만드는 홍화를 손톱에 물들여 조홍이라 함

(2) 그리스·로마

① 매니큐어는 남성의 전유물
② 매니큐어로 청결히 정리하는 관리가 시작됨
③ '마누스(손)'와 '큐라(관리)'의 합성어인 '마누스 큐라(매니큐어)'라는 단어가 생겨남

(3) 중세시대(유럽)

① 군 지휘관이 전쟁터에 나가기 전에 특이한 머리모양과 함께 입술과 손톱에 동일한 색을 칠함
② 용맹을 과시하여 승리를 기원하는 것으로 주술적인 목적

(4) 15세기

중국	• 명나라 왕조에서는 흑색과 적색을 손톱에 발라서 신분을 과시
유럽	• 손톱이 붉고 손가락이 희고 긴 손이 아름다운 여성으로 건강미의 기준

(5) 17세기~19세기

중국	• 역사상 가장 긴 손톱을 사용 • 손톱을 약 5인치 정도 길러 보석, 금, 대나무 등으로 손톱을 장식하고 보호
프랑스	• 베르사유 궁전에서는 노크를 하지 않고 한쪽 손의 손톱을 길러 문을 긁는 것으로 방문
인도	• 네일 매트릭스에 문신용 바늘을 이용하여 색소를 주입하여 상류층 과시
중국	• 서태후가 손톱 미용법을 기술함
영국	• 상류층은 손톱에 장밋빛 손톱 파우더를 사용함

(6) 근·현대 ➡(2015.7)㊳

1800	• 아몬드형 네일 유행 • 부드러운 가죽 '샤모아'로 손톱 광택
1830	• 발 전문의사인 시트(Site)가 치과에서 사용하였던 도구를 도안하여 오렌지우드스틱을 개발
1885	• 네일 폴리시 필름 형성제인 니트로셀룰로오스 개발
1892	• 시트에 의해 네일 관리가 미국에 도입
1900	• 금속파일과 금속가위 등의 네일 도구로 네일 케어 시작 • 크림이나 파우더로 손톱에 광을 내거나 낙타털을 이용해 폴리시를 바르거나 광택을 냄 • 유럽에서도 네일 관리가 본격적으로 시작
1910	• 미국의 매니큐어 제조회사 플라워리 설립 • 금속파일과 사포로 된 네일파일이 제작
1917	• '보그' 잡지에 닥터 코로니(Dr. Korony)의 홈 매니큐어 세트 제품이 광고됨
1925	• 네일 폴리시 산업 본격화 • 투명한 계통의 폴리시가 생기면서 루눌라와 프리에지를 뺀 나머지 손톱 중앙에만 색을 바르는 것 유행
1927	• 화이트 폴리시, 큐티클 크림, 큐티클 리무버 제조
1930	• 제나 연구팀에 의해 네일 폴리시 리무버, 워머로션, 큐티클 오일, 네일 폴리시 제품 등 개발
1932	• 다양한 색상의 폴리시 제조 • 레블론사에서 최초로 립스틱과 잘 어울리는 색상의 폴리시를 출시
1935	• 인조손톱(네일 팁) 등장
1940	• 여배우(리타 헤이워드)에 의해 레드 폴리시를 풀 컬러링한 것이 유행 • 남성들도 이발소에서 매니큐어 관리를 받음
1948	• 미국의 노린 레호에 의해 네일 도구와 기구를 사용하기 시작
1956	• 헬렌 걸리(Helen Gerly)가 최초로 미용학교에서 네일 수업을 강의하기 시작
1957	• 페디큐어 등장 • 토마스 슬랙(Tomas Slack)이 '플렛폼'이라는 네일 폼을 개발해서 특허 • 포일을 사용한 아크릴 네일이 최초로 행해짐

1960	• 실크와 린넨을 이용하여 약하고 부러지기 쉬운 네일을 보강하기 시작
1967	• 손과 발에 사용하는 트리트먼트 제품 출시
1970	• 네일 팁과 아크릴 제품을 이용해 인조네일이 본격적으로 시작되고 부와 사치의 상징(활성기) • 아크릴 제품은 치과에서 사용하는 재료에서 발전
1973	• 미국의 네일 제조회사 IBD가 네일 접착제와 접착식 인조손톱을 개발
1975	• 미국의 식약청(FDA)에서 메틸 메타아크릴레이트(Methyl Methacrylate)의 아크릴 제품을 사용 금지
1976	• 스퀘어 형태의 손톱이 유행 • 네일 랩이 등장하면서 네일미용이 미국에 정착
1981	• 에씨, 오피아이, 스탕 등 많은 제품회사에서 네일 전문 제품, 핸드 제품, 네일 악세서리 등장
1982	• 미국의 네일 리스트인 타미 테일러(Tammy Taylor)가 아크릴 제품 개발
1990	• 네일 시장 급성장
1992	• 네일 산업 본격화되면서 정착
1994	• 독일에서 라이트 큐어드 젤 시스템 출시 • 뉴욕 주에서 네일 테크니션 면허제도 도입

네일숍 청결 작업

Chapter 02

① 네일숍 시설 및 물품 청결

① 네일숍의 공기환경

(1) 실내공기 환기관리 ➡(2016.7)㊳
① 네일숍 실내의 최적화 온도는 18±2℃ 쾌적 습도는 40~75%를 유지
② 자연 환기와 신선한 공기의 유입을 고려하여 창문을 설치
③ 공기보다 무거운 성분이 있으므로 환기구를 아래쪽에도 설치
④ 천정에 배관을 설치하여 실내 전체에 인공 환기 장치를 설치
⑤ 겨울과 여름에는 냉·난방을 고려하여 공기 청정기를 준비
⑥ 네일 작업장에 흡진기를 사용

② 네일숍의 화학물질의 안전관리

(1) 네일미용에서 사용하는 화학물질
아세톤, 네일 폴리시 리무버, 네일 폴리시, 아크릴 리퀴드, 프라이머, 네일 접착제, 건조 활성제 등

(2) 과다 노출 시 부작용 증상
두통, 불면증, 콧물과 눈물, 목이 마르고 아픔, 피로감, 눈과 피부 충혈, 피부발진 및 염증, 호흡장애 등

(3) 화학 물질 사용 시 주의사항 ➡(2015.10)㊱㊸
① 콘택트렌즈 사용을 피하고 보안경과 마스크 사용
② 화학물질은 피부에 닿지 않도록 주의
③ 보관 시 빛을 차단, 용기 뚜껑을 닫아 밀봉, 서늘한 곳인 재료 정리함에 보관
④ 사용한 페이퍼와 탈지면 등은 뚜껑이 있는 쓰레기통에 폐기
⑤ 스프레이 형보다 스포이드나 솔로 바르는 것을 선택
⑥ 통풍이 잘 되는 작업장에서 작업
⑦ 작업공간에서 음식물이나 음료 등을 금하고, 흡연 금지
⑧ 환풍기를 사용하거나 수시로 환기
⑨ 한 번 덜어 사용한 네일 제품은 재사용하지 말아야 하며 반드시 폐기
⑩ 뚜껑이 있는 용기를 사용해야 하고 사용 후에는 뚜껑을 닫아서 보관

② 네일숍 환경 위생 관리

① 네일숍의 위생 및 안전

(1) 물질안전보건자료(MSDS, Material Safety Data Sheet)
① 화학물질을 안전하게 사용하고 관리하기 위하여 필요한 정보를 기재하는 안전데이터시트
② 화학제품에 대한 정의, 위험한 첨가물에 대한 정보, 제조자명, 제품명, 성분과 성질, 취급상의 주의, 적용법규, 신체 적합성의 유무, 가연성이나 폭발 한계, 건강재해 데이터 등 기입
③ 보호와 예방조치에 대한 정보 기입

Chapter 03 네일숍 안전 관리

1 네일숍 안전수칙 및 시설·설비

1 네일숍 안전관리

① 응급처치용품 구비 및 응급 시 대책기관의 연락망 확보
② 에어컨, 통풍구의 필터는 자주 교환하고 청소
③ 음식물 섭취를 피하고 흡연을 금지하며 수시로 실내 공기 환기
④ 냉·난방을 고려하여 공기청정기를 준비
⑤ 소화기를 배치하고 인하성이 강한 제품은 화재의 위험이 없도록 보관

2 전기 안전 점검

① 전기 장치의 주된 사용법과 전류의 종류, 특성 등 안전수칙을 숙지
② 전기 장치는 습기가 많은 곳을 피해 항상 건조하게 유지
③ 마모되거나 손상된 전기 코드는 교체
④ 수시로 전기 코드 점검
⑤ 하나의 콘센트 플러그에 너무 많은 전기 사용 금함
⑥ 전기 장치의 스위치를 먼저 끄고 플러그를 뽑아 전원을 차단
⑦ 덮개 있는 코드 사용

Chapter 04 미용기구 소독 ⟶(2016.7)㊼

1 네일미용 기기 소독

1 네일 작업 시 고객에게 서비스를 제공할 때 사용되는 기기

① 작업 시 고객 피부와 접촉이 되므로 철저히 소독
② 소독이 어려운 기구인 전기 제품 및 네일미용 기기 등은 분리 가능한 부분을 소독 적용하며 항상 세척하여 청결 상태를 유지
③ 타월은 1회 사용 후 세탁·소독
④ 소독 및 세제용 화학제품은 서늘한 곳에 밀폐보관

2 네일미용 도구 소독 ⟶(2016.7)㊷(2016.1)㊽

1 네일미용 작업자와 고객의 잦은 접촉이 있는 기구나 도구

① 살균이나 소독을 철저히 하여 유지
② 오염된 부분은 제거하고 소독과 세척
③ 소독된 도구는 1회만 사용 후 소독
④ 일회용 제품은 반드시 1회 사용 후 폐기
⑤ 네일 클리퍼, 네일 더스트 브러시, 큐티클 니퍼, 큐티클 푸셔, 오렌지우드스틱 등 매니큐어 작업 시 알코올 소독 용기에 담기(단, 오렌지우드스틱은 사용 후 폐기)
⑥ 포르말린 1~1.5% 수용액으로 도구 소독
⑦ 크레졸 3%, 물 97% 수용액으로 도구 소독
⑧ 석탄산 3%, 물 97% 수용액으로 도구 소독
⑨ 알코올 70%로 도구 소독 후 건조

Chapter 05. 개인위생 관리

1 네일미용 작업자 위생 관리

1 네일미용 작업자의 위생 및 안전
① 눈의 피로를 덜어주기 위해 작업대에 밝은 불빛 설치
② 눈의 피로를 덜어주기 위해 눈 운동을 하거나 먼 곳을 응시
③ 지속적인 작업으로 골격과 근육에 불편감과 통증이 발생할 수 있으므로 규칙적으로 간단한 스트레칭
④ 의자의 높낮이를 조절하여 허리에 부담을 주지 않게 작업
⑤ 손은 청결하게 자주 씻고 수시로 소독

2 네일미용 고객 위생 관리

1 고객의 위생 및 안전 ➡(2016.7)㊸
① 고객에게 개인 사물함을 제공, 귀중품은 따로 보관하고 분실이나 도난사고가 없도록 고객의 소지품 안전관리
② 네일 제품과 도구의 사용 시 고객 피부에 과민반응이 있을 경우 작업을 중지하고 전문의에게 의뢰
③ 네일 서비스를 할 때는 상처를 내지 않도록 조심하지만, 작업도중 출혈이 있을 시 지혈제 사용 후 작업 중지
④ 작업 전·후에는 70% 알코올이나 소독용액으로 작업자와 고객의 손을 닦음
⑤ 한 고객의 작업이 끝난 후 네일 도구는 반드시 소독한 후 자외선 소독기에 보관
⑥ 일회용품은 사용 후 반드시 폐기

손·발톱병(오니코시스, Onychosis)은 네일과 관련된 모든 질병을 총칭하는 용어이고, 네일의 질병, 이상증세, 감염 여부를 구별하고 작업을 할 수 있는 네일인지 아닌지를 파악한 후 경우에 따라 의사의 진료를 권유할 것

1 **시술이 가능한 이상 네일** ➡(2016.7)㊺(2016.4)㊶㊽(2016.1)㊲㊷(2015.10)㊳㊷(2015.7)㊺(2014.11)㊷㊸

교조증 (오니코파지)	조내생증 (파고드는 손·발톱, 오니코크립토시스, 인그로운 네일)	조갑연화증 (에그셸 네일, 계란껍질 네일)
• 증상 : 손톱을 물어뜯어 손톱의 크기가 작아지고 손톱이 울퉁불퉁한 증상 • 원인 : 심리적 불안감, 스트레스 등의 원인으로 습관적으로 물어뜯어 발생 • 관리 : 정기적인 매니큐어 관리와 인조 네일 작업으로 관리	• 증상 : 손·발톱 양 사이드 부분이 살로 파고드는 현상 • 원인 : 유전적인 요인, 너무 짧게 깎는 경우, 지나치게 꽉 끼는 신발의 압박과 심한 운동, 외상 등으로 발생 • 관리 : 페디큐어 시술시 스퀘어 형태로 발톱 모양을 하고 심한 경우나 감염된 경우는 전문의와 상담 권장	• 증상 : 손톱 끝이 겹겹이 벗겨지면서 계란껍질 같이 얇고 흰색을 띠고 네일 끝이 굴곡진 증상 • 원인 : 불규칙적인 식습관, 다이어트 등으로 비타민, 철, 결핍성의 빈혈, 신경계통의 이상으로 발생 • 관리 : 프리에지의 손상 부분을 제거하고 표면을 다듬어 네일 강화제를 도포

조갑위축증 (오니카트로피아)	조갑비대증 (오니콕시스)	숟가락 네일 (스푼네일)
• 증상 : 윤기와 광택이 없고 크기가 작아 두께가 얇아지고 오므라들며 떨어져 나가는 증상 • 원인 : 선·후천적인 요인, 원인불명의 염증성(편평태선), 매트릭스 손상, 내과적 질병, 잦은 화학제품으로 발생 • 관리 : 증상이 심하지 않은 경우 조심스럽게 네일을 관리하며 근본적인 치료를 위해서 전문의와 상담 권장	• 증상 : 네일의 과잉 성장으로 비정상적으로 두꺼워지고 변색된 증상 • 원인 : 발톱내부의 감염이나 손상, 질병, 상해, 꽉 끼는 신발을 신은 경우 • 관리 : 네일 파일로 조금씩 두께를 제거하거나 부석 가루를 사용하는 것이 효과적이며, 정기적인 관리를 권장	• 증상 : 숟가락 형으로 손톱이 함몰된 상태 • 원인 : 선천성 요인, 빈혈, 갑상샘 질병, 당뇨병 등 • 관리 : 외부 환경으로부터 보호하기 위해 인조네일 작업이 효과적, 내부적 요인이 의심될 경우 전문의 상담 권장

거스러미 (행 네일)	표피조막증 (테리지움, 조갑익상편)	조갑종렬증 (오니코렉시스)
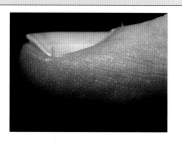	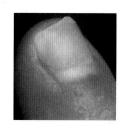	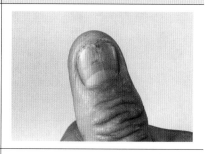
• 증상 : 손톱 주위 큐티클의 작은 균열로 건조해서 거스러미가 일어난 증상 • 원인 : 건조하거나 잦은 화학제품의 사용, 큐티클을 잡아떼거나 물어뜯는 버릇, 잘못된 니퍼 사용으로도 발생 • 관리 : 핫오일, 파라핀 매니큐어 관리가 효과적이고 큐티클오일, 핸드로션 등의 보습제품 사용	• 증상 : 큐티클이 과잉 성장하여 네일 바디에 과도하게 자라나오는 증상 • 원인 : 인체에 유해한 성분이 들어간 제품과 변질된 제품의 사용으로 발생 • 관리 : 조심스럽게 큐티클을 밀어주고 조금씩 큐티클을 정리해 주며 핫오일 매니큐어로 꾸준히 관리	• 증상 : 네일 바디 균열이 발생하여 세로로 골이 파져 갈라지거나 부서지는 증상 • 원인 : 매트릭스 외상, 잦은 화학제품, 손톱의 건조로 발생 • 관리 : 표면을 다듬은 뒤 네일 강화제 도포, 네일 주위에 보습제품 사용, 핫오일 매니큐어 관리
고랑 파인 손톱 (훠로우, 커러제이션)	조백반증 (루코니키아, 백색조갑)	조갑모반 (니버스)
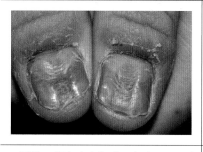		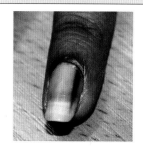
• 증상 : 네일 바디에 세로나 가로로 고랑이 파여 있는 증상 • 원인 : 유전성, 순환기 계통의 질병, 빈혈, 고열, 임신, 홍역, 신경성, 아연 부족, 식습관 등으로 발생 • 관리 : 표면을 다듬은 뒤 네일 강화제 도포, 심한 경우에는 일정기간 인조네일을 작업하는 것이 효과적	• 증상 : 손톱에 하얀 반점이 있는 증상 • 원인 : 선천성인 경우 손톱의 생성 중에 구조적 이상으로 발생, 외상으로 인해 기포현상으로 발생 • 관리 : 표면 정리하여 제거, 손톱이 자라면서 증상이 없어짐	• 증상 : 손톱 표면이 갈색이나 흑색으로 변하는 증상 • 원인 : 멜라닌색소 증가 및 침착으로 인하여 발생, 약물의 부작용과 악성흑색종으로도 발생 • 관리 : 색소가 없어질 때까지 네일 폴리시를 바르거나 악성흑색종의 의심될 경우 전문의 상담 권장

조갑청색증 (오니코 사이아노시스)	멍든 네일 (헤마토마, 혈종)	변색된 네일 (디스컬러드 네일)
	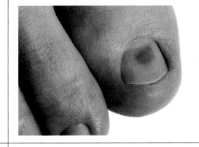	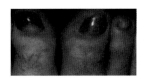
• 증상 : 네일의 색이 푸르스름하게 변하는 증상 • 원인 : 혈액순환이 이루어지지 않아 네일 베드의 작은 혈관에 환원혈색소 증가, 산소포화도가 떨어져 발생 • 관리 : 일반적인 관리 가능, 조기치료를 위해 전문의 상담 권장	• 증상 : 네일 베드에 피가 응결된 상태로 멍이 반점처럼 나타나는 증상 • 원인 : 외부의 충격으로 발생 • 관리 : 네일이 잘 고정되어 있는 상태라면 매니큐어 관리, 심한 경우 자라나올 때까지 작업하지 않음	• 증상 : 청색, 황색, 검푸른색, 자색 등으로 나타나는 증상 • 원인 : 혈액순환, 심장이 좋지 못한 상태, 흡연, 과도한 자외선 노출, 네일 폴리시의 착색으로 발생 • 관리 : 표면을 다듬거나 네일 표백제를 사용하면 효과적, 심장질병이나 근본적인 치료는 전문의 상담 권장

2 **시술이 불가능한 이상 네일** ➡(2016.1)㊿(2015.7)㊴(2015.4)㊱㊺

사상균 (몰드, 곰팡이)	조갑진균증 (오니코마이코시스, 펑거스)	무좀 (발진균증, 티니아페디스)
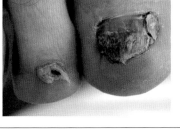	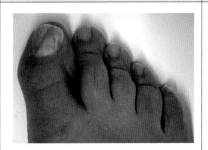	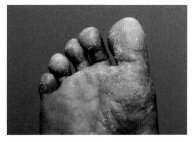
• 증상 : 황록색으로 보이며 점차 갈색에서 검은색으로 변하는 증상 • 원인 : 습기, 열, 공기에 의해 균이 번식, 수분 23~25% 함유, 전 처리 작업 시 네일 바디에 수분을 제거하지 못한 경우, 인조네일의 보수시기가 지나 균이 번식되어 발생	• 증상 : 흰색 또는 누렇게 변색되고 프리에지가 감염되어 점차 루눌라로 퍼져 감염된 부분이 떨어져 나가며 심한 경우에는 네일 베드가 드러나는 증상 • 원인 : 외상, 하이포니키움 부분에 상처를 입어 손상된 틈을 통해 진균, 백선균의 감염이 원인, 네일의 무좀, 습도가 높은 환경이 유지되거나 인조네일의 관리 소홀로도 발생	• 증상 : 발바닥과 발가락 사이에 붉은색의 물집이 잡히거나 피부 사이가 부어올라 하얗고 습하게 되며 피부가 가렵고 갈라지는 증상 • 원인 : 신발에 습도가 높은 환경이 유지되거나 발에 생기는 진균, 백선균 감염

조갑염 (오니키아)	조갑주위염 (파로니키아)	조갑박리증 (오니코리시스)
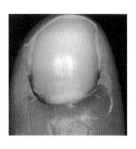	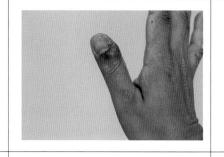	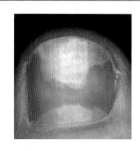
• 증상 : 네일 밑의 피부조직 일부가 없어지거나 함몰된 상태로 염증이 부어올라 고름이 형성된 증상 • 원인 : 네일 클리퍼로 네일을 재단할 때 하이포니키움의 상처가 생기거나 위생처리가 되지 않은 네일 도구들을 사용하여 박테리아에 감염되었을 때 발생	• 증상 : 네일 주위의 피부가 빨갛게 부어오르며 살이 물러지는 증상 • 원인 : 손거스러미를 뜯거나 위생처리가 되지 않은 네일 도구를 사용하여 네일 주위 피부에 상처가 생겼을 경우 박테리아에 감염되어 발생, 네일 폴드의 감염으로 발생	• 증상 : 네일 프리에지에서 발생하여 네일 바디가 네일 베드에서 루눌라까지 점차 분리, 회백색으로 보이는 증상 • 원인 : 외상, 잦은 하이포니키움 손상과 감염증, 빈혈, 내과적 질병, 화학제품의 과도한 사용 발생

조갑탈락증 (오니콥토시스)	조갑구만증 (오니코 그리포시스)	화농성 육아종 (파이로제닉그래뉴로마)
	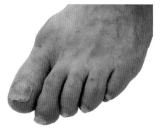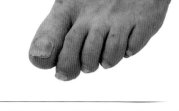	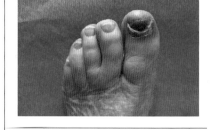
• 증상 : 네일의 일부분 혹은 전체가 떨어져 나가는 증상 • 원인 : 매독, 고열, 약물의 부작용, 건강 장애, 심한 외상으로 발생	• 증상 : 네일이 두꺼워지며 피부 속으로 파고들고 손이나 발가락이 밖으로 심한 변형을 동반하는 증상 • 원인 : 원인은 아직 알려지지 않음	• 증상 : 육아조직으로 이루어진 염증성 결절상태의 증상 • 원인 : 위생 처리 되지 않은 네일 도구 사용, 네일 주위 피부에 상처, 박테리아 감염으로 화농성 염증, 외상에 의한 상처와 내향성 손·발톱으로 인해 발생

1 고객응대 및 상담 ➡(2016.7)④⑤(2016.4)④(2015.10)③⑤(2015.7)④(2015.4)③(2014.11)④

1 네일 미용인의 윤리

① 정직하고 공평하며 공손한 마음으로 예의 바르고 성실하게 행동
② 타인의 생각이나 권리를 존중
③ 네일 도구에 대한 준비성 철저
④ 바른 품행과 상냥한 언행, 타인의 험담을 하지 않을 것
⑤ 맡은 바 의무를 다하며 본인의 행동에 책임지고 정직하여야 할 것
⑥ 약속시간, 근무태도를 엄수
⑦ 새로운 기술을 숙지하고 동료들의 재능을 인정하며 존중
⑧ 정부의 미용업 관련 법규나 네일숍의 운영정책과 규칙을 준수

2 네일 미용인의 전문적인 자세

① 청결하고 단정한 복장을 하고 깔끔한 외모를 유지
② 고객응대를 할 때는 항상 밝고 긍정적인 마인드, 예의 바르게 행동
③ 고객의 예약 확인 후 시술내용을 사전 숙지
④ 자기개발을 위해 새로운 기술을 연구하고 노력하는 전문인으로 자부심을 갖기
⑤ 동료들의 재능을 인정하고 존중

3 고객에 대한 자세

① 하루 일의 계획과 일정 체크는 고객관리의 시작이므로 스케줄을 항시 점검하고 고객과 시간약속 엄수
② 작업 준비는 고객이 작업 테이블에 앉기 전에 미리 준비
③ 고객에게 알맞은 서비스를 제공하기 위해 작업 전 충분한 상담
④ 네일 상태를 파악하고 선택 가능한 작업방법과 관리방법을 설명
⑤ 신뢰를 형성하기 위해 숙련된 기술과 능숙한 서비스 제공
⑥ 금전관계나 사적인 문제는 이야기를 금하고 작업 중 개인 휴대폰 사용 금할 것
⑦ 모든 고객은 공평하게 하여야 할 것

4 고객 상담과 진단

① 고객의 방문 목적과 동기를 파악하여 원하는 서비스가 어떤 것인지 확인
② 고객의 건강 상태와 피부, 알레르기, 생활습관 등을 고려하여 네일 상태를 전문적인 관리를 할 수 있도록 파악

5 **고객관리와 카드**

① 전화예약 접수 시 먼저 네일숍 이름과 자신의 이름을 말함
② 상냥한 목소리로 응대하고 예약관리카드를 사용하여 관리
③ 예약날짜, 시간, 원하는 서비스와 담당 네일미용사 확인
④ 시술의 우선순위에 대한 논쟁을 막기 위해 예약 고객을 우선시 함
⑤ 대화를 바탕으로 고객 요구사항을 파악
⑥ 직무와 취향 등을 파악하여 관리방법을 제시
⑦ 고객의 질문에 경청하며 성의 있게 대답
⑧ 고객이 도착하기 전에 필요한 물건과 도구 준비
⑨ 고객에게 소지품과 옷 보관함 제공
⑩ 상담 후 동의를 얻어 고객관리카드 작성
⑪ 개인 정보 수집 등은 사전에 동의를 구하고 이름, 주소, 연락처 등을 기재
⑫ 관리가 끝난 후 그날의 관리내용과 추가사항도 기재
⑬ 재방문 고객도 관리를 받을 때마다 변경사항과 그날의 서비스 추가사항 작성

6 **고객관리카드에 기재할 사항**

① 건강상태와 질병의 유무(의료기록 사항)
② 피부타입과 화장품 알레르기 부작용
③ 손·발톱 병변 유무확인
④ 보습상태, 선호하는 컬러 파악
⑤ 작업관련사항(가격, 제품 판매내역, 담당 네일미용사의 성명)
⑥ 작업 시 주의사항
⑦ 사후관리에 대한 조언과 대처방법

Chapter 07 피부의 이해

1 피부와 피부 부속기관

1 피부구조 및 기능

(1) 피부의 구조 ➡(2015.7)⑰

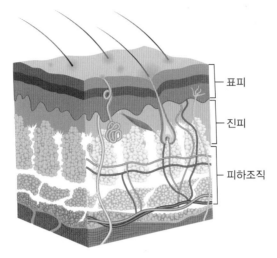

① 외측에서부터 표피, 진피, 피하조직으로 이루어져 있음
② 피지선, 한선, 모발, 손톱 등의 부속기관이 존재
③ 피부 표면의 형태는 가는 홈이 종횡으로 있어서 작고 불규칙한 삼각형이나 마름모꼴 등을 이루고 있음
④ 표피와 진피의 경계선의 형태는 물결 상으로 되어 있음

(2) 피부의 기능 ➡(2014.11)㉑

① 보호 기능 : 수분유지, 물리적·화학적 자극에 대한 보호, 자외선·세균·미생물로부터의 침입 보호
② 저장 기능 : 표피는 수분 보유, 진피는 수분과 전해질 저장, 피하지방은 칼로리와 지방 저장
③ 체온조절 기능 : 땀, 혈관의 확장 및 수축 작용을 통해 열이 발생(한선, 혈관, 입모근, 저장지방 등을 통해 조절)
④ 흡수 기능 : 외부의 온도를 흡수하고 감지, 피부 부속기관(한선, 피지선, 모낭)을 통해 흡수되며, 이물질은 막아주고 선택적으로 투과
⑤ 감각(지각) 기능 : 머켈(촉각)세포가 감지하여 온각 〈 냉각 〈 압각 〈 통각 순으로 감각수용기로서 역할을 수행
⑥ 호흡 기능 : 인체의 약 99%는 폐로 호흡을 하지만, 피부로 약 1% 정도의 가스 교환
⑦ 비타민 D의 합성 기능 : 콜레스테롤이 자외선과 합성하여 비타민 D를 생성
⑧ 분비, 배출 기능 : 흡수보다 배출이 더 강하므로 피지와 땀을 분비

(3) 표피

① 표피의 구조 ➡(2015.10)⑯(2014.11)⑯

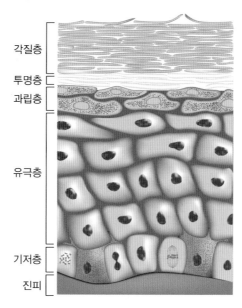

각질층
투명층
과립층

유극층

기저층
진피

각질층	• 케라틴, 천연보습인자, 지질로 구성 • 무핵층으로 죽은 각질세포가 쌓여 계속적인 박리 현상을 일으키며, 표피의 가장 바깥층에 위치 • 수분함유량 10~20%(10% 이하로 떨어지면 건조해지면서 주름이 생기고 거칠어짐)
투명층	• 2~3겹의 죽은 무핵층 • 손바닥과 발바닥에 존재 • 엘라이딘 : 반유동성 성분, 피부를 투명하고 윤기 있게 함, 빛을 차단하는 역할
과립층	• 레인방어막 : 피부의 수분증발 막음, 외부로부터 과도한 수분침투 저지 • 각화과정이 시작되는 층으로 유핵세포와 무핵세포가 공존 • 3~5겹의 다이아몬드형 과립세포
유극층 (가시층)	• 유핵층으로 표피 중 가장 두꺼운 층 • 랑게르한스세포 : 면역기능 담당 • 세포분열로 피부손상을 복구 • 세포 사이 림프액이 있어 물질교환을 하는 세포간교를 형성
기저층	• 표피의 가장 아래에 있는 어린세포층 • 물결모양(원주형)의 단층(유핵층) • 멜라닌세포 : 세포의 10:1의 비율로 구성 • 각질형성세포 : 세포의 4:1의 비율로 구성 • 진피의 유두층과 붙어있어 모세혈관을 통해 영양을 공급받아 세포분열을 통해 새로운 세포를 형성

② 표피의 구성세포

랑게르한스세포 (면역기능세포)	• 유극층에 존재하며, 피부의 항원을 인식하여 면역작용 • 외부의 이물질을 림프구로 전달하여 바이러스로부터 보호하고, 내인성 노화가 진행될 때 감소
멜라닌세포 (색소세포)	• 대부분 기저층에 존재하며, 문어발과 같은 수상돌기를 가지고 있어 자외선으로부터 진피를 보호 • 인종, 성별, 피부색과 관계 없이 멜라닌세포의 수는 모두 동일 • 멜라닌 : 흑색소 • 헤모글로빈 : 적색소 • 카로틴 : 황색소
머켈세포 (촉각세포)	• 손바닥, 발바닥, 입술, 코, 생식기 등에 분포 • 표피의 촉감을 감지하며, 유극층과 기저층 사이에 존재
각질형성세포 (각화세포)	• 기저층에서 형성되어 세포분열을 하며, 각질층으로 이동, 주기는 4주(약28일) 정도 소요 • 케라틴을 생성

(4) 진피

① 진피의 구조

유두층	• 진피의 10~20% 차지 • 수직 형태의 결합조직 • 진피층 상부에 물결모양 • 피부의 탄력과 관련(노화되면 편평해짐) • 모세혈관, 신경종말 분포
망상층	• 진피의 80~90% 차지 • 그물모양의 결합조직 • 유두층 아래 존재하며 섬세한 그물 모양의 층으로 피하조직과 연결 • 냉각, 온각, 압각 등의 감각기관이 존재하고, 교원섬유(콜라겐)와 탄력섬유(엘라스틴)가 존재 • 모낭, 혈관, 림프관, 입모근, 피지선, 한선, 모유두, 신경 등의 부속기관분포

② 진피의 구성세포 ➡(2015.4)⑲㉙

탄력섬유(엘라스틴)	• 섬유아세포에서 생성 • 탄력성이 있어 변형된 피부를 원래의 모습으로 되돌리는 기능 • 피부이완과 주름에 관여
교원섬유(콜라겐)	• 섬유아세포의 내부에서 생성 • 피부의 탄력성과 신축성을 주어 노화가 진행되면 피부의 탄력감소와 주름의 원인
비만세포(마스트세포)	• 알레르기와 면역계에 작용하는 세포 • 히스타민을 분비해 모세혈관 확장증을 유발
기질(무코다당류)	• 히알루론산이 주성분 • 무자극, 보습효과 및 피부의 영양공급과 수분을 유지하며 노화를 방지

(5) 피하조직 ➡(2015.4)⑮

① 인체에서 소모되고 남은 영양이나 에너지를 저장하는 기능으로 저장 기능
② 체온을 조절하고 방어 기능과 신진대사 역할
③ 피하지방의 축적은 주변의 결합조직과 림프관에 압박을 주어 체내의 노폐물이 배출되지 못하고 쌓여 순환장애와 탄력 저하로 울퉁불퉁하게 보이는 셀룰라이트 현상 유발
④ 남성보다 여성에게 더 많으며 지방층의 두께에 따라 비만의 정도가 결정

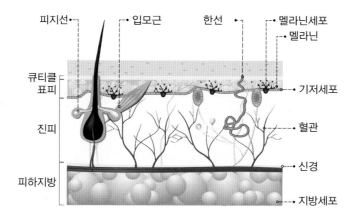

(1) 피지선(기름샘) ➡(2016.7)㉑(2016.4)⑮(2016.1)⑳

① 진피 망상층에 위치, 모낭에 연결되어 모공을 통해 피지를 분비
② 피지를 분비하는 선(코 주위에 발달), 손바닥과 발바닥에는 피지선이 없음
③ 성인은 하루에 약 1~2g의 피지를 분비, 사춘기에 접어들면서 왕성하게 진행되며, 남성호르몬에 의해 자극받음
④ 트리글리세라이드(43%), 왁스에스테르(23%), 스쿠알렌(15%), 콜레스테롤(4%)로 구성
⑤ 여성은 40세 이후 감소하고, 남성은 60세 정도에 퇴화되지만, 개인차가 있음

(2) 한선(땀샘)

① 한선은 진피와 피하조직의 경계에 위치하며 입술, 음부를 제외한 전신에 존재
② 체내 노폐물 등의 분비물을 배출하고 땀을 분비하며 체온조절 역할
③ 성인은 하루에 약 700~900cc의 땀을 분비, 열 발산 방지작용
④ 한선(땀샘)의 분류 ➡(2015.10)⑰

구분	아포크린 한선(대한선)	에크린 한선(소한선)
특징	• 남성보다 여성 생리 중에 냄새가 강함 • 점성이 있고 단백질 함유량이 많은 땀을 생성하며 특유의 체취를 냄 • 모낭에 부착되어 모공을 통해 분비 • 흑인 〉 백인 〉 동양인 순으로 분비 • 사춘기 이후에 발달하지만, 갱년기에 위축됨	• 무색 무취의 맑은 액체를 분비 • 실뭉치 같은 모양으로 진피에 위치 • 체온조절 역할
위치	• 귀 주변, 배꼽, 성기주변, 얼굴, 두피, 유두 주변 등 특정 부위에만 존재	• 전신에 분포(입술, 생식기 제외) • 손바닥, 발바닥, 이마에 많이 분포

⑤ 땀의 이상 분비현상 ➡(2016.7)⑳

무한증	• 땀이 분비되지 않는 현상(피부병이 원인) • 피부 수분부족으로 인한 다양한 문제 발생
소한증	• 땀의 분비가 감소하는 현상 • 갑상선 기능의 저하, 금속성 중독, 신경계 질환의 원인
다한증	• 땀의 과다분비 • 무좀, 습진, 땀띠 등 유발
액취증	• 대한선 분비물이 세균에 의해 부패되어 악취 유발
땀띠(한진)	• 땀의 분비통로가 막혀 땀이 배출되지 못해 발생

(3) 입모근 ➡(2016.4)⑯

① 추위에 피부가 노출되거나 공포를 느끼면 입모근이 수축하여 모근을 닫아 체온손실을 막음(체온조절 역할)
② 모낭의 측면에 위치하며 모근부 아래의 1/3 지점에 비스듬히 붙어 있는 근육
③ 속눈썹, 눈썹, 코털, 겨드랑이(액와)를 제외하고 전신에 분포

(4) 모발 ➡(2016.7)⑰

1일 평균 약 0.34~0.35mm 정도, 1달에 약 1~1.5cm 정도 자람

모간 (피부 밖으로 나와 있는 부분)	모수질	모발의 가장 안쪽 부분, 모발에 따라 수질의 크기가 다르며, 잔털에는 없음
	모피질	모발의 85~90%를 차지하며, 모발 색을 결정하는 멜라닌색소와 섬유질을 함유
	모표(소)피	모발의 10~15%로 가장 바깥 부분이며, 비늘처럼 겹쳐 있는 각질세포로 구성
모근 (피부 속 모낭 안 에 있는 부분)	모낭	털을 만드는 기관으로 모근을 싸고 있는 주머니
	모구	모근 아래쪽의 둥근 부분으로 모발이 성장되는 부분
	모유두	모근의 가장 아래쪽 중심 부분으로 모낭 끝에 있는 작은 돌기 조직, 모세혈관을 통해 모발에 영양과 산소공급을 하며 신경이 존재
	모모세포	모발의 기원이 되는 곳으로 세포의 분열증식으로 새로운 모발이 생성, 모유두와 연결되어 모발 성장을 담당

1 피부유형의 성상 및 특징

① 정상피부 : 중성피부라고도 하며, 표면이 전반적으로 매끄럽고 주름과 여드름 그리고 색소침착이 없으며 촉촉함
② 건성피부 : 피지분비량이 적어 건조하며 각질층의 수분량이 적어 각질이 쉽게 생기며 세안 후 당기며 잔주름이 쉽게 생기고, 피부결이 얇고 섬세함
③ 지성피부 : 모세혈관이 확장되어 피부가 거칠며 피지분비량이 많아 오염물질이나 먼지 등이 달라붙어 모공이 막혀 여드름이나 뾰루지 같은 피부 트러블이 자주 발생하기 쉬움

2 문제성 피부유형의 성상 및 특징 ➡(2016.4)⑱

민감성 피부 (예민성 피부)	• 눈으로 보기에는 피부 결이 섬세하고 깨끗하게 보이지만 피부가 얇고 붉으며 거칠고 주름이 잘 생김 • 작은 자극에도 쉽게 탄력이 떨어지며 알레르기 접촉피부염, 두드러기, 뾰루지 등 피부트러블이 자주 발생
복합성 피부	• 중성피부, 지성피부, 건성피부 중 현저하게 다른 두 가지 이상의 현상 • T존 부위를 중심으로 기름기 분비가 많아 지성피부로 기울기 쉬워, 피부 결이 거칠고 모공이 큼 • U존은 대체로 기름 분비량이 적어 건조하며 예민한 피부로 피부 결이 얇고 모공이 작고 섬세함
색소침착 피부	• 기미, 주근깨 등의 색소가 침착 • 스트레스 등의 내적 요인, 자외선 등의 외적 요인으로 칙칙하고 어두운 상태 • 피부색이 균일하지 않으며 임신 중에 두드러지는 경향이 있음

3 건강한 피부를 유지하기 위한 방법 ➡(2015.7)⑲

① 적당한 수분을 항상 유지하기
② 두꺼운 각질층 제거하기
③ 충분한 수면과 영양을 공급하기
④ 일광욕을 많이 하면 환경적 노화현상이 일어남

1 영양소

(1) 영양소의 작용 및 종류 ➡(2015.10)①

구분	작용	종류
열량소	열량공급 작용(에너지원)	탄수화물, 지방, 단백질
구성소	인체 조직 구성 작용	탄수화물, 지방, 단백질, 무기질, 물
조절소	인체 생리적 기능 조절 작용	단백질, 무기질, 물, 비타민

(2) 영양소의 분류

① 3대영양소 : 탄수화물, 지방, 단백질
② 5대영양소 : 탄수화물, 지방, 단백질, 무기질, 비타민
③ 6대영양소 : 탄수화물, 지방, 단백질, 무기질, 비타민, 물
④ 7대영양소 : 탄수화물, 지방, 단백질, 무기질, 비타민, 물, 식이섬유

(3) 영양소의 기능
    ① 에너지 보급과 신체의 체온을 유지하여 신체 조직의 형성과 보수에 관여
    ② 혈액 및 골격 형성과 체력 유지에 관여
    ③ 생리 기능의 조절 작용을 하여 피부의 건강 유지를 도와줌

2 피부와 영양 ➡(2015.7)⑱

(1) 탄수화물(당질)과 피부
    ① 1g당 4kcal의 에너지를 발생함, 신체의 중요한 에너지원으로 혈당 유지
    ② 탄수화물은 세포를 활성화하여 피부세포의 활력과 보습 효과
    ③ 장에서 포도당, 과당, 갈락토오스로 흡수
    ④ 결핍 시 : 발육 부진, 기력 부족, 체중 감소, 신진 대사 기능 저하, 피부가 거칠어짐
    ⑤ 과잉 시 : 피부건조, 접촉성 피부염, 산성화로 피부 저항력 저하

(2) 단백질과 피부
    ① 1g당 4kcal의 에너지를 발생, 신체 성장 유지에 필요한 조직형성
    ② 피부, 모발, 손·발톱, 골격, 근육 등의 체조직 구성, 피부에 영양공급, 재생작용 등
    ③ 항체를 형성하여 면역과 세균감염을 억제하며, 피부에 윤기와 탄력을 부여
    ④ 체내의 수분 조절과 pH 평형을 유지하며 효소와 호르몬 합성을 도움
    ⑤ 소장에서 아미노산 형태로 흡수
    ⑥ 결핍 시 : 빈혈, 피부가 거칠어지고 잔주름 생성, 손·발톱의 이상 발생, 발육 저하, 조기 노화, 피지 분비 감소
    ⑦ 과잉 시 : 비만, 불면증, 신경증, 색소 침착 원인
    ⑧ 아미노산 : 단백질의 기본 구성단위
    ⑨ 필수아미노산 : 체내에서 합성할 수 없으므로 음식을 통해 공급
    ⑩ 불필수아미노산 : 체내에서 합성되는 아미노산

(3) 지방(지질)과 피부
    ① 1g당 9kcal의 에너지를 발생, 여분은 피하지방조직에 저장 후 필요시 사용
    ② 체조직 구성, 피부 건강 유지, 피부 탄력과 저항력 증진 및 체온 조절과 장기 보호 기능
    ③ 소장에서 지용성 비타민의 소화와 흡수를 도움
    ④ 결핍 시 : 체중 감소, 신진대사 저하, 세포의 활약 감소로 피부가 거칠어짐
    ⑤ 과잉 시 : 콜레스테롤의 수치가 높아져 혈액순환 방해
    ⑥ 포화지방산 : 상온에서 고체 또는 반고체 상태 유지
    ⑦ 불포화지방산(필수지방산) : 상온에서 액체 상태 유지(리놀산, 리놀렌산, 아라키돈산)

(4) 무기질(미네랄)과 피부 ➡(2015.10)⑳

체내의 pH를 조절하고, 호르몬과 효소의 구성성분으로 신체의 필수성분

종류	특성
칼슘(Ca)	뼈와 치아 형성, 결핍 시 혈액 응고 현상이 나타남
인(P)	세포의 핵산, 세포막 구성, 골격과 치아 형성
마그네슘(Mg)	체내의 산과 알칼리의 평형유지, 신경전달과 근육이완, 탄수화물, 지방, 단백질의 대사에 관여
나트륨(Na)	수분 균형 유지, 삼투압 조절, 근육의 탄력 유지
칼륨(K)	pH 균형과 삼투압 조절, 신경과 근육 활동
황(S)	케라틴 합성에 관여, 아미노산 중 시스테인, 시스틴에 함유
철분(Fe)	헤모글로빈의 구성 요소, 면역 기능 유지, 피부의 혈색 유지
요오드(I)	갑상선 호르몬 구성 요소, 모세혈관의 기능을 정상화
구리(Cu)	효소의 성분 및 효소 반응의 촉진
아연(Zn)	생체막 구조 기능의 정상 유지 도움
셀레늄(Se)	항산화 작용, 노화 억제, 면역 기능, 셀레노 메티오닌과 셀레노 시스테인의 형태

(5) 비타민과 피부 ➡(2014.11)⑲

① 지용성 비타민 A, D, E, K ➡(2016.7)⑲(2016.4)⑳(2015.4)㉑

지방에 녹으며, 과잉 섭취 시 체내에 저장되는데, 결핍되거나 과잉 시 인체에 이상 발생 확률이 높음

비타민 A (레티놀, 항질병 비타민)	• 피부 세포를 형성하여 피부각화 정상화, 피지 억제, 여드름 완화, 멜라닌 색소 합성 억제 효과, 피부 재생, 항산화 작용, 점막 손상 방지 • 결핍 시 : 피부 각화증, 피부 건조, 세균 감염, 색소침착, 모발 퇴색, 손톱 균열, 야맹증
비타민 D (칼시페롤, 항구루병 비타민)	• 골격 발육 촉진, 칼슘 흡수 촉진, 골다공증 예방, 자외선과 표피의 콜레스테롤 작용을 통해 합성 가능 • 결핍 시 : 구루병, 골다공증 • 과잉 시 : 탈모, 신장결석, 체중 감소
비타민 E (토코페롤, 항산화 비타민)	• 항산화 기능으로 노화 지연, 피부병 증상 예방, 세포 호흡 촉진, 혈액순환 개선 • 결핍 시 : 피부 건조, 신진대사 장애, 혈색 약화, 불임증, 신경체계 손상, 손톱 윤기 부족
비타민 K (항출혈성 비타민)	• 출혈 시 혈액 응고 촉진 작용, 피부염과 습진에 효과적 • 결핍 시 : 혈액 응고 저하로 과다 출혈 발생과 응고 지연, 피부염 발생, 모세혈관 약화

② 수용성 비타민 B, C, H, P ➠(2016.1)⑮
물에 녹으며 체내에 저장되지 않음

비타민 B₁ (티아민, 정신적 비타민)	• 자율신경계 조절로 신경 기능을 정상화하며 상처 치유에 효과적 • 결핍 시 : 각기병, 피로, 수면 장애, 피부 부종, 발진, 홍반, 수포 형성
비타민 B₂ (리보플라빈, 항피부염성 비타민)	• 여드름 피부 진정에 효과적이며, 자외선 과민 피부, 비듬, 구강 질병에도 탁월 • 결핍 시 : 구순염, 습진, 부스럼, 피부염, 과민피부, 피로감
비타민 B₃ (나이아신)	• 염증 완화, 피부 탄력과 건강 유지 • 결핍 시 : 탈모, 백내장, 성장 부진, 코와 입 주위 피부병, 현기증, 설사, 우울증
비타민 B₆ (피리독신, 항피부염 비타민)	• 피지 분비 억제 및 피부 염증방지, 단백질과 아미노산의 신진대사 촉매제 • 결핍 시 : 근육통, 신경통, 구각염, 구토, 접촉성 피부염, 지루성 피부염
비타민 B₁₂ (시아노코발라민, 항악성 빈혈 비타민)	• 적혈구 생성으로 조혈 작용에 관여, DNA 합성, 세포 조직 형성 • 결핍 시 : 악성 빈혈, 아토피, 지루성 피부염, 신경계 이상, 세포 조직 변형, 성장 장애
비타민 C (아스코르빈산, 피부미용 비타민)	• 항산화 기능으로 콜라겐 생성을 도와 노화 예방에 탁월함, 멜라닌 색소 형성 억제, 교원질 형성, 모세혈관 강화 • 결핍 시 : 괴혈병 유발, 빈혈, 기미와 같은 색소 침착, 잇몸 출혈
비타민 H (바이오틴)	• 탈모 예방, 피부탄력에 관여, 효과적 염증 치유 • 결핍 시 : 창백한 피부, 피부염, 피지 저하, 피부 건조
비타민 P (바이오 플라보노이드)	• 모세혈관 강화, 출혈 방지, 부종 정상화, 노화 방지, 알레르기 예방, 피부병 치료 • 결핍 시 : 멍, 만성 부종, 모세혈관 손상, 출혈, 비타민 C의 기능을 보강

3 체형과 영양

(1) 체형의 분류

내배엽형(비만형)	• 키가 작고 어깨 폭이 좁은 데 비하여 몸통이 굵고, 특히 하복부가 크고 복부와 옆구리에 지방이 많 으며 엉덩이가 쳐져 둥근 체형 • 소화기관의 발달로 음식을 많이 먹는 편이며, 비만으로 인한 심장병, 당뇨병, 신장병, 고혈압 등을 조심해야 함
중배엽형(투사형)	• 어깨 폭이 넓고 근골이 건장한 근육형으로 팔다리의 근육이 매우 발달되어 있으며 다른 체형에 비 해 같은 자극에도 근육이 쉽게 발달이 되는 체형 • 소화기관의 발달로 먹는 만큼 살이 찌는 체질
외배엽형(세장형)	• 키가 크고 뼈나 근육의 발달이 나빠 근육이 잘 붙지 않는 체형 • 신진대사가 비효율적이어서 체중이 늘기 어려우며 신경이 예민하고 내성적인 체질

(2) 비만

① 비만의 원인 : 잘못된 식습관으로 음식의 섭취량과 소비열량 간의 불균형으로 인해 나타나며 운동량 부족과
유전적 요인 및 스트레스로 인한 내분비계의 이상이나 호르몬 기능 저하 등의 원인도 있음

② 비만의 유형

셀룰라이트 비만	• 우리 몸의 대사 과정에서 배출되는 노폐물, 독소 등이 배설되지 못하고 피부조직에 정체되어 있어 비만으로 보이며 림프 순환이 원인 • 소성결합조직이 경화되어 뭉치고 피하지방이 비대해져 피부 위로 울퉁불퉁한 살이 도드라져 보이며 여성에게 많이 나타남 • 임신, 폐경, 피임약 복용 등으로 인한 여성 호르몬 이상으로 발생하며 식이조절과 운동만으로는 제거하기 어려움
피하지방 비만	• 물렁물렁하며 번들거리는 지방으로 신체 전반적으로 발생 • 과도한 열량섭취와 운동부족으로 발생 • 식이요법과 운동으로 개선 가능
내장지방 비만	• 내장의 체지방 층과 다른 내장의 막 사이에 체지방이 과잉 축적된 형태 • 윗배만 불룩 튀어나온 형태의 복부비만이 대표적이며 식이요법과 운동으로 개선 가능

③ 비만으로 인한 성인병

복부 지방	고혈압, 당뇨병, 고지혈증
팔, 다리 지방	정맥류, 관절염
기타	만성피로, 호흡곤란, 편두통, 우울증

(3) 체형과 영양

탄수화물과 체형	• 장의 연동운동과 음식물의 부피 증가로 인해 변비 예방에 효과적 • 탄수화물의 섭취가 부족하면 체중감소 현상이 나타남 • 과다 섭취 시 비만과 체질의 산성화를 일으킴
단백질과 체형	• 단백질은 체형을 구성하는 대표적인 영양소로 근육을 만드는 데 도움을 줌 • 보통 체형관리 보충제로 많이 이용되나 칼로리를 줄이지 않고 과다 섭취하면 체중이 증가할 수 있음
지방과 체형	• 지방의 부족은 체중 감소로 이어짐 • 과다 섭취 시에는 당뇨, 고혈압, 지방간을 유발하고 피하지방층의 과다 축적으로 비만을 초래
무기질과 체형	• 무기질은 생체 내의 대사조절원의 역할을 하는 물질로서 체내 수분과 근육의 탄력을 유지 • 무기질 섭취가 부족하게 되면 지방이 분해되는 것을 막아 살이 찔 수 있음
비타민과 체형	• 비타민은 다른 영양소의 작용을 돕고 인체 생리기능 조절에 중요한 역할을 하는 영양소로 꾸준하게 섭취하여야 적절한 체중 유지에 도움을 줌

1 자외선

(1) 자외선의 종류 ➡(2016.1)⑯(2015.10)⑱(2014.11)⑰

자외선A (UV-A) 장파장, 320~400nm	• 생활 자외선으로 유리창을 통과함 • 피부의 제일 깊은 진피까지 침투하여 주름이 생성되며, 광노화로 인해 주름과 탄력저하 • 색소침착, 피부의 건조화, 인공 선탠
자외선B (UV-B) 중파장, 290~320nm	• 비타민 D를 합성 • 유리에 의하여 차단 가능 • 일광화상으로 수포 발생, 피부 홍반을 유발, 표피 기저층까지 침투
자외선C (UV-C) 단파장, 200~290nm	• 살균 작용, 자외선 소독기의 살균 작용 • 오존층에 의해 차단되나 최근 오존층 파괴로 주의가 필요 • 가장 강한 자외선으로, 도달하게 되면 피부암의 원인

(2) 자외선이 피부에 미치는 효과 ➡(2016.1)⑲

긍정적인 효과	부정적인 효과
• 미생물 등을 살균 • 비타민 D의 형성으로 구루병을 예방 • 식욕과 수면의 증진, 내분비선 활성화 등의 강장 효과	• 피부가 붉어지는 홍반 반응 • 과도하게 노출될 경우 일광화상 발생 • 멜라닌의 과다 증식(색소침착, 피부건조, 수포생성)

2 적외선

가시광선보다 파장이 길고 피부 깊숙이 침투하며 열을 발산하여 피부로 온도를 느낄 수 있음

(1) 적외선이 피부에 미치는 효과 ➡(2016.4)⑰

① 피부에 열을 가하여 피부를 이완시키고 신체의 면역력을 강화시킴(혈류 증가)
② 피부 심층까지 영양분을 침투시켜 생성물이 흡수되도록 돕는 역할
③ 피지선과 한선의 기능 활성화로 노폐물 배출을 돕고 셀룰라이트를 관리
④ 신경말단 및 근조직에 영향(근육이완, 통증, 긴장감 완화)

1 면역

(1) 면역의 종류 및 작용

선천적 면역 (자연면역)	태어날 때부터 가지고 있는 저항력	
후천적 면역 (획득면역)	체내로 침입했던 항원을 기억하여 특이성 면역 반응	
	수동면역	수유나 인공적인 혈청 주사를 통하여 생김
	능동면역	예방접종이나 감염에 의하여 생김

(2) 피부의 면역

표피	랑게르한스세포, 각질형성세포(사이토카인 생성) 면역반응
진피	대식세포, 비만세포가 피부면역의 중요한 역할
각질층	라멜라 구조로 외부로부터 보호
표지막	박테리아 성장을 억제

⑥ 피부노화

1 노화피부의 성상 및 특징 ➡(2015.4)⑰

내인성 노화 (생리적 노화)	• 생리적 노화현상으로 나이에 따른 자연스러운 노화과정 • 랑게르한스세포의 감소로 면역력 저하, 신진대사 기능 저하 • 세포새생 주기 지연으로 인한 상처회복 둔화 • 콜라겐의 합성량이 감소하고 엘라스틴이 변성되어 깊은 주름 발생 • 피부당김이 심하고 탄력성과 긴장도가 떨어지므로 근육층이 늘어짐
외인성 노화, 광노화 (환경적 노화)	• 환경적 노화 현상으로 바람, 자외선 등의 외부환경으로 일어나는 노화과정 • 각질층이 두꺼워지고, 피지선과 한선이 퇴화되어 피부의 윤기가 떨어져 건조해짐 • 모세혈관이 확장되며 자외선에 대한 방어능력 저하로 색소침착 증가

2 노화피부의 원인 ➡(2015.10)⑲

① 자외선, 열, 흡연 등 유해한 외부적 요인
② 스트레스를 받으면 발생하는 노화 촉진물질인 활성산소
③ 질병이나 수면부족
④ 연령증가에 따라 생리기능 저하 및 호르몬 변화
⑤ 피부구조의 기능 저하
⑥ 유·수분 부족

1 원발진과 속발진

(1) 원발진 ➡(2015.10)㉑(2015.7)⑮(2015.4)⑱(2014.11)⑱

1차적인 피부 질환의 초기 증상

반점	피부에 함몰이 없으며 주근깨, 기미, 오타모반, 백반, 몽고반점 등이 있음
홍반	모세혈관의 충혈과 확장으로 피부가 둥글게 부어오른 상태로 시간이 지남에 따라 크기가 변함
면포	피지덩어리가 막혀 좁쌀 크기로 튀어나와 있는 상태(비염증성 여드름)
소수포	1cm 미만의 물집(투명한 액체 포함)
대수포	1cm 이상의 액체와 혈액을 포함한 물집
팽진	일시적 발진으로 가려움을 동반하며 시간이 지나면 없어짐, 진피 내 부종현상(두드러기, 알레르기)
구진	여드름1단계, 1cm 미만, 표피에 형성되는 붉은 융기, 상처 없이 치유(시간이 지나면 사라짐)
농포	여드름2단계, 1cm 미만으로 피부 위로 고름이 잡히며 염증을 동반, 만지면 통증이 있음
결절	여드름3단계, 1cm 이상, 경계가 명확한 단단한 융기, 진피나 피하지방까지 침범하여 통증 동반
낭종	여드름4단계, 피부가 융기된 상태, 진피까지 침투, 심한 통증, 흉터가 생김
종양	2cm 이상, 과잉 증식되는 세포의 집합조직에 고름과 피지가 축적된 상태로 악성종양과 양성종양으로 구분됨

(2) 속발진

원발진에서 더 진행된 2차적 상태와 증상

가피	표피층에 고름, 분비물이 말라 굳은 상태(혈액의 마른 덩어리로 딱지를 말함)
미란	수포가 터진 후 표피가 벗겨진 표피의 결손 상태(흉터 없이 치유)
균열	심한 건조증이나 질병, 외상에 의해 표피가 갈라진 상태로 발뒤꿈치를 예로 들 수 있음
인설(비듬)	각화과정 이상으로 발생(표피성 진균증, 건선, 지루성 등)
찰상	손톱으로 긁거나 기계적 자극으로 생기는 표피의 박리 상태
태선화	장기간에 걸쳐 긁어서 표피가 건조하고 두꺼워지며 딱딱한 상태(접촉성 피부염)
궤양	진피와 피하지방층까지의 조직이 손상되어 깊숙이 상처가 생긴 상태로 치료 후에도 흉터가 남음
켈로이드	상처가 치유되면서 결합 조직이 과다 증식되어 흉터가 표면 위로 굵게 융기된 상태
흉터(반흔)	진피 이하까지 조직이 손상되어 세포 재생이 더 이상 되지 않아 상처의 흔적이 남은 상태

2 **여드름**

(1) 여드름의 원인 ➡(2015.10)⑮
① 유전적 영향, 모낭 내 이상 각화, 피지의 과잉 분비
② 여드름 균의 군락 형성, 염증 반응
③ 열과 습기에 의한 자극, 물리적·기계적 자극, 압력과 마찰
④ 사춘기에 남성호르몬의 과잉으로 피지선의 분비가 왕성해지고, 모낭의 상피가 이각화증을 일으켜 모낭이 막혀 여드름의 기본 병변인 면포 형성(테스토스테론)
⑤ 잘못된 식습관과 스트레스, 위장장애, 변비, 수면부족, 음주 등
⑥ 화장품이나 의약품의 부적절한 사용, 과도한 세제 사용 등

(2) 여드름의 종류
① 비염증성 여드름(면포성 여드름) ➡(2016.7)⑯

백면포 (화이트헤드)	모공이 막혀 피지와 각질이 뒤엉킨 피부 위 좁쌀 형태의 흰색 여드름
흑면포 (블랙헤드)	모공이 열린 형태로 피지와 각질이 피부 밖으로 나와 산화된 상태

② 염증성 여드름

붉은 여드름 (구진)	1단계	모낭 내에 축적된 피지에 여드름 균이 번식하면서 염증이 발생된, 약간의 통증이 동반되는 여드름
화농성 여드름 (농포)	2단계	염증 반응이 진전되면서 박테리아로 인하여 악화되어 고름이 생기고 피부표면에 농이 보이는 형태의 여드름
결절성 여드름 (결절)	3단계	통증이 동반되는 검붉은 색의 염증이 진피까지 깊숙이 위치한 여드름으로 흉터가 생길 수 있음
낭종성 여드름 (낭포)	4단계	피부가 융기된 상태로 진피에 자리 잡고 있으며 심한 통증이 동반되고, 치료 후 흉터가 남는 여드름

3 **색소질환** ➡(2016.4)⑲(2016.1)⑰(2015.7)⑳(2015.4)⑯

(1) 과색소 질환
기미, 주근깨, 노인성 반점, 검버섯, 오타씨 모반, 악성 흑색종, 안면 흑피증, 멜라닌 세포 모반 등

(2) 저색소 침착질환
① 백피증(백색증)
② 백반증 : 후천성 피부 변화로 인한 탈색소 질환, 멜라닌세포가 결핍된 흰색 반점형, 타원형 또는 부정형의 흰색 반점이 나타남

(3) 색소침착의 원인
① 자외선 내분비 기능장애, 임신, 갱년기 장애, 유전적 요인
② 정신적 불안과 스트레스, 질이 좋지 않은 화장품의 사용, 썬탠기

4 감염성 피부질환

(1) 바이러스성 ➡(2016.4)㉑(2014.11)⑳

단순포진 (헤르페스 심플렉스)	• 한 곳에 국한하여 물집이 발생하는 수포성 병변 • 같은 부위에 재발 가능, 입술주위, 성기에 주로 나타남
대상포진 (헤르페스 자아스터)	• 잠복했던 수두 바이러스에 의해 발생되며 심한 통증을 동반 • 신경을 따라 길게 나타나는 군집 수포성 피부 발진 • 거의 재발하지 않으며, 노화피부에 주로 나타남
수두	• 대상포진 바이러스 1차 감염으로 발생되나 2차 감염 시 흉터가 남을 수 있음 • 가려움을 동반한 수포성 발진
홍역	• 일반적으로 소아에게 나타남 • 강한 전염성으로 접촉자의 90% 이상이 발병
사마귀	• 유두종 바이러스(HPV)에 의한 감염으로 발생 • 표피의 과다한 증식으로 구진 형태로 나타남
풍진	• 귀 뒤, 목 뒤의 림프절 비대와 통증으로 얼굴, 몸에 발진

(2) 세균성

① 농가진 : 화농성 연쇄상구균, 포도상구균에 의해 발생되며 강한 전염력, 진물, 가려움증
② 모낭염 : 모낭이 박테리아에 감염되어 발생하여 고름이 형성되는 증상
③ 절종(종기) : 황색 포도상구균에 의해 발생하여 모낭에서 나타나는 급성 화농성 염증의 증상
④ 봉소염 : 용혈성 연쇄구균에 의해 발생하며 홍반과 수포에서 점차 감염

(3) 진균성 ➡(2016.1)⑱

① 족부백선(무좀) : 곰팡이균에 의해 발생, 피부껍질이 벗겨지고 가려움을 동반, 주로 손과 발에서 번식
② 두부백선(머리) : 두피에 발생하는 피부사상균에 의한 질환
③ 칸디다증 : 알비칸스균 등의 진균 감염으로 인해 발생되며 붉은 반점과 가려움을 동반하는 염증성 질환(손톱, 피부, 구강, 질, 소화관 등)
④ 어루러기 : 말라세지아라는 효모균에 의해 피부각질층과 머리카락 등 진균이 감염되어 발생
⑤ 완선 : 사타구니에 발행하는 진균성 질환

📖 백선(무좀)의 발생 부위별 명칭

발생 부위	손톱	손	발	사타구니	머리	몸
명칭	조체백선	수부백선	족부백선	완선	두부백선	체부백선

5 안검 주위 및 기타 피부질환 ➡(2016.7)⑱

비립종	• 신진대사의 저조가 원인으로 주로 눈 밑 얕은 부위에 위치하며 황백색의 작은 구진으로 각질이 뭉쳐 있는 증상으로 좁쌀크기의 백색 낭포가 빰과 이마에 생기기도 함
한관종(물사마귀)	• 에크린 한선의 구진으로 눈 주위나 광대뼈 주변으로 주로 생김
화상	• 제1도 화상 : 피부가 붉어짐 • 제2도 화상 : 홍반, 부종, 통증뿐만 아니라 진피까지 수포 형성 • 제3도 화상 : 흉터가 남음
주사	• 지루성 피부에 잘 생기며, 코 중심으로 나비모양으로 나타남(안면홍조) • 혈액순환 저하로 모세혈관이 확장된 상태

화장품 분류

1 화장품 기초

1 화장품의 정의 및 목적 ➡(2016.7)㉜(2016.4)㉝

① 인체를 청결·미화하여 매력을 증진시키며 용모를 변화시키기 위해 사용
② 피부와 모발을 건강하게 유지시키기 위해 사용
③ 인체에 사용되는 물품으로 인체에 대한 작용이 경미한 것으로 사용

2 화장품의 4대 요건 ➡(2016.7)㉚(2016.1)㉚(2015.10)㉜(2014.11)㉞

① 안전성 : 피부에 대한 자극, 홍반, 알레르기, 독성 등 부작용이 없어야 함
② 사용성 : 발림성, 흡수성, 편리성, 기호성 등 향취, 피부에 사용감이 좋아야 함
③ 유효성 : 노화예방, 미백, 자외선 차단, 보습, 세정, 색채 효과 등의 적절한 효능을 부여해야 함
④ 안정성 : 변질, 변색, 변취, 미생물 오염이 없어야 함

3 화장품의 분류

안정성과 유효성에 따라 화장품, 의약외품, 의약품 등으로 구분

화장품	• 세안, 세정, 청결, 미용을 목적 • 얼굴뿐 아니라 전신에 사용되며 지속적, 장기간 관리 • 부작용이 없어야 함 　예 기초 화장품, 색조 화장품 등
의약외품	• 식약처의 허가 및 인증에 의한 화장품 • 특정 부위에 사용되며 단속적, 장기간 관리 • 부작용이 없어야 함 　예 구취제거제, 탈모방지제, 여성 청결제, 데오도란트 등
의약품	• 환자를 대상으로 함 • 치료, 예방, 진단의 목적 • 특정 부위에 사용되며 일정 기간 동안만 관리 • 부작용이 있을 수 있음 　예 연고, 항생제 등

1 수성원료 ➞(2014.11)㉛

물 (정제수, 연수)	• 화장품에서 가장 큰 비율을 차지 • 화장수, 크림, 로션의 기초 물질, 수분 공급의 기능으로 피부 보습 작용 • 세균과 금속이온이 제거된 정제수 사용
알코올 (에탄올, 에틸 알코올)	• 에탄올 함량이 많으면 소독과 살균 효과 • 휘발성이 있어 피부에 시원한 청량감과 가벼운 수렴 효과를 부여 • 일반적으로 알코올 10% 전후 함유량 사용(함유량이 많으면 피부에 자극유발) • 화장수, 육모제, 아스트린젠트, 향수 등 사용

2 유성원료

(1) 오일

① 피부에 유연성, 윤활성 부여

② 피부 표면에 친유성 막을 형성하여 피부를 보호하여 수분 증발 저지

③ 천연 오일 : 천연물에서 추출하여 가수 분해, 수소화 등의 공정을 거쳐 유도체로 이용

식물성 오일	• 식물의 잎이나 열매에서 추출 • 피부 자극 없으나 부패가 쉬우며, 피부 흡수가 늦음	올리브유, 맥아유, 피마자유, 아보카도유, 로즈힙 오일, 월견초유 등
동물성 오일	• 동물의 피하조직이나 장기에서 추출 • 냄새가 좋지 않기 때문에 정제한 것을 사용 • 피부 친화성이 좋고 흡수가 빠른 장점	라놀린, 밍크 오일, 스쿠알렌 등
광물성 오일	• 석유 등 광물질에서 추출 • 무색투명하고 냄새가 없고, 피부 흡수가 비교적 좋음	바셀린, 유동파라핀, 미네랄 오일 등

④ 합성 오일 : 화학적으로 합성한 오일로 식물성 오일이나 광물성 오일에 비해 쉽게 변질되지 않으며 사용감이 좋음(실리콘 오일, 미리스틴산 아이소프로필, 지방산 등)

(2) 왁스 ➞(2016.1)㉝(2015.10)㉞

① 고형화제인 유성 성분이며, 제품의 변질이 적음

② 화학적으로 고급 지방산에 고급 알코올이 결합된 에스테르를 의미

③ 화장품의 굳기를 조절, 광택을 부여하는 역할(립스틱, 크림, 탈모제 등)

④ 식물성 왁스 : 카르나우바 왁스, 칸델리라 왁스 등

⑤ 동물성 왁스 : 라놀린, 밀납, 경납, 망치고래유, 향유고래유 등

(3) 고급 지방산

① 탄소수를 많이 가진 지방산

② 지방산을 동물성 유지의 주성분이며 천연의 유지와 밀납 등에 에스테르를 함유

③ 비누, 각종 계면활성제, 첨가제 등의 원료로 사용

④ 스테아르산, 팔미트산, 라우린산, 올레산, 미리스트산 등

(4) 방부제 ➞(2016.4)㉜

① 공기 노출, 불순물 침투로 부패하게 되는데 미생물 증가 억제를 통한 혼탁, 분리, 변색, 악취 등의 예방

② 일정 기간 보존을 위한 보존제 역할(박테리아, 곰팡이 성장 억제)

③ 배합량이 많으면 피부 트러블 유발로 피부에 대한 테스트 거쳐 안전성 확인 후 사용

④ 파라벤류(파라옥시안식향산메틸, 파라옥시안식향산프로필), 디아졸리디닐우레아, 이미다졸리다이닐우레아 등

(5) 보습제 ➡(2015.4)㉝

① 보습 능력이 좋고 휘발성이 없어야 함
② 보습 유지, 피부 건조 완화, 표피대사과정의 조절, 미백 및 노화 예방에도 효과
③ 고분자 물질(콜라겐, 히알루론산), 글리세린, 세라마이드, 천연보습인자(아미노산), 오일류 등

(6) pH 조절제

① 화장품 법규상 사용 가능한 pH 조절 범위는 3~9
② 스트러스 계열(pH를 산성화 시킴), 암모늄 카보나이트(pH를 알칼리화 시킴)

(7) 산화(산패)방지제

① 산화(산패)되는 것을 방지하며 항산화제라고도 함
② 화장품 제조, 보관, 유통, 판매 단계에서 화장품이 산소를 흡수해 산화하는 것을 방지하기 위해 첨가하는 물질
③ 토코페릴 아세테이트, 뷰틸하이드록시아니솔(BHA) 등

(8) 금속봉쇄제

① 물 또는 원료 중의 미량 금속이온은 화장품의 효과를 저해시키므로 이를 막기 위해 첨가
② 산화(산패)방지제로서도 효과가 있음
③ 구연산, 인산, 아스콜빈산, 글루콘산, 폴리인산나트륨, 에틸렌다이아민테트라초산(EDTA) 나트륨 등

(9) 향료

다양한 원료의 냄새를 중화하여 좋은 향을 부과, 휘발성이 필요

천연향료	• 천연 식물성(레몬, 장미, 베르가못, 계피, 종자 등) : 가격이 싸고 종류가 다양 • 천연 동물성(사향, 영묘향, 용연향 등) : 가격이 비쌈
합성향료	• 벤젠 계열, 테르펜 계열의 화학적으로 합성한 향료

(10) 색소

물과 알코올 등의 용제에 녹는 색소로 화장품 색을 조정하고 시각적인 색상을 부여

염료	• 물과 오일에 녹음 • 수용성 염료 : 물에 녹음 • 유용성 염료 : 오일에 녹음
안료	• 물과 오일에 녹지 않음(메이크업 제품에 사용) • 무기안료 : 빛, 산, 알카리에 강하고 내광성·내열성에 좋으며 커버력이 우수 • 유기안료: 유기용매에 녹아 색이 번짐, 색, 선명, 착색력이 좋음, 레이크

(11) 계면활성제

한 분자 내에 물을 좋아하는 친수성기와 기름을 좋아하는 친유성기를 함께 갖는 물질로 물과 기름의 경계면

3 화장품의 기술 ➡(2015.4)㉞(2014.11)㉚

분산	• 물 또는 오일 성분에 미세한 고체 입자를 액체 속에 균일하게 혼합시킨 것 　㉓ 파운데이션, 립스틱, 아이섀도 등의 메이크업 화장품
유화	• 물과 오일이 안정한 상태로 균일하게 섞여 있는 상태로 크림과 로션의 제조에 쓰이는 기술 • O/W수중유형 : 물 안에 기름이 분산되어 수분감이 많고 촉촉하나 지속성이 낮음, 지성 피부, 여드름 피부에 적당함 　㉓ 에센스, 로션(에멀전), 핸드 로션 • W/O유중수형 : 기름 안에 물이 분산되어 유분이 많고 사용감이 무거우나 지속성이 높음 　㉓ 영양 크림, 클렌징 크림, 자외선 차단 크림
가용화	• 물과 소량의 오일성분을 계면활성제에 의해 투명하게 용해시키는 것 　㉓ 화장수, 향수, 헤어 토닉, 에센스 등

4 계면활성제 ➡(2016.7)㉞

(1) 계면활성제의 특성

① 물(친수성기)과 기름(친유성기)의 경계면, 즉 계면의 성질을 변화시킬 수 있음
② 한 분자 내에 둥근 머리 모양의 친수성기와 막대 꼬리 모양의 친유성기로 구성
③ 기체, 액체, 고체의 계면 자유에너지를 저하시켜 세정 작용을 하는 화합물

(2) 계면활성제의 피부 자극 세기

① 피부 자극의 세기 : 양이온성 〉 음이온성 〉 양쪽성 〉 비이온성
② 세정력 세기 : 음이온성 〉 양이온성 〉 양쪽성 〉 비이온성

(3) 계면활성제의 분류 ➡(2015.7)⑨

양이온성	⊕━	• 살균, 소독 작용 • 정전기 발생 억제	헤어 린스, 헤어 트리트먼트, 유연제
음이온성	⊖━	• 세정 작용, 기포 형성 작용	비누, 샴푸, 클렌징 폼, 치약
양쪽성	⊖⊕━	• 세정 작용, 살균력, 유연 효과 • 피부 저자극, 피부 안정성	베이비 샴푸, 저자극 샴푸
비이온성	●━	• 피부 자극이 적어 기초 화장품에 주로 사용 • 유화력, 습윤력, 가용화력, 분산력 우수	화장수의 가용제, 크림의 유화제, 클렌징 크림의 세정제

1 화장품의 분류 ➡(2015.7)㉜

기초화장품	클렌징 제품, 딥 클렌징 제품, 화장수, 로션, 크림, 에센스, 팩 등
기능성 화장품	미백 화장품, 주름개선 화장품, 자외선 차단제품, 피부태닝 화장품 등
여드름 화장품	여드름 피부에 맞는 화장품
메이크업 화장품	메이크업 베이스, 파운데이션, 베이스, 아이섀도, 아이라이너, 마스카라, 립스틱 등
모발 화장품	샴푸, 린스, 트리트먼트 제품, 정발제, 육모제 등
바디관리 화장품	바디클렌징 제품, 트리트먼트 제품, 데오도란트 등
향수	샤워코롱, 오데코롱, 오데토일렛, 오데퍼퓸, 퍼퓸 등
에센셜 오일 및 캐리어 오일	에센셜 오일 제품, 베이스 오일 제품 등
네일 화장품	베이스 코트, 네일 폴리쉬, 탑 코트 등

2 기초화장품 ➡(2016.4)㉟(2014.11)㉜

피부 세안, 피부 정돈, 피부 보호를 목적으로 피부를 건강하게 유지하기 위해 사용

(1) 클렌징 ➡(2016.1)㉞(2015.4)㉛

① 피부의 청결 유지와 보습, 잔주름, 여드름 방지 등의 효과
② 피지, 메이크업 잔여물, 노폐물의 제거(각질 제거, 피부 세정)
③ 피부의 신진대사 촉진, 피부의 생리적 기능 정상화 촉진(보호, 보습)
④ 분자량이 적을수록 제품 흡수율이 높고 피부 호흡을 원활히 도움(피부 정돈)
⑤ 종류 : 비누, 클렌징 폼, 클렌징 워터, 클렌징 젤, 클렌징 로션, 클렌징 크림, 클렌징 오일 등

(2) 딥 클렌징 ➡(2015.7)㉛

① 클렌징으로 제거되지 않은 노폐물이나 묵은 각질을 물리적·화학적·생물학적으로 제거 가능
② 민감성 피부는 주의

스크럽(물리적)	각질제거, 세안, 마사지 효과(지성 피부 : 주 2~3회, 건성 피부 : 주 1~2회)
고마쥐(물리적)	건조된 제품을 근육 결대로 밀어서 각질 제거
AHA(화학적)	산으로 각질 제거, 글리콜산은 사탕수수에 함유된 것으로 침투력이 좋음
효소(생물학적)	단백질 분해 효소 각질 제거

(3) 화장수(스킨) ➡(2016.1)㉜(2015.10)㉛(2015.7)㉝

① 피부의 잔여물 제거, 정상적인 pH 밸런스를 맞추어 피부 정돈
② 유연 화장수는 보습 효과가 좋아 건성·노화 피부에 사용
③ 수렴 화장수는 아스트린젠트라고 불림
④ 수렴 화장수는 모공 수축, 알코올 성분이 많아 지성·복합성 피부에 효과적으로 사용

(4) 에멀젼(로션) ➡(2016.4)㉙

① 유·수분 공급, 유분막 형성으로 피부 보호·보습
② 발림성이 좋고 피부에 빨리 흡수되며 사용감이 산뜻함
③ 두 가지 또는 그 이상의 액상 물질이 균일하게 혼합되어 있는 상태

(5) 에센스

좋은 영양 성분을 농축해 만든 것으로 피부 보호와 탄력, 영양 증진

(6) 팩

① 피부에 보호막 형성, 보습과 영양 공급
② 워시 오프타입, 티슈 오프타입, 오프타입(패치타입), 분말타입 등

3 기능성 화장품

(1) 기능성 화장품의 정의

① 피부의 향상성을 유지하기 위해 사용
② 화장품의 약리적인 유효성을 기능적으로 부여

(2) 기능성 화장품의 기능 ➡(2015.4)㉟

① 피부 미백에 도움
② 피부 주름 개선에 도움
③ 피부를 곱게 태워 주거나 자외선으로부터 피부를 보호
④ 모발의 색상 변화·제거 또는 영양공급에 도움을 주는 제품
⑤ 피부나 모발의 기능 약화로 인한 건조함, 갈라짐, 빠짐, 각질화 등을 방지하거나 개선하는 데에 도움을 주는 제품

(3) 기능성 화장품의 표시 및 기재사항

제품의 명칭, 내용물의 용량 및 중량, 제조번호

4 기능성 화장품의 분류 ➡(2016.4)㉛

(1) 미백 제품 ➡(2015.7)㉟(2015.10)㉙

① 멜라닌 활성을 도와주는 타이로시나아제 효소의 작용을 억제
② 타이로시나아제는 타이로신의 산화를 촉매하는 효소
③ 성분 : 비타민 C, 코직산, 감초, 레몬, 구연산, 플라센타, 알부틴, 하이드로퀴논

(2) 주름 개선 제품 ➡(2016.7)㉛

피부 탄력 강화, 콜라겐 합성 촉진, 표피 신진대사 촉진, 섬유아세포의 증가로 주름 개선

레티놀(비타민 A)	• 콜라겐과 엘라스틴의 생성을 촉진, 케라티노사이트의 증식촉진, 표피의 두께 증가 • 히알루론산 생성을 촉진하여 피부 주름을 개선시키고 탄력을 증대시키는 성분
아하(AHA)	• 화학적인 필링제의 성분으로 미백 작용 • 각질세포의 세포 간 결합력을 약화 • 각질세포의 탈락을 촉진시킴으로써 세포증식 및 세포활성의 증가로 주름 감소
토코페롤(비타민 E)	• 항산화제, 항노화제
베타카로틴	• 피부 재생 및 유연 효과 우수

(3) 피부 태닝 제품

① 자외선에 의한 홍반을 막고 멜라닌 색소의 양을 늘려 피부색을 건강한 갈색으로 태우는 것
② 성분 : DHA(피부 태닝 화장품), 태닝 크림, 태닝 오일, 태닝 스프레이

(4) 자외선 차단 제품 ➡(2016.7)㉟(2016.1)㉛(2014.11)㉙

① 자외선으로부터 피부를 보호하기 위해 사용
② 일광노출 전 발라야 효과가 좋음
③ 자외선 차단제는 도포 후 시간이 경과되면 덧바르는 것이 좋음

자외선 흡수제	• 화학적으로 피부 침투 차단 • 투명하게 표현(민감한 피부에는 접촉성 피부염 유발) • 성분 : 파라아미노안식향산, 옥틸디메틸파바, 옥틸메톡시신나메이트, 벤조페논, 옥사벤존
자외선 산란제	• 물리적으로 자외선을 산란 또는 반사 • 차단성분에 의한 백탁 현상(차단 효과는 우수함) • 성분 : 산화아연(징크옥사이드), 이산화티탄(티타늄디옥사이드)

> **📋 자외선 차단지수 SPF ➡(2015.7)㉑㉚**
> • SPF는 UV-B 방어효과를 나타내는 지수
> • SPF란 Sun Protection Factor의 약자로 자외선 차단지수
> • 수치가 높을수록 자외선 차단지수가 높음
> • SPF는 자외선 차단제를 바른 피부에 최소한의 홍반을 일어나게 하는 데 필요한 자외선 양을 바르지 않는 피부에 최소한의 홍반을 일어나게 하는 데 필요한 자외선 양으로 나눈 값
> • SPF 1은 아무것도 바르지 않고 자외선 B에 노출되었을 때, 피부 자극이나 홍반이 생기지 않고 견딜 수 있는 시간인 약 15분을 의미(자외선의 강약에 따라 차단제의 효과 시간이 변함)

(5) 핸드 제품(새니타이저) ➡(2015.7)㉞

손을 대상으로 알코올을 주 베이스로 하며, 청결 및 소독을 주된 목적으로 함

5 여드름 화장품 ➡(2015.4)㉜

살리실산	염증, 붉은기, 부기 감소와 항염증 작용에 효과
글리시리진산	감초에서 추출한 주성분으로 소염, 항염증, 항알레르기 작용에 효과
글리콜산	사탕수수에 추출된 것으로 침투력이 좋음, 피부 세포 재생에 효과
카모마일	주성분은 아줄렌, 살균·소독 항염 작용, 진정, 민감성, 혈행 촉진, 항알레르기 피부에 효과
벤조일 퍼옥사이드	피지 조절, 살균, 방부 작용
티트리	피지 조절, 살균·소독작용, 항염증, 감염을 일으킨 상처 치유에 효과
레틴산	각질 형성을 억제하며 배출을 촉진
솔비톨	습윤 조정제, 보습, 건조, 세균 발육 저지력, 방부 작용에 효과
로즈마리	항산화, 기미 예방, 항염증, 항알레르기, 항균 작용에 효과
하마멜리스	수렴 효과, 각화 정상화, 가피 생성을 촉진하는 효과
레몬	수렴, 보습, 세포 부활 작용에 효과
감초	독성 제거, 해독, 소염, 자극 완화, 상처 치유, 항알레르기 작용에 효과

6 메이크업 화장품 →(2016.7)㉙

베이스 메이크업	메이크업 베이스	• 피부색 고르게 보이고 파운데이션이 잘 발라지게 도와줌
	파운데이션	• 지속성, 피부 결점을 보완, 광택과 투명감 부여, 외부 환경 및 자외선으로부터 피부 보호 • 리퀴드(자연스러운 표현, 산뜻한 사용감), 크림(커버력, 지속성 우수), 케이크(빠르고 간편한 사용성, 밀착력), 컨실러(부분 잡티 커버)
	파우더	• 피부색 정돈, 파운데이션의 유분기를 잡아 주고 땀이나 피지의 분비 억제
포인트 메이크업	립스틱	• 입술의 형태를 수정하고 보완, 입술에 색감을 주어 얼굴의 혈색을 좋게 표현 • 색소, 라놀린, 알란토인. 오일 등
	블러셔	• 얼굴에 입체감 부여, 광대뼈 부분을 커버
	아이섀도	• 눈에 색채와 음영을 주어 입체감을 표현
	아이브로	• 눈썹 모양을 조정하여 눈매를 강조
	마스카라	• 속눈썹의 숱을 풍성하게 하거나 길고 짙어 보이게 표현
	아이라이너	• 눈의 윤곽을 강조하며 눈의 모양을 변화시켜 눈매의 개성을 연출

7 모발 화장품

(1) 세정제(샴푸) →(2016.1)㉞
① 모발과 두피의 노폐물을 제거하기 위하여 사용
② 거품이 섬세하고 풍부하며 지속성을 가지며, 두피와 모발 및 눈에 대한 자극이 없어야 함

(2) 트리트먼트 제품 →(2015.10)㉚
① 린스 : 정전기 방지, 모발의 표면을 보호하면서 빗질을 좋게 하며 자연스러운 광택을 줌
② 트리트먼트 : 모발 손상 예방 및 손상된 모발 회복, 유분과 수분을 공급해주는 컨디셔닝 성분이 사용
③ 팩 : 모발과 두피 손상 예방, 모발과 두피에 영양 공급

(3) 정발제
① 모발을 원하는 형태로 고정시키거나 스타일링의 기능과 모발의 형태를 고정할 수 있게 정돈
② 헤어 왁스, 헤어 젤, 헤어 무스, 헤어 스프레이, 헤어 오일, 헤어 리퀴드

(4) 육모제(헤어토닉)
① 살균력이 있어 모발과 두피를 청결히 하고 두피에 발라 마사지할 때 혈액순환을 좋게 함
② 비듬과 가려움 제거, 모근 강화, 탈모 방지

8 바디 관리 화장품

(1) 바디 클렌저 ➡(2016.1)㉟
① 전신의 노폐물을 제거하여 청결함 유지
② 바디 스크럽, 바디 솔트를 이용하여 묵은 노폐물에 각질을 제거
③ 세균의 증식을 억제하고 피부 각질층의 세포 간 지질을 보호
④ 바디 샴푸, 바디 스크럽, 바디 솔트 등

(2) 바디 트리트먼트
① 피부의 보습과 건조함을 방지하여 피부 보호
② 유분을 부여하여 영양 공급
③ 바디 로션, 바디 크림, 바디 오일

(3) 데오도란트 ➡(2016.4)㉚
① 땀 분비로 인한 냄새와 세균 증식을 억제하기 위해 겨드랑이 부위에 사용
② 피부 상재균의 증식을 억제하는 항균기능을 가지고 있고, 발생한 체취를 억제하는 기능
③ 스프레이, 로션, 파우더, 스틱 제형

9 향수

(1) 정의 ➡(2016.7)㉝
① 식물에서 추출한 정유로 기분 전환에 사용할 수 있도록 향의 특징이 있어야 함
② 향의 확산성이 좋아야 함
③ 일정 시간 동안의 지속성이 있어야 함
④ 시대성에 부합하는 향이어야 함
⑤ 향의 조화가 잘 이루어져야 함

(2) 농도 단계에 따른 분류 ➡(2015.10)㉟

구분	퍼퓸	오데퍼퓸	오데토일렛	오데코롱	샤워코롱
함유량	15~30%	9~12%	6~8%	3~5%	1~3% 함유
지속성	약 6~7시간	약 5~6시간	약 3~5시간	약 1~2시간	약 1시간

> **📊 향수의 부항률 크기** ➡(2016.1)㉙
> 퍼퓸 〉오데퍼퓸 〉오데토일렛 〉오데코롱 〉샤워코롱

(3) 발향에 따른 분류

톱 노트	향수를 뿌린 후 첫 느낌, 휘발성이 강해 지속력이 떨어짐	시트러스, 그린
미들 노트	알코올이 날아간 후의 향취로 꽃향, 과일향으로 풍요로움을 더해 줌	플로럴, 프루티
베이스 노트	시간이 지난 후 자신의 체취와 섞여 나는 향취로 휘발성이 낮아 향이 오래 지속됨	무스크, 우디

10 에센셜 오일(아로마 오일)

(1) 에센셜 오일의 특징 ➡(2015.4)㉚

① 식물의 꽃이나 줄기, 뿌리, 씨 등 다양한 부위에서 추출한 휘발성과 혼합성이 있는 오일
② 화상, 여드름, 염증 등의 치유하며 감기, 호흡기 장애, 정서불안, 수면장애 등 심신의 건강 및 미용효과를 높임
③ 피지·지방에 쉽게 용해되어 피부를 통한 흡수가 용이하며, 혈액과 림프액을 통해 체내를 순환하여 피부 개선
④ 분자량이 작아 침투력이 강함

(2) 에센셜 오일의 종류 ➡(2015.10)㉝(2015.7)㉙(2014.11)㉟

티트리	피지 조절, 방부 작용, 살균·소독 작용, 여드름 피부에 효과적
레몬	기분 상승, 미백 작용, 살균 작용, 지성 피부와 여드름 피부에 효과적
카모마일	주성분은 아줄렌, 진정 작용, 살균·소독 항염 작용, 여드름 피부에 효과적
라벤더	불면증, 스트레스, 긴장 완화, 일광 화상, 상처 치유에 효과적
자스민	기분 전환, 산모의 모유 분비 촉진, 정서적 안정에 효과적
유칼립투스	근육통 치유, 염증 치유, 감기, 천식 등 호흡기 질환에 효과적
시더우드	수렴, 살균 작용, 지성 피부 및 여드름 피부에 효과적
로즈마리	기억력 증진과 두통의 완화효과, 혈행촉진, 진통작용
페퍼민트	혈액순환 촉진(멘톨), 피로회복, 졸음방지에 효과, 통증완화
마조람	모세혈관 확장, 혈액의 흐름을 좋게 하므로 멍든 피부에 효과적
베르가못	진정 작용과 신경 안정, 피지 제거, 지성 피부에 효과

(3) 에센셜 오일 사용 시 주의사항 ➡(2016.4)㉞

① 개봉 후 1년 이내 사용(공기, 빛 등에 의해 변질될 수 있음)
② 반드시 희석해서 사용(희석 없이 직접 피부에 사용 금지)
③ 희석되지 않은 상태에서는 두통, 메스꺼움, 불쾌감을 줄 수 있음
④ 직접 눈 부위에 닿지 않도록 함
⑤ 직사광선을 피하고 통풍이 잘 되고 자외선이 차단되는 갈색 병에 뚜껑을 닫아 보관
⑥ 사용 전에 안전성 데이터를 숙지하여 패치 테스트 실시
⑦ 임산부, 고혈압, 간질병 환자 등은 에센셜 오일 사용 금지

(4) 에센셜 오일의 활용법

목욕법	• 따뜻한 욕조에 아로마 오일을 6~8방울 넣고 20분 정도 반신욕 하는 방법 • 호흡기, 중추 신경계를 자극하며 면역 기능 향상, 호르몬 균형
흡입법	• 손수건, 티슈에 1~2방울 떨어뜨려 입과 코를 통해 흡입하는 가장 효과적인 방법 • 부비강염, 감기, 천식, 기침, 두통 등에 효과
마사지법	• 에센셜 오일을 캐리어 오일에 알맞은 농도로 1~3% 희석하여 전신을 마사지하는 방법 • 심장에서 먼 곳부터 가볍게 마사지하는 것이 좋음
확산법	• 아로마 램프, 오일버너, 스프레이를 이용하여 향기를 확산시키는 방법(디퓨저 등) • 불면증, 우울증, 긴장 등에 효과

(5) 에센셜 오일의 추출법

수증기 증류법	• 가장 보편적이며 대량 생산이 가능 • 식물을 물에 담가 가온하면 증발되는 향기 물질을 분리하여 냉각시킨 후 액체 상태의 천연향을 얻는 방법 • 고온에서 오랜 시간 가열하기 때문에 열에 약한 식물의 성분은 파괴될 수도 있음
압착법	• 직접 압착하여 레몬, 오렌지, 베르가못, 라임과 같은 시트러스 계열(감귤류)을 얻는 방법 • 향기 성분의 파괴를 막기 위해 냉각 압착법 사용
용제 추출법	• 휘발성 : 식물의 꽃을 이용하여 향기성분을 녹여내는 방법 • 비휘발성 : 동·식물의 지방유를 이용한 냉침법과 온침법의 추출법

11 캐리어 오일(베이스 오일)

(1) 캐리어 오일의 특징

① 주로 식물의 씨앗에서 추출한 오일로 에센셜 오일을 희석시켜 피부에 자극 없이 피부 깊숙이 전달
② 캐리어 오일과 에센셜 오일은 원액(원액을 사용할 수 없음)을 섞어 사용

(2) 종류

호호바 오일	인체 피지와 지방산의 조성이 유사하여 피부 친화성이 좋으며, 쉽게 산화되지 않아 안정성이 높아 여드름 피부, 건성 피부 등 모든 피부에 적합
아몬드 오일	피부 연화 작용이 우수, 튼살, 가려움증, 건성 피부에 효과적
맥아 오일	윗점 오일이라 함, 항산화 작용, 습진, 건선, 노화 억제 효과적
아보카도 오일	건성, 민감성, 노화, 습진 피부에 효과적
달맞이 오일	불포화지방산(리놀산 70%, 감마–리놀렌산 10%)의 트리글리세리드 함유, 항염증, 항혈전 작용, 항알레르기, 아토피성 피부염에 효과적
코코넛 오일	피부노화, 목주름 등에 효과적
살구씨유 오일	에몰리언트 효과 우수, 조기 노화 피부 및 민감성 피부에 효과적

09 손·발의 구조와 기능

1 뼈(골)의 형태 및 발생

골격계는 206개 관절로 연결되어 있고 체중의 약 20%를 차지하고 뼈와 연골, 인대, 관절 등을 살펴볼 수 있으며, 뼈 대 위에는 근육과 피부가 존재하고 뼈대를 만드는 뼈는 신체에서 연약한 부위를 지지하여 보호하고 혈구를 생산하 며 미네랄과 지방을 저장

1 뼈의 기능 ➡(2016.7)⑭(2015.4)⑱

① 지지기능 : 신체를 지지
② 보호기능 : 내부 장기를 보호
③ 운동기능 : 근육의 수축을 이용하여 운동 시 지지대의 역할
④ 저장기능 : 칼슘(Ca), 인(P) 등의 무기질을 저장
⑤ 조혈기능 : 혈액세포 생성

2 뼈의 형태

(1) 장골
① 골수강을 형성하는 길이가 긴뼈
② 상지(상체골격) : 상완골, 척골, 요골 및 지골 등
③ 하지(하체골격) : 대퇴골, 결골, 비골 등

(2) 단골
① 골수강이 없는 짧고 어느 정도 불규칙하게 생긴 길이가 짧은 뼈
② 수근골, 수지골, 족근골, 족지골 등

(3) 편평골
① 골수강이 없는 납작한 뼈
② 두정골, 전두골, 후두골, 측두골, 견갑골 등

(4) 불규칙골
① 불규칙한 형태를 갖는 뼈
② 척추골, 접형골, 사골, 천골, 미골 등

(5) 종자골
① 씨앗 형태의 작은 뼈
② 건이나 관절낭 속에 있으며 주로 손발에 존재
③ 슬개골

(6) 함기골
① 뼈 속에 공간이 있어 공기를 함유하고 있는 특수한 뼈
② 전두골, 상악골, 측두골, 접형골, 사골

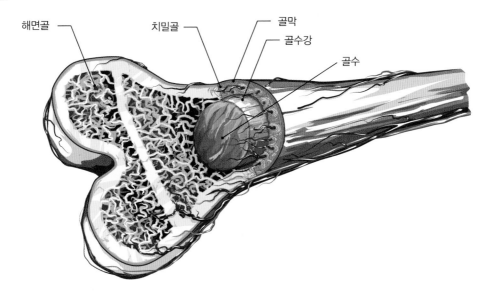

(1) 골막
① 뼈의 표면을 싸고 있는 교원섬유질의 튼튼한 막
② 골내막(내층)과 골외막(외층)으로 구성된 결합조직
③ 뼈의 보호, 영양 및 발육에 중요한 역할

(2) 골조직
① 치밀골 : 골 외부의 단단한 백색의 조직이며 하버스관에 의해 구성되어 혈관과 신경의 통로
② 해면골 : 골 내부를 이루며 망사구조로 구멍이 많은 모양으로 불규칙하게 결합된 골조직

(3) 골수강
뼈 속 터널 같은 공간으로 조혈조직인 골수가 이 공간을 채움

(4) 골수
① 적골수 : 골수강 사이의 공간을 채우고 혈액을 생성하는 조혈작용
② 황골수 : 골수강 사이의 공간을 채우고 조혈작용을 거의 하지 않음

④ **뼈의 발생과 성장**
중배엽에서 유래되었고 치아와 함께 가장 단단한 결합조직이며 모든 뼈는 골화 과정을 거침
① 골화 : 단단하지 않은 조직에서 단단하게 변화하여 뼈가 형성되는 과정
② 골단연골 : 성장판연골이라고도 하며 성장기에 있어 뼈의 길이 성장이 일어나는 곳
③ 골단판 : 성장판이라고도 하며 성장기까지 뼈의 길이 성장을 주도하는 곳
④ 골단 : 성장에 관여하며 골단연골의 성장이 멈추면서 완전한 뼈가 형성되는 장골의 양쪽 둥근 끝 부분

1 손의 뼈 ➡(2016.4)④⑨(2015.10)⑤⑩(2014.11)⑤⑩

손은 총 27개의 뼈로 이루어져 있으며, 수근골(8개), 중수골(5개), 수지골(14개)로 나눌 수 있음

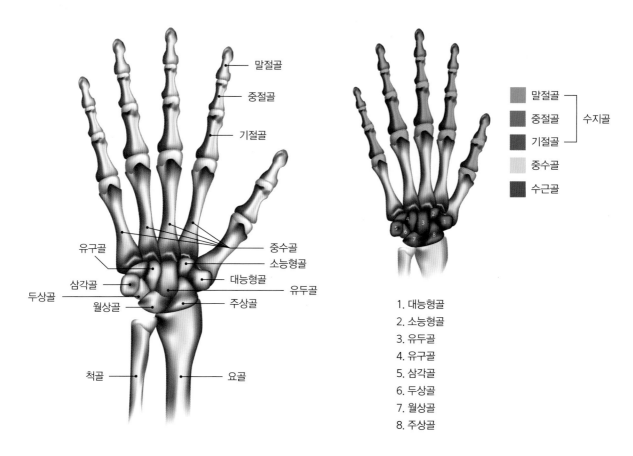

1. 대능형골
2. 소능형골
3. 유두골
4. 유구골
5. 삼각골
6. 두상골
7. 월상골
8. 주상골

손골격		구성 및 내용
수지골	손가락뼈(14개)	• 1지(기절골, 말절골 2개) • 2지~5지(기절골, 중절골, 말절골로 3개씩 12개) • 기절골(첫마디손가락뼈 5개) • 중절골(중간마디손가락뼈 4개) • 말절골(끝마디손가락뼈 5개)
중수골	손바닥뼈(5개)	• 1지~5지 중수골(엄지손허리뼈~소지손허리뼈)
수근골	손목뼈(8개)	• 원위부(대능형골, 소능형골, 유두골, 유구골) • 근위부(주상골, 월상골, 삼각골, 두상골)
척골	아래팔의 내측	• 손목뼈와 연결(소지방향으로 연결되는 뼈)
요골	아래팔의 외측	• 손목뼈와 연결(무지방향으로 연결)

* 1지(엄지), 2지(검지), 3지(중지), 4지(약지), 5지(소지)

2 발의 뼈

발은 총 26개의 뼈로 이루어져 있으며 족근골(7개), 중족골(5개), 족지골(14개)로 나눌 수 있음

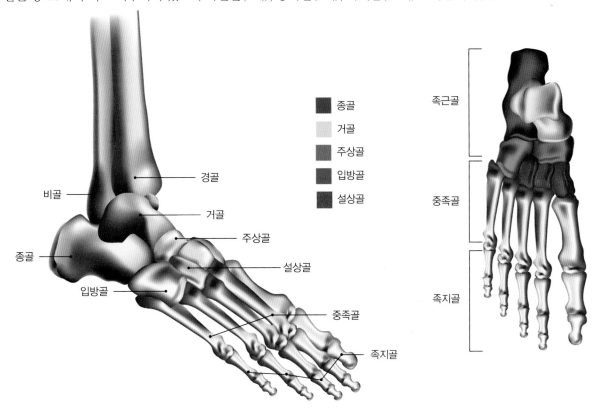

발골격		구성 및 내용
족지골	발가락뼈(14개)	• 1지(기절골, 말절골 2개) • 2지~5지(기절골, 중절골, 말절골로 3개씩 12개) • 기절골(첫마디발가락뼈 5개) • 중절골(중간마디발가락뼈 4개) • 말절골(끝마디발가락뼈 5개)
중족골	발등뼈(5개)	• 1지~5지 중족골(엄지발허리뼈~소지발허리뼈)
족근골	발목뼈(7개)	• 원위부(내측설상골, 중간설상골, 외측설상골, 입방골) • 근위부(거골, 종골, 주상골) • 종골은 걸음을 걸을 때 신체를 지탱해주며 균형 잡게 지지대로 발뒤꿈치를 형성(발뒤꿈치뼈)
경골	2개의 뼈	• 하퇴의 내측을 구성하는 뼈
비골	1개의 뼈	• 경골 바깥쪽에 있는 가는 뼈

1 근육

근육은 수축과 이완이 있는 모든 조직을 칭하는 조직이며 약 650개로서 형태와 크기가 다양하고 체중의 40~50%를 차지하며 수행하는 기능에 따라 구성

(1) 근육의 분류 ➡(2015.4)㊶

골격근	• 가로무늬근(횡문근)으로 뼈와 뼈 사이에 붙어있는 근 • 의지대로 움직일 수 있는 근(수의근)으로 중추신경계에서 조절
평활근	• 민무늬근으로 의지대로 움직이지 않는 근(불수의근) • 위, 방광, 자궁 등의 벽을 이루고 있는 내장근 • 교감신경계에서 조절, 불수의적으로 수축하고 이완
심근	• 가로무늬근(횡문근)으로 심장을 구성하는 근육 • 심장에서만 발견(심장근)

(2) 근육의 기능

① 운동을 일으킴
② 자세를 유지
③ APT에너지를 방출하면서 열을 발생
④ 혈관의 확장과 수축을 관장
⑤ 수축을 통해 혈액의 순환을 일으킴
⑥ 물질이 들어오고 나가는 문 역할

2 손(발)근육의 형태 ➡(2016.7)㊶㊹(2015.10)㊹(2015.7)㊼

① 신근(폄근) : 손(발)가락을 벌리거나 펴서 내·외측 회전과 내·외향에 작용
② 외전근(벌림근) : 손(발)가락 사이를 벌리는 근육(엄지와 소지의 벌리는 외향에 작용)
③ 굴근(굽힘근) : 손(발)목과 손(발)가락을 구부리는 내·외향에 작용
④ 내전근(모음근) : 손(발)가락 사이로 모으거나 붙이는 근육(모으는 내향에 작용)
⑤ 대립근(맞섬근) : 물건을 쥐거나 잡을 때 작용하는 근육
⑥ 회외근 : 손(발)바닥을 위로 향하게 하는 근육
⑦ 회내근 : 손(발)목을 안쪽으로 또는 손(발)등을 위쪽으로 향하게 하는 근육

> **■ 승모근**
> 견갑골을 올리고 내·외측 회전에 관여함으로써 위팔을 올리거나 내릴 때 또는 바깥쪽으로 돌릴 때 사용되는 근육

3 손의 근육 종류 ➡(2016.4)㊱㊷(2016.1)㊹(2014.11)㊺

무지구근(엄지손가락의 근육)			
엄지폄근	단무지신근	• 엄지손가락을 펴고 손목을 펴는 근육	• 무지 손허리손가락관절의 신전에 관여
	장무지신근	• 모든 엄지손가락의 관절을 지나고 엄지를 펴는 근육	• 모든 무지 손가락관절의 신전에 관여

엄지굽힘근	단무지굴근	• 엄지손가락을 구부리는 근육	• 무지의 굴곡에 관여(무지대립근 보조)
	장무지굴근	• 모든 엄지손가락 관절을 지나가고 엄지를 구부리는 근육	• 무지와 수근의 굴곡에 관여(무지대립근 보조)
엄지벌림근	단무지외전근	• 엄지손가락을 벌리는 근육	• 무지의 외전에 관여
	장무지외전근	• 엄지손가락과 손목을 벌리는 근육	• 무지와 수근의 외전에 관여
엄지모음근	무지내전근	• 엄지손가락을 모으는 근육	• 무지의 내전과 굴곡(무지대립근의 보조)
엄지맞섬근	무지대립근	• 엄지손가락을 다른 손가락과 마주보고 물건을 잡게 하는 근육	• 무지의 대립과 굴곡에 관여
중수근, 중간근(손허리뼈 사이의 근육)			
벌레근	충양근	• 손허리뼈 사이를 메어주고 글쓰기, 식사 동작에 있어 중요한 기능 • 손허리 손가락관절은 굽히고 손가락뼈사이관절은 펴는 근육	• 2~5지 손가락뼈 사이 관절의 신전에 관여 • 손허리 손가락관절의 굴곡에 관여 • 손목 손허리관절의 굴곡에 관여
손등쪽 뼈사이근	배측골간근	• 손허리뼈 사이를 메어주고 3지 손가락을 기준으로 손가락을 펴는 기능 • 손목 손허리관절은 굽히고 손가락뼈사이관절을 펴는 근육	• 2~5지 손가락의 외전에 관여 • 손허리 손가락관절의 굴곡에 관여 • 손가락뼈 사이 관절의 신전에 관여
손바닥쪽 뼈사이근	장측골간근	• 2지, 4지, 5지 손가락을 3지를 중심으로 모으고 손가락 사이를 좁히는 기능 • 손허리 손가락관절은 굽히고 손가락뼈사이관절은 펴는 근육	• 2지, 4지, 5지 손가락의 내전에 관여 • 손가락뼈 사이 관절 신전에 관여
얕은손가락 굽힘근	천지굴근	• 2~5지 손허리 손가락관절과 동일한 손가락의 손가락뼈 사이 관절을 굽히는 근육	• 2~5지 손가락의 근위손가락관절의 굴곡에 관여 • 손허리 손가락관절의 굴곡에 관여(손목의 굴곡을 보조)
깊은손가락 굽힘근	심지굴근	• 2~5지 손허리 손가락관절과 동일한 손가락의 손가락뼈 사이 관절을 굽히는 근육	• 2~5지 손가락의 원위손가락관절의 굴곡에 관여 • 손허리 손가락관절의 굴곡에 관여(손목의 굴곡을 보조)
손가락 폄근	지신근	• 2~5지 손가락을 펴는 근육	• 2~5지 손가락 손허리 손가락관절 신전에 관여
검지손가락 폄근	시지신근	• 2지 손가락을 펴는 근육	• 시지 손허리 손가락관절의 신전에 관여
소지구근(소지손가락의 근육)			
소지폄근	소지신근	• 소지손가락을 펴는 근육	• 소지 손허리손가락관절의 신전에 관여
소지굽힘근	소지굴근, 단소지굴근	• 소지손가락을 구부리는 근육	• 소지 손허리손가락관절의 굴곡에 관여
소지벌림근	소지외전근	• 소지손가락을 벌리는 근육	• 소지 손허리손가락관절의 외전에 관여
소지맞섬근	소지대립근	• 소지손가락을 구부리고 동시에 모아주는 근육	• 소지의 무지에 대한 대립에 관여

* 1지(엄지), 2지(검지), 3지(중지), 4지(약지), 5지(소지)

족배근(발등의 근육)			
엄지폄근	단무지신근	• 엄지발가락을 펴게 도와주는 근육	• 무지의 신전의 보조에 관여
	장무지신근	• 엄지발가락, 발목을 펴는 근육 • 걸음을 걸을 때 엄지발가락이 바르게 바닥에 닿게 해줌	• 무지의 신전에 관여 (발목, 발등의 굴곡에 보조)
	단지신근	• 1~4지 발가락을 펴는 근육 • 장지신근을 지지하며 걸음을 걷는 것을 돕게 해줌	• 1~4지 발가락 신전에 관여
	장지신근	• 2~5지 발가락을 펴는 근육 • 걸음을 걸을 때 발가락이 바르게 바닥에 닿게 해줌	• 2~5지 발가락 신전에 관여 (발목, 발등의 굴곡을 보조)
중족골, 중간근(발허리뼈 사이의 근육)			
벌레근	충양근	• 발허리발가락관절은 굽히고 발가락 뼈사이관절은 펴는 근육	• 2~5지 발가락 지골간관절의 신전 관여 • 발허리발가락관절의 굴곡 관여
발등쪽 뼈사이근	배측골간근	• 2~5지 발가락을 벌리는 근육	• 2~5지 발가락의 외전에 관여
발바닥쪽 뼈사이근	저측골간근	• 3~5지 발가락을 모으는 근육	• 3~5지 발가락의 내전에 관여
족저근(발바닥 근육)			
엄지굽힘근	단무지굴근	• 엄지발가락을 굽히는 근육	• 무지의 굴곡에 관여
	장무지굴근	• 엄지발가락과 발목관절을 굽히는 근육 • 발의 안쪽 발바닥궁을 지탱함	• 무지의 전체 굴곡에 관여 (발목 저측 굴곡의 보조)
발가락 굽힘근	단지굴근	• 2~5지 발가락을 굽히는 근육	• 2~5지 발가락 근위지 관절 굴곡에 관여
	장지굴근	• 2~5지 발가락을 굽히는 근육 • 균형을 잡거나 걸음을 걸을 때 발이 바닥에 단단히 닿게 함	• 2~5지 발가락의 굴곡에 관여 (족 곤절의 저측 굴곡, 발목관절의 발바닥 굽힘을 보조)
소지굽힘근	단소지굴근	• 소지지발가락을 굽히는 근육	• 소지의 굴곡에 관여
엄지벌림근	무지외전근	• 엄지발가락을 벌리는 근육	• 무지의 외전에 관여
소지벌림근	소지외전근	• 소지발가락을 벌리는 근육	• 소지의 외전에 관여
엄지모음근	무지내전근	• 엄지발가락을 모으는 근육	• 무지의 내전에 관여
발바닥 네모근	족저방형근, 족척방형근	• 발가락을 발바닥 쪽으로 구부리도록 하는 근육	• 장지굴근의 보조에 관여

* 1지(엄지), 2지(검지), 3지(중지), 4지(약지), 5지(소지)

1 신경계

뉴런(신경원)은 신경세포이며 신경계의 단위로 신경세포를 구성하는 수상돌기, 축삭, 시냅스, 신경말단 등의 총칭을 의미하며, 뉴런의 기능은 환경이 주는 자극에 반응하고 다른 세포에 이 반응을 전달시켜 결국 몸과 뇌가 활동을 할 수 있도록 하는 것

(1) 뉴런(신경원)
최소 단위인 신경세포이며 자극을 신경세포체에 전달
① 수상돌기 : 외부로부터의 자극을 세포체에 전달
② 세포체 : 수상돌기를 통해 받은 자극을 축삭에 전달하고 신경세포에서 필수적인 생명 근원으로 핵이 존재
③ 축삭돌기 : 세포체에서 받은 자극을 다른 뉴런의 (말초)수상돌기로 신호전달

(2) 시냅스
하나의 신경세포(뉴런)가 또 다른 신경세포(뉴런)와 연결되는 특수한 부위로 축삭돌기와 수상돌기가 연결되는 곳

(3) 신경교세포
뉴런을 지지하고 보호하는 역할이며 신경섬유를 재생하고 보호에 관여

2 신경계의 기능

① 운동기능 : 조직이나 세포가 맡은 역할을 할 수 있도록 작용하는 기능
② 감각기능 : 외부의 자극을 받아들이고 느끼는 기능
③ 조정기능 : 중추신경계를 통해 통합하고 조절하는 기능
④ 전달기능 : 일정한 방향으로 전달하는 기능

3 신경계의 분류 ➡(2014.11)㊱

중추신경	뇌	대뇌, 소뇌, 중뇌, 간뇌, 연수	운동, 감각, 조건반사, 기억, 사고, 판단, 감정 등 역할
	척수	뇌와 함께 중추신경계를 이루며 연수에 이어져 길게 뻗은 원통형의 신경조직	
말초신경	체성신경	뇌신경	12쌍의 뇌신경으로 운동신경, 감각신경, 혼합신경, 자율신경
		척수신경	척추로부터 나오는 신경으로 좌우 31쌍
	자율신경	교감신경	심장, 기관지, 눈의 홍채, 혈관, 땀샘, 장, 부신수질, 타액선에 반응
		부교감신경	

4 팔·손 신경(상지신경) ➡(2015.7)㊸

종류	신경	분포
액와신경 (겨드랑이신경)	겨드랑이 부위의 신경	삼각근과 소원근에 분포
근피신근육 (근육피부신경)	위쪽 팔 근육(운동기능), 아래 팔 일부 피부(감각기능)를 담당하는 근육, 피부신경	굴근에 분포
정중신경 (중앙신경)	일부 손바닥의 감각, 움직임, 손목의 뒤집힘 등의 운동기능을 담당하는 신경	아래팔앞쪽 근육, 엄지손가락근육, 손바닥의 피부에 분포
요골신경 (노뼈신경)	팔과 손등의 외측 엄지손가락 쪽을 지배하는 혼합성 신경	신근에 분포
척골신경 (자뼈신경)	손바닥 안쪽의 근을 지배하고 피부감각을 주관하는 신경	팔뚝과 손의 소지 쪽에 분포
지골신경 (손가락신경)	손가락의 열, 한기, 촉감, 압박감, 통증 등의 감각을 느끼는 신경	손과 손가락에 분포(검지에 많이 분포)

5 다리·발 신경(하지신경) ➡(2015.7)㊸(2015.4)㊹

종류	신경	분포
대퇴신경 (넙다리신경)	근육을 지배하고 감각을 느끼는 신경	대퇴부의 신근과 하부의 피부에 분포
좌골신경 (궁둥신경)	다리의 감각을 느끼고 근육의 운동을 조절하는 신경	다리 뒤쪽을 따라 아래로 분포
경골신경 (정강신경)	근육을 지배하고 피지를 하퇴의 후면과 발바닥의 피부로 보내는 기능을 하는 신경	다리, 무릎, 종아리, 발바닥의 피부, 발가락 밑에 분포
총비골신경 (온종아리신경)	궁둥신경에서 분지되어 종아리 바깥쪽과 발등으로 연결되는 종아리 신경	무릎 뒤에서 경골의 머리까지 내려가 둘로 나뉨
천비골신경 (얕은종아리신경)	주로 감각을 느끼는 신경	발 피부에 분포
배측신경 (깊은종아리신경)	주로 운동성으로 하퇴의 근육을 지배하는 신경	발등에 분포
비복신경 (장딴지신경)	장딴지의 바깥부분, 발목, 발뒤꿈치 등에 감각을 느끼는 신경	종아리 뒤쪽으로 연결되는 장딴지에 분포
복재신경 (두렁신경)	다리 안쪽과 무릎에 감각을 전하는 신경	정강이 안쪽과 발등 안쪽의 피부에 분포

01 고대 이집트 시대의 네일미용과 관련이 없는 것은?

① 왕과 왕비의 손톱에 헤나를 칠하였다.

② 미이라의 손톱에 붉은색을 입혔다.

③ 출토된 고분에서 금속제로 된 오렌지우드스틱이 발견되었다.

④ 손톱 색조를 통해 계급을 알 수 있었으며 신분이 낮은 사람은 짙은 색을 칠하였다.

해설 왕족과 신분이 높은 계층은 적색, 신분이 낮은 계층은 옅은 색 (신분과 지위확인)

02 네일숍에서 고객의 안전관리에 대한 설명으로 바르지 않는 것은?

① 소화기를 배치하고 소방서, 경찰서 등 비상연락처를 붙여 놓는다.

② 화학제품에는 라벨을 표시하지 않아도 된다.

③ 고객이 네일 도구로 인한 알레르기 반응이 일어날 경우 즉시 시술을 중단하고 전문의에게 의뢰한다.

④ 고객의 시술 시 화학제품으로 인한 부작용이 발생할 경우 즉시 중단하고 전문의에게 의뢰한다.

해설 화학제품에는 라벨을 표시한다.

03 과잉 성장으로 비정상적으로 손톱이 두꺼워지는 현상은?

① 오니코파지

② 오니코렉시스

③ 오니콕시스

④ 테리지움

해설 오니코파지(교조증), 오니코렉시스(조갑종렬증), 오니콕시스 (조갑비대증), 테리지움(표피조막증)

04 네일 미용사의 자세 중 바람직하지 않은 것은?

① 고객에게 불쾌감을 주는 언행은 하지 않는다.

② 마주앉은 고객의 의자에 편안히 발을 얹고 작업한다.

③ 마스크를 착용하고 작업한다.

④ 작업에 따라 보안경을 착용한다.

해설 마주앉은 고객의 의자에 편안히 발을 얹고 작업해서는 안 된다.

05 고객관리카드에 기재할 사항이 아닌 것은?

① 건강상태와 질병, 화장품 알레르기 부작용을 기록한다.

② 선호하는 컬러를 파악하고 제품 판매내역, 가격, 재산을 기록한다.

③ 시후관리에 대한 조언과 대처방법을 전달한다.

④ 손·발톱 병변 유무확인 후 기재한다.

해설 선호하는 컬러를 파악하고 제품 판매내역, 가격을 기재하나 고객 재산은 기록하지 않는다.

06 정상피부와 비교하여 점막으로 이루어진 피부의 특징으로 옳지 않은 것은?

① 혀와 경구개를 제외한 입안의 점막은 과립층을 가지고 있다.

② 미세융기가 잘 발달되어 있다.

③ 세포에 다량의 글리코겐이 존재한다.

④ 당김미세섬유사의 발달이 미약하다.

해설 과립층은 구강이나 눈꺼풀 뒷면 점막에는 존재하지 않는다.

정답 | 01 ④ | 02 ② | 03 ③ | 04 ② | 05 ② | 06 ①

07 다음 중 원발진에 해당하는 피부 변화는?

① 미란
② 가피
③ 구진
④ 위축

해설 원발진에는 반점, 홍반, 면포, 팽진, 구진, 소수포, 대수포, 결절, 종양, 낭종 등이 있다.

08 피부 구조에서 지방세포가 주로 위치하고 있는 곳은?

① 각질층
② 투명층
③ 진피층
④ 피하조직

해설 피하조직은 피부의 가장 아래층에 있으며 수많은 지방세포로 구성되어 있다.

09 기미의 생성 유발 요인이 아닌 것은?

① 갱년기 장애
② 임신
③ 유전적 요인
④ 갑상선 기능 저하

해설 갑상선 기능 저하와 기미 생성 유발 요인과는 상관 없다.

10 성장기 어린이의 질환으로 비타민 D 결핍 시 뼈 발육에 변형을 일으키는 것은?

① 괴혈증
② 구루병
③ 골막파열증
④ 석회결석

해설 구루병과 골다공증이 발생한다.

11 외인성 피부질환의 원인과 가장 거리가 먼 것은?

① 피부건조
② 유전인자
③ 산화
④ 자외선

해설 유전인자는 내인성 피부질환의 원인 중 하나이다.

12 자외선으로부터 어느 정도 피부를 보호하며 진피조직에 투여하면 피부주름과 처짐 현성에 가장 효과적인 것은?

① 멜라스틴
② 멜라닌
③ 콜라겐
④ 무코다당류

해설 콜라겐(교원섬유)은 부족하면 주름이 발생한다.

13 기계적 손상에 의한 피부질환이 아닌 것은?

① 종양
② 욕창
③ 티눈
④ 굳은살

해설 기계적 손상은 일반적으로 외력이 가해져서 생기는 손상이다.

14 표피와 진피의 경계선의 형태는?

① 점선
② 직선
③ 사선
④ 물결상

해설 표피와 진피의 경계선의 형태는 물결형태이다.

15 다음 중 영양소와 그 최종 분해 산물의 연결이 옳은 것은?

① 지방 – 포도당
② 비타민 – 아미노산
③ 단백질 – 아미노산
④ 탄수화물 – 지방산

해설 탄수화물 – 포도당, 지방 – 지방산, 단백질 – 아미노산

16 건강한 피부를 유지하기 위한 방법이 아닌 것은?

① 두꺼운 각질층은 제거해주어야 한다.

② 충분한 수면과 영양을 공급해주어야 한다.

③ 적당한 수분을 항상 유지해주어야 한다.

④ 일광욕을 많이 해야 건강한 피부가 된다.

해설 일광욕을 많이 하면 광노화 현상이 생겨 피부가 거칠어지고 색소침착이 일어난다.

17 멜라닌세포가 주로 위치하는 곳은?

① 유극층

② 기저층

③ 망상층

④ 각질층

해설 멜라닌세포는 표피의 기저층에 분포한다.

18 사춘기 이후 성호르몬의 영향을 받아 분비되기 시작하는 땀샘으로 체취선이라고 하는 것은?

① 대한선

② 소한선

③ 갑상선

④ 피지선

해설 대한선은 사춘기 이후에 주로 분비되는 땀샘이다.

19 노화피부에 대한 전형적인 증세는?

① 수분이 80% 이상이다.

② 피지가 과다 분비되어 번들거린다.

③ 항상 촉촉하고 매끈하다.

④ 유분과 수분이 부족하다.

해설 노화가 일어나면 유수분 부족현상이 일어난다.

20 피지, 각질세포, 박테리아가 서로 엉켜서 모공이 막힌 상태로 맞는 것은?

① 결절

② 구진

③ 면포

④ 팽진

해설 면포는 죽은 각질세포와 피지덩어리가 표면으로 노출되지 않고 막혀서 하얗게 튀어나와 있는 상태이다.

21 리보플라빈이라고도 하며, 녹색 채소류, 밀의 배아, 효모, 달걀, 우유 등에 함유되어 있고 결핍되면 피부염을 일으키는 것은?

① 비타민 B_2

② 비타민 A

③ 비타민 E

④ 비타민 K

해설 결핍시 피부염, 피로, 과민피부, 습진, 부스럼 등이 나타난다.

22 다음 중 입모근에 관한 현상 중 맞는 것은?

① 피지조절

② 체온조절

③ 수분조절

④ 호르몬조절

해설 입모근은 체온조절의 역할로 추위나 공포를 느낄시 모공을 닫아 체온의 손실을 막는다.

23 지용성 비타민이 아닌 것은?

① 비타민 B

② 비타민 A

③ 비타민 D

④ 비타민 E

해설 비타민 B는 수용성 비타민이다.

정답	07 ③	08 ④	09 ④	10 ②	11 ②	12 ③	13 ①	14 ④	15 ③	16 ④	17 ②	18 ①	19 ④	20 ③	21 ①
	22 ②	23 ①													

24 적외선이 피부에 미치는 작용이 아닌 것은?

① 모세혈관 확장 작용

② 온열 작용

③ 비타민 D 형성 작용

④ 세포 증식 작용

해설 비타민 D 형성은 자외선이 피부에 미치는 작용이다.

25 다음 중 체모의 색상을 좌우하는 멜라닌이 가장 많이 함유되어 있는 곳은?

① 모표피

② 모수질

③ 모유두

④ 모피질

해설 모피질은 멜라닌색소를 가장 많이 함유한다.

26 "화장품법"상 기능성 화장품에 속하지 않는 것은?

① 자외선으로부터 피부를 보호하는 데 도움을 주는 제품

② 미백에 도움을 주는 제품

③ 여드름 완화에 도움을 주는 제품

④ 주름 개선에 도움을 주는 제품

해설 기능성 화장품에는 미백, 주름 개선, 자외선 차단, 피부 태닝 화장품이 있다.

27 여드름 피부에 맞는 화장품 성분으로 가장 거리가 먼 것은?

① 로즈마리 추출물

② 알부틴

③ 캠퍼(Camphor)

④ 하마멜리스

해설 알부틴은 미백효과를 주는 성분이다.

28 보습제가 갖추어야 할 조건으로 틀린 것은?

① 응고점이 낮을 것

② 다른 성분과 혼용성이 좋을 것

③ 모공 수축을 위해 휘발성이 있을 것

④ 적절한 보습 능력이 있을 것

해설 보습을 유지시키는 제품으로 휘발성이 없다.

29 메이크업 화장품에 주로 사용되는 제조 방법은?

① 분산

② 가용화

③ 유화

④ 겔화

해설 분산은 메이크업 화장품에 사용되는 제조 방법이다.

30 식물의 꽃, 잎, 줄기, 뿌리, 씨, 과피, 수지 등에서 방향성이 높은 물질을 추출한 휘발성 오일은?

① 밍크 오일

② 에센셜 오일

③ 광물성 오일

④ 동물성 오일

해설 에센셜 오일은 식물의 꽃, 잎, 줄기, 뿌리, 씨, 과피, 수지 등에서 추출한 휘발성 오일이다.

31 손을 대상으로 하는 제품 중 알코올을 주 베이스로 하며, 청결 및 소독을 주된 목적으로 하는 제품은?

① 비누(Soap)

② 핸드크림(Hand Cream)

③ 핸드워시(Hand Wash)

④ 새니타이저(Sanitizer)

해설 새니타이저는 손, 발을 소독하는 제품(살균, 소독기능)이다.

32 피부의 미백을 돕는 데 사용되는 화장품 성분이 아닌 것은?

① 코직산, 구연산

② 플라센타, 비타민 C

③ 캠퍼, 카모마일

④ 레몬추출물, 감초추출물

해설 캠퍼와 카모마일은 민감성 피부와 여드름에 효과적인 성분이다.

33 일반적으로 많이 사용하고 있는 화장수의 알코올 함유량은?

① 10% 전후
② 30% 전후
③ 50% 전후
④ 70% 전후

해설 피부에 자극을 줄 수 있으므로 일반적인 함유량은 10% 전후이다.

34 AHA에 대한 설명으로 옳은 것은?

① 물리적으로 각질을 제거하는 기능을 한다.
② AHA보다 안전성은 떨어지나 효과가 좋은 BHA가 많이 사용된다.
③ pH3.5 이상에서 15% 농도가 각질 제거에 가장 효과적이다.
④ 글리콜산은 사탕수수에 함유된 것으로 침투력이 좋다.

해설 글리콜산은 사탕수수에 함유된 것으로 침투력이 좋아 각질 제거에 효과적이다.

35 SPF에 대한 설명으로 틀린 것은?

① 오존층으로부터 자외선이 차단되는 정도를 알아보기 위한 목적으로 이용된다.
② 엄밀히 말하면 UV-B 방어 효과를 나타내는 지수라고 볼 수 있다.
③ Sun Protection Factor의 약자로서 자외선 차단지수라 불린다.
④ 자외선 차단제를 바른 피부에 최소한의 홍반을 일어나게 하는 데 필요한 자외선 양을 바르지 않은 피부에 최소한의 홍반을 일어나게 하는 데 필요한 자외선 양으로 나눈 값이다.

해설 SPF는 UV-B의 차단효과를 표시하는 단위로, UV-B의 방어효과를 나타내는 목적으로 이용한다.

36 린스의 기능으로 틀린 것은?

① 세정력이 강하다.
② 정전기를 방지한다.
③ 모발 표면을 보호한다.
④ 자연스러운 광택을 준다.

해설 세정력이 있는 것은 샴푸이다.

37 향수에 대한 설명으로 옳은 것은?

① 헤어토닉 - 알코올 85~95%와 향수 원액 8% 가량이 함유된 것으로 향이 2~3시간 정도 지속된다.
② 퍼퓸 - 알코올 70%와 향수 원액을 30%를 포함하여, 향이 3일 정도 지속될 수 있다.
③ 오데퍼퓸 - 알코올 95% 이상, 향수 원액 2~3%로 30분 정도 향이 지속된다.
④ 샤워코롱 - 알코올 80%와 물 및 향수 원액 15%가 함유된 것으로 5시간 정도 향이 지속된다.

해설 일반적인 퍼퓸은 15~30%의 향료가 함유되어 있지만, 30% 함유된 경우엔 잔향이 3일 정도 지속된다.

38 기초화장품의 기능이 아닌 것은?

① 피부 세정
② 피부 보호
③ 피부 정돈
④ 피부 결점 커버

해설 피부 결점 커버는 메이크업 제품의 기능이다.

39 바디샴푸가 갖추어야 할 이상적인 성질과 거리가 먼 것은?

① 피부에 대한 높은 안정성
② 적절한 세정력
③ 각질의 제거 능력
④ 풍부한 거품과 거품의 지속성

해설 각질의 제거 능력이 요구되는 화장품은 딥 클렌징 제품이다.

40 방부제가 갖추어야 할 조건이 아닌 것은?

① 일정 기간 동안 효과가 있어야 한다.
② 적용 농도에서 피부에 자극을 주어서는 안 된다.
③ 독특한 색상과 냄새를 지녀야 한다.
④ 방부제로 인하여 효과가 상실되거나 변해서는 안 된다.

해설 방부제는 독특한 색상과 냄새가 없어야 한다.

41 계면활성제에 대한 설명으로 옳은 것은?

① 비이온성 계면활성제는 피부에 대한 안전성이 높고 유화력이 우수하여 에멀젼의 유화제로 사용된다.
② 양이온성 계면활성제는 세정 작용이 우수하여 비누, 샴푸 등에 사용된다.
③ 계면활성제의 피부에 대한 자극은 양쪽성 〉 양이온성 〉 음이온성 〉 비이온성의 순으로 감소한다.
④ 계면활성제는 일반적으로 둥근 머리 모양의 소수성기와 막대 꼬리모양의 친수성기를 가진다.

해설 비이온성 계면활성제는 피부에 대한 안전성이 높고, 유화력이 우수하여 에멀젼의 유화제로 사용한다.

42 화장품의 사용 목적과 가장 거리가 먼 것은?

① 피부, 모발의 건강을 유지하기 위하여 사용한다.
② 용모를 변화시키기 위하여 사용한다.
③ 인체를 청결, 미화하기 위하여 사용한다.
④ 인체에 대한 약리적인 효과를 주기 위해 사용한다.

해설 인체에 대한 작용이 경미해야 한다.

43 자외선 차단제의 올바른 사용법은?

① 자외선 차단제는 자외선이 강한 여름에만 사용해도 된다.
② 자외선 차단제는 도포 후 시간이 경과되면 덧바르는 것이 좋다.
③ 자외선 차단제는 피부에 자극이 되므로 되도록 필요 시만 사용한다.
④ 자외선 차단제는 아침에 한 번만 바르는 것이 중요하다.

해설 자외선 차단제는 도포 후 시간이 경과되면 덧바르는 것이 좋다.

44 화장품 성분 중 무기안료의 특성은?

① 내광성·내열성이 우수하다.
② 유기 용매에 잘 녹는다.
③ 유기안료에 비해 색의 종류가 다양하다.
④ 선명도와 착색력이 뛰어나다.

해설 무기안료는 빛, 산, 알칼리에 강하며 내광성·내열성이 우수하다.

45 화장품의 분류와 사용 목적, 제품이 일치하지 않는 것은?

① 방향 화장품 : 향취 부여 – 오데코롱
② 모발 화장품 : 정발 – 헤어 스프레이
③ 기초 화장품 : 피부정돈 – 클렌징 폼
④ 메이크업 화장품 : 색채 부여 – 네일 폴리시

해설 피부정돈은 클렌징 폼이 아닌 화장수이다.

46 뼈의 기본구조가 아닌 것은?

① 골막
② 골조직
③ 골수
④ 심막

해설 심막은 심장을 둘러싸고 있는 막이다.

47 다음 중 골격계의 기능으로 바르지 않은 것은?

① 저장기능

② 지지기능

③ 영양 공급기능

④ 보호기능

해설 지지기능, 보호기능, 운동기능, 저장기능, 조혈기능

48 다음 중 단골에 해당하는 것은?

① 상완골

② 비골

③ 견갑골

④ 수근골

해설 수근골, 수지골, 족근골, 족지골 등이다.

49 손목뼈가 아닌 것은?

① 두상골

② 삼각골

③ 유구골

④ 거골

해설 손목뼈 : 원위부(대능형골, 소능형골, 유두골, 유구골), 근위부 (주상골, 월상골, 삼각골, 두상골),
④ 거골은 발의 뼈

50 다음 중 발의 근육이 아닌 것은?

① 단무지신근

② 배측골간근

③ 장요근

④ 저측골간근

해설 장요근(엉덩허리근)은 엉덩이 근육

51 다음 중 자율신경의 지배를 받는 민무늬근은?

① 골격근

② 심장근

③ 평활근

④ 승모근

해설 평활근 : 민무늬근으로 내장 벽을 구성하는 근육 자율신경이 분포되어 있고 수축은 느리게 지속

52 모든 엄지손가락 관절을 지나가고 엄지를 구부리는 기능을 하는 손의 근육은?

① 무지대립근

② 장무지굴근

③ 장무지신근

④ 소지신근

해설 장무지굴근(엄지굽힘근) : 모든 엄지손가락 관절을 지나가고 엄지를 구부리는 근육

53 다음 중 3대 근육조직의 종류가 아닌 것은?

① 길항근

② 평활근

③ 심근

④ 골격근

해설 평활근, 심근, 골격근

54 신경계에 관한 내용 중 틀린 것은?

① 뇌와 척수는 중추신경계이다.

② 뇌의 주요 부위는 뇌간, 간뇌, 중뇌, 교뇌 및 연수 이다.

③ 척수로부터 나오는 31쌍의 척수신경은 말초신경 을 이룬다.

④ 척수의 전각에는 감각신경세포가 분포하고 후각 에는 운동신경세포가 분포한다.

해설 척추 : 운동성신경(전근)과 감각성신경(전근) 분포

정답	39 ③	40 ③	41 ①	42 ④	43 ②	44 ①	45 ③	46 ④	47 ③	48 ④	49 ④	50 ③	51 ③	52 ②	53 ①
	54 ④														

III
네일 화장물 적용

1 네일 리무버 종류

아세톤	• 인조 네일(팁, 아크릴, 젤 등)을 제거할 때 사용 • 휘발성이 강하고 인화성이 있는 제품 • 무색의 액체이며 백화 현상이 있는 제품 • 탈지면에 적셔 호일을 이용하여 제거 • 건조함을 유발할 수 있기 때문에 주의	아세톤
네일 폴리시 리무버	• 네일 폴리시를 제거할 때 사용하는 제품	아세톤, 에틸아세테이트, 오일, 글리세롤
젤 네일 폴리시 리무버	• 젤 네일 폴리시를 제거할 때 사용하는 제품 • 탈지면에 적셔 호일을 이용하여 제거	아세톤, 에틸아세테이트, 오일, 글리세롤
젤 클렌저	• 미경화 젤(끈적임이 남는 젤)을 닦을 때 사용	에탄올 등

2 일반 네일 폴리시 화장물 제거

1 일반 네일 폴리시 화장물 성분 ➡(2016.7)㊾(2016.4)㊽(2015.7)㊳(2015.4)㊴(2014.11)㉝

네일 폴리시	• 네일 칼라, 네일 에나멜, 네일 락커 • 컬러의 제 색을 내기 위해 2회 도포 • 인화성과 휘발성이 있어 취급 시 주의 • 기포가 생길 수 있으므로 위·아래로 흔들지 말고 좌우로 돌려서 섞어 사용 • 자연건조, 네일 폴리시 건조기, 퀵 폴리시 드라이로 건조 • 브러시 잡는 각도는 45°로 바르는 것이 가장 적합	니트로셀룰로오스, 부틸아세테이트, 에틸아세테이트, 이소프로필알코올, 토실아마이드, 톨루엔, 안료 등
베이스 코트	• 네일 폴리시를 바르기 전에 사용(1회 도포) • 손톱에 네일 폴리시의 색소 침착을 막아줌 • 칼라의 밀착력을 높여줌	송진, 이소프로필알코올, 부틸아세테이트, 니트로셀룰로오스 등
탑 코트	• 네일 폴리시를 바른 후 사용(1회 도포) • 네일 폴리시의 색 보호와 광택력, 지속력 유지 • 2~3일 후 다시 바르면 유색 폴리시를 새로 바른 것 같은 효과	송진, 니트로셀룰로오스, 용해제 알코올, 폴리에스터, 레진 등
네일 폴리시 시너	• 굳은 네일 폴리시를 묽게 만들어 사용하는 제품 • 네일 폴리시에 1~2방울 정도 첨가하여 사용	톨루엔, 부틸아세테이트, 에틸아세테이트

2 일반 네일 폴리시 화장물 제거 작업

(1) 일반 네일 폴리시 화장물 제거에 필요한 재료

탈지면, 네일 폴리시 리무버, 디스펜서, 오렌지우드스틱

(2) 일반 네일 폴리시 화장물 제거 작업

일반 네일 폴리시 화장물 제거	• 네일 폴리시 리무버를 탈지면에 적셔 묵은 네일 폴리시 제거 • 오렌지우드스틱에 탈지면을 말아서 꼼꼼히 제거

---

❸ 젤 네일 폴리시 화장물 제거

1 젤 네일 폴리시 화장물 성분

젤 네일 폴리시	• 건조는 젤 램프기기로 경화(큐어링) • 경화 전에 수정이 가능하며 오래 유지 장점 • 아크릴레이트의 올리고머 분자구조 • 탄력성, 광택력, 지속력 우수 • 네일 폴리시에 비해 제거가 어려움	에틸아세테이트, 아크릴레이트, 안료

2 젤 네일 폴리시 화장물 제거 작업

(1) 젤 네일 폴리시 화장물 제거에 필요한 재료

탈지면, 젤 네일 폴리시 리무버 또는 아세톤, 알루미늄 호일, 큐티클 오일, 큐티클 푸셔, 오렌지우드스틱, 인조 네일 파일, 샌드 버퍼, 더스트 브러시

(2) 젤 네일 폴리시 화장물 제거 작업 순서

탑 젤 제거	인조 네일용 파일을 사용하여(그릿이 낮은 파일) 탑 젤을 제거
더스트 제거	더스트 브러시를 사용하여 네일 주변의 더스트 제거
오일 바르기	피부를 보호하기 위하여 큐티클 오일을 네일 주변 피부에 도포
제거제 도포	젤 네일 폴리시 리무버 또는 아세톤을 적신 탈지면 올리기
호일 마감	호일에 공기가 통하지 않게 감싸주고 약 10분 후 제거
젤 네일 폴리시 화장물 제거	오렌지우드스틱과 푸셔를 사용하여 제거된 부분 긁어내기
	잔여 제거물이 남아 있을 경우 제거제 도포 작업을 추가(생략가능)
잔여물 제거	인조 네일용 파일을 사용하여 남아있는 잔여물 제거
표면 정리	샌드 버퍼를 사용하여 자연 네일의 표면을 부드럽게 다듬기

> 📖 탑 젤 제거 → 더스트 제거 → 오일 바르기 → 제거제 도포 → 호일 마감 → 젤 네일 폴리시 화장물 제거 → 잔여물 제거 → 표면 정리

④ 인조 네일 화장물 제거

1 인조 네일 화장물 제거방법 선택 및 제거 작업

(1) 제거(쏙 오프, Soak Off) ➞(2016.1)⑤⑤(2015.7)⑤⑧

① 인조 네일을 작업한 후 너무 많은 시간이 경과되어 인조 네일의 30% 이상이 없어지거나 심하게 깨진 경우 또는 곰팡이가 생긴 경우에는 보수보다는 인조 네일을 제거하는 것이 적절함

② 인조 네일과 자연 네일 사이에 곰팡이가 생긴 경우에는 인조 네일을 즉시 제거해야 하며 제거한 후 바로 인조 네일을 할 수 없음

③ 사용한 네일 파일과 오렌지우드스틱은 즉시 폐기해야 하며 네일 도구는 소독해야 함

④ 인조 네일 중 하드 젤의 경우에는 제거 용액으로 제거가 가능하지 않아 인조 네일용 파일로 조심스럽게 제거해야 함

(2) 인조 네일 제거에 필요한 재료

탈지면, 아세톤, 알루미늄 호일, 큐티클 오일, 네일 푸셔, 오렌지우드스틱, 인조 네일 파일, 자연 네일 파일, 샌드 버퍼, 더스트 브러시, 소독제

(3) 인조 네일 제거 작업 순서

손 소독	손 소독제를 사용하여 작업자와 고객의 손과 손톱 소독
길이 조절	네일 클리퍼를 사용하여 연장된 인조 네일의 길이를 조절
두께 제거	인조 네일용 파일을 사용하여 인조 네일의 두께를 제거
더스트 제거	더스트 브러시를 사용하여 네일 주변의 더스트 제거
오일 바르기	피부를 보호하기 위하여 큐티클 오일을 네일 주변 피부에 도포
제거제 도포	100% 퓨어 아세톤을 적신 탈지면 올리기
호일 마감	호일에 공기가 통하지 않게 감싸주고 약 10~15분 후 제거
인조 네일 제거	오렌지우드스틱과 푸셔를 사용하여 제거된 부분 긁어내기
잔여물 제거	인조 네일용 파일을 사용하여 남아있는 인조 네일의 잔여물 제거
표면 정리	샌드 버퍼를 사용하여 자연 네일의 표면을 부드럽게 다듬기
자연 네일 형태	자연 네일 파일을 사용하여 자연 네일의 형태 잡기
손 세척	큐티클 부분에 오일을 바르고 손 세척
마무리	멸균거즈를 이용하여 손 전체를 닦아주기

> 손 소독 → 길이 재단 → 두께 제거 → 더스트 제거 → 큐티클 오일 바르기 → 100% 퓨어 아세톤을 적신 탈지면 올리기 → 호일로 감싸기 → 표면 다듬기 → 자연 네일 형태 잡기 → 손 세척 → 마무리

Chapter 02

네일 기본관리

1 손톱 및 발톱관리

1 매니큐어의 정의 ➡(2016.7)㊱(2016.1)(54)(2015.7)㊹(2015.4)㊷(2014.11)㊼

가장 기본적인 매니큐어 시술법으로 손과 손톱의 관리를 말하며, 컬러링을 하는 것뿐만 아니라 손톱 본연의 건강함을 찾도록 도와주며, 케어를 함으로써 청결함과 아름다움을 유지시킴

정의	손톱의 형태, 큐티클 정리, 컬러링, 손 마사지 등을 포함한 총체적인 손 관리
어원	라틴어로 마누스(Manus/손)와 큐라(Cura/관리)의 합성어(즉, 손 관리)

2 매니큐어의 종류

습식 매니큐어	• 물을 이용하여 큐티클을 불린 후 손 관리
건식 매니큐어	• 물을 이용하지 않고 큐티클 소프트너, 큐티클 연화제 등의 제품으로 손 관리
핫오일 매니큐어 (핫로션(크림)매니큐어)	• 워머기에 크림을 넣고 데워 큐티클을 부드럽게 한 후 손 관리 • 부드럽고 촉촉해서 건조하고 거친 손에 좋고 환절기나 겨울철에 용이 • 표피조막(테리지움) 등의 관리
파라핀 매니큐어	• 유·수분을 공급하는 콜라겐, 식물성 오일 등이 첨가되어 건조하고 거친 손 관리에 용이 • 혈액순환을 촉진시켜 긴장, 피로, 스트레스를 감소시켜 주는 효과 • 근육이완 작용이 있어 정형외과에서 물리치료에도 사용 • 감염 위험이 있는 경우 사용을 금함 • 유분기 제거가 힘들기 때문에 베이스 코트를 바른 후 사용 • 워머기에 파라핀을 녹여 약 52~55℃ 온도에 2~3회 정도 담갔다 뺀 후 10~20분 후 제거

3 페디큐어 정의 ➡(2016.1)(60)

발과 발톱을 청결하고 아름답게 관리함

정의	발톱의 형태, 큐티클 정리, 컬러링, 발 마사지 등을 포함한 총체적인 발 관리
어원	라틴어의 페데스(Pedes/발)와 큐라(Cura/관리)의 합성어(즉, 발 관리)

1 네일 파일 사용

(1) 네일 파일 다듬기

① 자연 네일 모양을 만들기 전에 파일의 에지를 같은 그릿의 파일로 부드럽게 만들어 자연 네일 주위의 손상을 방지함
② 새 파일에 오목한 면과 볼록한 면까지 고르게 다듬어 모양을 만듦
③ 네일 파일의 표면과 함께 코너에지도 빠짐없이 부드럽게 다듬어 줌
④ 네일 파일, 샌드 파일도 동일하게 적용

(2) 네일 파일 잡는 방법

네일 파일을 3등분으로 나눴을 때 1/3지점을 엄지로 받치고 반대편 면은 네 손가락으로 손에 힘을 빼고 가볍게 쥠

(3) 네일 파일 사용하는 방법

자연 네일의 코너부터 각도를 유지하여 가볍게 한 방향으로 파일을 함

2 **자연 네일 프리에지 모양**

(1) 자연 네일의 형태(Shape) ➡(2016.4)⑤④(2015.4)⑤⑧⑤⑨(2014.11)⑤①

	스퀘어형 (Square, 사각형)	• 강한 느낌을 주고 내구성이 강함 • 손끝을 많이 쓰는 사람, 컴퓨터를 사용하는 사무직에 종사자에게 잘 어울림 • 시험 또는 대회에서 인조네일 시술시 형태, 페디큐어 시술시 형태 • 파일의 각도 90°
	오버 스퀘어형 (Over Square, Square Off)	• 세련된 느낌으로 남성과 여성에게 모두 잘 어울림 • 파일의 각도 70°
	라운드형 (Round, 둥근형)	• 가장 무난하고 평범한 모양으로 남성, 여성, 학생 등 모두에게 잘 어울림 • 시험 또는 대회에서 매니큐어 시술시 변경하는 형태 • 파일의 각도 45°
	오벌형 (Over, 갸름한 형)	• 손이 길고 가늘어 보여 여성스러운 우아한 느낌의 형태 • 충격 시 파손의 위험이 조금 더 많아짐 • 파일의 각도 15~30°
	포인트형 (Point, 아몬드형)	• 손가락이 길어 보이긴 하나 내구성이 약해 잘 부러지는 단점의 형태 • 파일의 각도 10~15°
	스틸레토형 (Stiletto, 송곳형)	• 대회에서 인조네일 시술시에 연장하여 아트의 한 분야인 형태 • 유럽 쪽에서는 특별한 날 드레스 코드에 맞게 선호 • 파일의 각도 0°

1 자연 네일의 구조 ➡(2015.7)㊾(2014.11)㊴

네일의 구조는 크게 네일 자체, 네일 밑, 네일을 둘러싼 피부로 나눌 수 있다.

(1) 네일 자체의 구조 ➡(2015.10)㊲㊼(2014.11)㊵

	네일 루트 (Nail Root, 조근)	• 얇고 부드러운 피부로 손톱이 자라기 시작하는 부분
	네일 바디 (Nail Body, 조체) 네일 플레이트 (Nail Plate, 조판)	• 육안으로 보이는 네일 부분 • 신경조직과 혈관이 없고 산소를 필요로 하지 않음 • 여러 개의 얇은 층으로 이루어짐
	프리에지 (Free Edge, 자유연)	• 네일 베드와 분리되어 있는 네일의 끝 단면 부분으로 모양의 형태를 변경하는 부분

(2) 네일 밑의 구조 ➡(2016.4)㉝㊼(2016.1)㊸(2015.7)㊽㊾

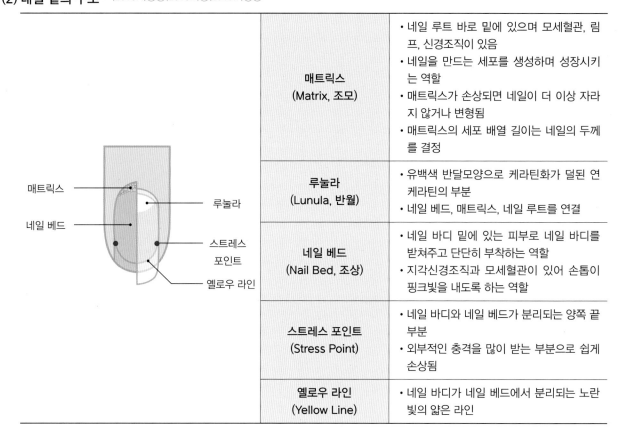

	매트릭스 (Matrix, 조모)	• 네일 루트 바로 밑에 있으며 모세혈관, 림프, 신경조직이 있음 • 네일을 만드는 세포를 생성하며 성장시키는 역할 • 매트릭스가 손상되면 네일이 더 이상 자라지 않거나 변형됨 • 매트릭스의 세포 배열 길이는 네일의 두께를 결정
	루눌라 (Lunula, 반월)	• 유백색 반달모양으로 케라틴화가 덜 된 연케라틴의 부분 • 네일 베드, 매트릭스, 네일 루트를 연결
	네일 베드 (Nail Bed, 조상)	• 네일 바디 밑에 있는 피부로 네일 바디를 받쳐주고 단단히 부착하는 역할 • 지각신경조직과 모세혈관이 있어 손톱이 핑크빛을 내도록 하는 역할
	스트레스 포인트 (Stress Point)	• 네일 바디와 네일 베드가 분리되는 양쪽 끝 부분 • 외부적인 충격을 많이 받는 부분으로 쉽게 손상됨
	옐로우 라인 (Yellow Line)	• 네일 바디가 네일 베드에서 분리되는 노란빛의 얇은 라인

(3) 네일을 둘러싼 피부 ➡(2015.7)④⑤⑩(2015.4)④⑨(2014.11)③⑦

네일 폴드, 네일 맨틀 (Nail Fold, 조주름)	• 네일 바디의 윗부분과 옆선에 맞추어 형성 • 네일 바디를 밀어주며 단단한 방어막을 형성 • 피부 속의 주름
에포니키움 (Eponychium, 조상피)	• 네일 바디에서 자라나는 피부로 매트릭스를 보호 • 부상 시 영구적인 손상을 초래
큐티클 (Cuticle, 조소피, 조표피)	• 네일에 붙어 있는 얇은 각질막 • 매트릭스를 보호 • 과도한 큐티클 정리는 손톱 병변의 우려가 있어 주의
네일 월 (Nail Wall, 조벽)	• 네일 바디의 양측을 지지하는 피부 부분
네일 그루브 (Nail Groove, 조구)	• 네일 베드를 따라 자라는 손톱 옆 피부
하이포니키움 (Hyponychium, 하조피)	• 프리에지 아래로 돌출된 피부 조직 • 박테리아의 침입을 막아줌

❷ 자연 네일의 특징 ➡(2016.7)③⑨④⑤(2016.1)④⑥④⑦

(1) 네일미용의 정의 및 목적
① 네일 기초 관리, 컬러링, 인조 네일 시술 등 손·발톱에 관한 관리
② 네일을 관리하여 건강한 네일을 유지하고 아름답게 꾸며 미적 욕구를 충족

(2) 네일의 특성 ➡(2016.7)③⑨(2016.4)④⑩⑤⑩(2015.4)③⑦(2014.11)③⑧④⑧
① 네일은 그리스어로 오니코(Onycho)에서 유래
② 네일을 지칭하는 전문용어는 오닉스(Onyx)
③ 사람의 피부, 머리카락, 손톱은 케라틴(Keratin)이라는 단백질로 구성
④ 네일의 주성분은 단백질이며, 죽은 세포로 구성되어 있음
⑤ 각질층이 변형된 것으로 얇은 층이 겹겹으로 이루어져 단단한 층을 이룸
⑥ 얇은 겹으로 3개의 층(프리에지의 위층은 세로, 중간층은 가로, 아래층은 세로)
⑦ 반투명의 각질판인 케라틴 경단백질로 이루어져 있으며 아미노산인 시스테인을 많이 함유하고 있어 손톱을 단단하게 만들고 딱딱한 형태를 가지고 있음
⑧ 케라틴 구성 성분 : 시스틴, 글루탐산, 아르기닌, 알파닌, 아스파라긴산 등의 아미노산
⑨ 네일의 경도는 수분의 함유량과 케라틴의 조성에 따라 다름
⑩ 사람에 따라 얇거나 두껍고, 크거나 작거나 평평하거나 곡선 등 여러 가지 형태를 가지고 있음
⑪ 수분 약 8~18%, 유분 약 0.15~0.75% 함유, 건강한 네일은 약 12~18%의 수분을 함유
⑫ 케라틴의 화학적 구성 비율 : 탄소 〉 산소 〉 질소 〉 황 〉 수소

(3) 네일의 기능 ➡(2016.4)④⑤(2015.10)④⑩(2015.4)④⑥
① 물건을 긁거나 잡거나 들어 올리는 기능
② 방어와 공격, 미용의 장식적인 기능
③ 손가락 끝의 예민한 신경을 강화하고 손끝을 보호
④ 모양을 구별하며 섬세한 작업을 가능하게 하는 기능

(4) 네일의 태생

① 임신 9주째부터 태아의 손톱 끝마디 뼈 윗부분부터 손톱의 성장부위가 형성
② 임신 약 14주째부터 손톱이 나타나기 시작
③ 임신 약 20주째 완전한 손톱 형성

(5) 네일의 성장 ➡(2016.4)㊴(2016.1)㊼

① 손톱은 1일 평균 약 0.1~0.15mm, 1달 평균 약 3~5mm 길이로 자람
② 손톱이 탈락 후 완전 재생 기간은 약 4~6개월이 소요되며 발톱은 손톱의 1/2 정도 늦게 자람
③ 손톱은 모세혈관, 림프, 신경조직 등이 있는 매트릭스에 의해 만들어지고 성장
④ 청소년, 남성, 중지, 여름, 임신 후반기에 성장 속도가 빠름
⑤ 노인, 여성, 소지, 겨울에 성장 속도가 느림

(6) 건강한 네일의 조건 ➡(2016.1)㊻(2015.7)㊲(2014.11)㊹

① 유연하고 탄력성이 좋음
② 표면이 매끄럽고 광택이 나며 윤기가 있음
③ 수분 함유 12~18%
④ 네일 베드에 단단하게 부착되어 있음
⑤ 둥근 아치 모양을 형성
⑥ 연한 핑크빛을 띄며 내구력이 좋음

3 큐티클 부분 정리 작업

(1) 큐티클 니퍼 잡는 방법

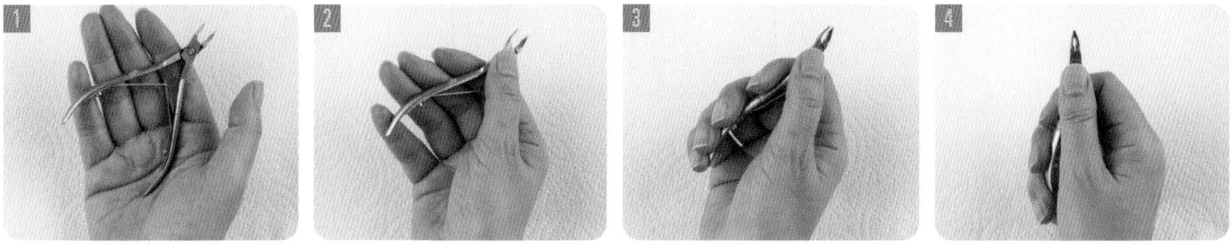

① 니퍼 날이 아래로 향하게 하고 결합된 부분을 오른손 검지 위에 올림
② 니퍼의 결합된 윗부분을 엄지로 가볍게 올려 잡음
③ 남은 중지, 약지, 소지로 니퍼의 몸체를 말아 쥠

(2) 큐티클 니퍼 사용하는 방법 ➡(2016.7)(51)(60)

① 오른쪽 사이드에서부터 큐티클 라인을 따라 니퍼의 날을 큐티클과 45° 각도를 유지하여 단차가 없도록 한 줄로 이어서 연결하며 정리함
② 니퍼의 날을 작게 벌리고 정리하여야 큐티클의 과도한 제거를 막을 수 있음
③ 코너를 정리할 때는 니퍼의 뒷날을 살짝 들어 뒷날이 다른 부위의 큐티클을 손상하는 것을 방지함
④ 오른쪽에서 왼쪽방향으로 큐티클 라인 중앙 2/3까지만 한 방향으로 정리 후 다시 반대쪽과 같이 진행방향 안쪽으로 남은 큐티클 라인 중앙 1/3까지 니퍼로 정리함
⑤ 감염의 우려가 높아 한 고객에게 사용 후에는 반드시 소독

(3) 습식 매니큐어 ➡(2016.7)㊵(58)(2016.4)(59)(2015.10)(54)(2015.7)(55)(2015.4)(55)(2014.11)(52)

① 습식 매니큐어 재료
소독제, 탈지면, 거즈, 우드 파일, 샌딩 파일, 네일 폴리시 리무버, 지혈제, 큐티클 연화제, 핑거볼, 큐티클 푸셔, 큐티클 니퍼, 오렌지우드스틱, 더스트 브러시, 베이스 코트, 네일 폴리시, 탑 코트

② 습식 매니큐어 순서

손 소독	소독제(안티셉틱)를 이용하여 시술자와 고객의 손을 소독
네일 폴리시 화장물 제거	네일 폴리시 리무버를 탈지면에 적셔 묵은 폴리시 화장물 제거
자연 네일 형태	라운드 형태로 조형(손톱의 바깥코너부터 중앙으로 한 방향으로 파일)
표면 정리	샌딩 파일(샌드 버퍼)을 사용하여 네일 표면 다듬기
더스트 제거	더스트 브러시를 사용하여 네일 주변의 더스트 제거
큐티클 불리기	핑거볼에 미온수를 담고 고객의 큐티클 불리기
큐티클 연화제	큐티클 연화제(큐티클 리무버, 오일 등)를 사용할 수 있음
큐티클 밀기(푸셔)	네일 푸셔를 45° 각도로 사용하여 큐티클 밀어주기
큐티클 정리(니퍼)	니퍼를 사용하여 큐티클을 한 줄로 이어 정리
소독하기	소독제(안티셉틱)를 이용하여 고객의 손 소독
유분기 제거	네일 폴리시의 밀착력을 높이기 위해 네일의 유분기 제거
베이스 코트	착색 방지를 위해 베이스 코트를 네일 전체에 얇게 1회 도포
네일 컬러링	유색 폴리시를 네일 전체에 2회 도포
탑 코트	광택과 컬러보호를 위해 네일 전체에 1회 도포
네일 폴리시 화장물 마무리	오렌지우드스틱(OWS), 거즈를 사용하여 화장물 마무리

> 손 소독 → 묵은 폴리시 제거 → 손톱 형태(쉐입) → 표면 정리 → 더스트 제거 → 큐티클 불리기(핑거볼) → 큐티클 밀기 → 큐티클 정리 → 소독 → 유분기 제거 → 베이스 코트(1회) → 유색 폴리시(2회) → 탑 코트(1회) → 마무리하기

(4) 습식 페디큐어 ➡(2016.4)⑤⑤(2015.10)⑤③(2015.7)⑤⑤

① 습식 페디큐어 재료 ➡(2016.1)⑤⑥

소독제, 탈지면, 거즈, 우드 파일, 샌딩 파일, 네일 폴리시 리무버, 지혈제, 큐티클 연화제, 족욕기, 큐티클 푸셔, 큐티클 니퍼, 오렌지우드스틱, 더스트 브러시, 토우 세퍼레이터, 베이스 코트, 네일 폴리시, 탑 코트

② 습식 페디큐어 순서

손 소독	소독제(안티셉틱)를 이용하여 시술자 손 소독
발 소독	소독제(안티셉틱)를 이용하여 고객의 발 소독
네일 폴리시 화장물 제거	네일 폴리시 리무버를 탈지면에 적셔 묵은 폴리시 화장물 제거
자연네일 형태	스퀘어 형태로 조형(한 방향으로 파일)
표면 정리	샌딩 파일(샌드 버퍼)을 사용하여 네일 표면 다듬기
더스트 제거	더스트 브러시를 사용하여 네일 주변의 더스트 제거
큐티클 불리기	족욕기에 고객의 발 담그기
큐티클 연화제	큐티클 연화제(큐티클 리무버, 오일 등)를 사용할 수 있음

큐티클 밀기(푸셔)	큐티클 푸셔를 45° 각도로 사용하여 큐티클 밀어주기
큐티클 정리(니퍼)	니퍼를 사용하여 큐티클을 한 줄로 이어 정리
소독하기	소독제(안티셉틱)를 이용하여 고객의 발 소독
유분기 제거	네일 폴리시의 밀착력을 높이기 위해 네일의 유분기 제거
토우 세퍼레이터 끼우기	발가락 사이에 토우 세퍼레이터 끼우기
베이스 코트	착색 방지를 위해 베이스 코트를 네일 전체에 얇게 1회 도포
네일 컬러링	유색 폴리시를 네일 전체에 2회 도포
탑 코트	광택과 컬러보호를 위해 네일 전체에 1회 도포
네일 폴리시 화장물 마무리	오렌지우드스틱(OWS), 거즈를 사용하여 화장물 마무리

> 손(시술자), 발(고객) 소독 → 묵은 폴리시 화장물 제거 → 발톱 형태(쉐입) → 표면 정리 → 더스트 제거 → 큐티클 불리기(족욕기) → 큐티클 밀기 → 큐티클 정리 → 발 소독 → 유분기 제거 → 토우 세퍼레이터 끼우기 → 베이스 코트(1회) → 유색 폴리시(2회) → 탑 코트(1회) → 화장물 마무리하기

4 큐티클 부분 정리 도구

(1) 네일 도구, 재료의 종류 및 특성 ➡(2016.4)4352(2016.1)36(2015.10)495557(2015.7)5160(2015.4)505152(2014.11)58

작업 테이블	• 네일을 작업하는 테이블 • 작업하기 유용한 조명은 각도 조정이 가능하며 40W의 램프 부착	
소독제 (안티셉틱)	• 피부소독제로 시술자와 고객의 손 소독 • 기구소독제도 있음(니퍼, 푸셔 등 소독)	
파일 (에머리보드)	• 자연 네일이나 인조 네일의 길이, 네일 형태, 표면의 두께를 줄일 때 사용 • 결의 거칠기에 따라 용도와 쓰임이 다르며 파일의 거칠기는 그릿(Grit) 단위로 표기 • 그릿(Grit)의 숫자가 낮을수록 면이 거칠고 높을수록 부드러움 • 워셔블(Washable) 표기가 되어 있는 것은 소독처리해서 재사용 가능	
	자연 네일 파일	• 보통적 자연 네일의 길이 조절, 네일 형태(쉐입) 작업 시 사용 • 인조 네일 표면을 정리 시 미세한 부분에도 사용 • 자연 네일에는 180그릿 이상의 부드러운 우드파일로 사용
	인조 네일 파일	• 완충효과가 있어 인조 네일 길이, 형태, 표면정리, 제거 작업 시 사용 • 그릿에 따른 적절한 파일을 선택 • 아크릴릭, 인조 네일에 100~180그릿 사용 • 150그릿 이하는 아크릴릭 네일 제거, 길이, 심한 두께 조절 등 사용 • 150~180그릿 표면정리, 형태, 두께 조절 등 사용
샌딩 파일 (샌드 버퍼, 샌딩 블럭)	• 울퉁불퉁한 네일 표면이나 인조 네일 표면을 부드럽게 정리할 때 사용 • 자연 네일의 유분기를 제거하거나, 파일 후 손톱의 거칠음을 없앨 때 사용 • 파일과 마찬가지로 종류에 따라 거칠기가 다르므로, 용도에 적합하게 사용 • 보통 180~200그릿으로 사용(블랙 샌드 버퍼는 100~180그릿으로 되어 있음)	
라운드패드 (디스크패드)	• 네일 밑의 거스러미를 제거할 때 • 파일을 한 반대 방향으로 제거	

광택용 파일	• 표면에 광택을 낼 때 사용(2way, 3way, 4way로 구분) • 거친 부분부터 부드러운 부분 순서로 사용 • 마지막 단계에는 연마제가 없고 일반적으로 세미가죽으로 되어 있음
페디 파일	• 발바닥의 각질을 부드럽게 정리할 때 사용 • 피부 결(족문의 결) 방향으로 안쪽에서 바깥쪽으로 사용
더스트 브러시	• 네일 주위의 더스트를 제거할 때 사용
핑거볼	• 큐티클을 불려주기 위해 고객의 손을 담그는 용기 • 미온수를 넣고 큐티클 부분까지 담가 사용
디스펜서	• 네일 폴리시 리무버, 아세톤 등의 용액을 담는 용기(펌프식으로 편하게 사용)
디펜디시	• 아크릴릭 리퀴드, 브러시 클리너 등을 덜어 쓰는 용기 • 화학물질에도 녹지 않는 재질로 된 작은 용기
네일 클리퍼	• 손·발톱의 길이를 줄일 때 사용하는 철제 도구(사용 후 소독) • 건조한 네일에 사용하면 충격으로 손상의 원인이 되므로 네일의 형태에 맞게 조금씩 잘라줌
큐티클 푸셔	• 큐티클을 밀어 올릴 때 사용하는 철제 도구(사용 후 소독) • 연필 잡듯이 잡고 45° 각도로 네일을 긁지 말고 큐티클을 밀어올림
큐티클 니퍼	• 큐티클을 제거할 때 사용하는 철제 도구(사용 후 소독) • 거스러미가 일어나지 않도록 피부의 결대로 뒤로 빼듯이 사용하며 한 줄로 이어정리 • 감염의 우려가 높아 한 고객에게 사용 후에는 반드시 소독 • 최소한 니퍼 2개 이상을 소지하여 사용
오렌지우드스틱	• 큐티클을 밀어 올릴 때, 네일의 이물질 제거, 컬러링의 수정 등에 다양하게 사용하는 도구 • 상황에 맞게 사용하고 일회용이므로 사용 후 폐기
팁 커터	• 인조 네일 팁의 길이를 줄일 때 사용
실크가위	• 실크, 파이버 글래스를 자를 때 사용하는 전용가위
지혈제	• 작업 시 발생할 수 있는 가벼운 출혈을 멈추게 해주는 제품 • 출혈부위에 1~2방울 떨어뜨려 거즈로 출혈부위를 지혈 • 지혈 시 문지르지 말고 지그시 누름(2차 감염이 생길 수 있으므로 주의)
콘커터	• 콘커터의 날(면도날)을 부착하고 발바닥의 두꺼운 굳은 각질을 제거할 때 사용하는 도구 • 피부 결(족문의 결) 방향으로 안쪽에서 바깥쪽으로 사용 • 콘커터의 날은 일회용으로 폐기
토우 세퍼레이터	• 발톱에 컬러링을 할 때 발가락끼리 닿지 않게 발가락 사이를 분리시키는 제품 • 발가락 사이에 끼워 사용하며 일회용으로 사용 후 폐기
리지 필러	• 굴곡진 네일의 표면을 매끄럽게 해주기 위해 사용 • 베이스 코트와 같은 용도로 사용
네일 폴리시 퀵 드라이	• 네일 폴리시의 건조를 빠르게 해주기 위해 사용 • 약 10~15cm 거리에서 분사
살균비누, 향균비누	• 페디큐어 시 박테리아를 살균하기 위해 사용 • 족욕기에 넣어 사용(한 사람의 고객에게만 사용)

(2) 네일 기기의 종류 및 특성

파라핀 워머기	• 파라핀 왁스를 녹이는 기기 • 약 52~55℃(127~136℉)의 적정 온도를 유지
핫오일 워머기 (핫로션(크림) 워머기)	• 로션(크림)을 데우는 기기 • 약 10~15분 데운 후 네일을 담가서 사용
자외선 소독기	• UV자외선을 이용하여 철제로 된 네일 도구를 소독하는 기기(세척 후 넣어 보관)
족욕기	• 발의 큐티클과 각질을 불려주는 기기 • 약 40~43℃ 온도가 적당하며 살균비누를 넣어 사용(5~10분 발 각질 불리기)
네일 폴리시 건조기	• 네일 폴리시의 건조를 도와주는 기기(약 20분 정도 건조)
젤 램프기기	• 젤 폴리시를 경화시켜주는 UV, LED 전구가 있는 기기 • 젤이 완벽하게 경화되지 않을 시 리프팅이 빨리 발생하므로 램프를 확인 후 교체 • 한 번에 많은 양의 젤 경화 시 히팅 현상이 일어나 네일에 손상을 줄 수 있음 • UV램프 : UV-A(약 320~400nm), 램프교체(3~6개월, 1,000시간) • LED램프 : 가시광선(약 400~700nm), 램프반영구적(40,000~120,000시간)
드릴머신&비트	• 네일 파일, 네일 케어를 할 수 있는 기기 • 드릴머신에 핸드피스를 연결하고 작업 시 맞는 비트를 장착하여 사용
에어브러시	• 스텐실 모양에 따라 여러 가지 네일아트를 표현할 때 사용하는 기기 • 컴프레이셔와 에어브러시건을 연결하여 물감 또는 컬러 젤을 넣어 분사

④ 보습제 도포

① 네일 미용 보습 제품 적용 ➡(2016.7)㉟(2016.1)㊵(2015.4)㊼

핸드로션	• 건조를 예방하기 위해 피부에 유·수분을 공급하는 제품	식물성·미네랄 오일, 향료, 정제수, 라놀린 등
파라핀	• 건조한 피부에 유·수분 공급 • 혈액순환을 촉진시켜 긴장, 피로, 스트레스를 감소시킴	파라핀 왁스, 식물성 오일, 콜라겐, 유칼립투스 등
큐티클 오일	• 큐티클 주변을 부드럽게 완화시켜주는 제품	글리세린, 식물성 오일, 라놀린, 비타민 A, E 등
큐티클 연화제	• 큐티클 소프트너, 큐티클 리무버, 큐티클 유연제 • 딱딱한 큐티클을 부드럽게 해주는 제품 • 부드럽게 연화시킨 큐티클을 큐티클 푸셔로 밀어줌	글리세롤, 소듐, 정제수, 수산화칼륨 등
네일 강화제 (보강제)	• 자연 네일에 사용하는 영양제 • 약하게 되는 네일을 예방, 약한 네일을 강화시키는 제품 • 1~2회 도포	니트로셀룰로오스, 부틸아세테이트, 에틸아세테이트, 비타민 등
네일 표백제	• 네일이 착색되거나 변색되었을 때 하얗게 표백 • 표백제에 5~10분 정도 담가 표백	과산화수소, 레몬산 등

Chapter 03 네일 화장물 적용 전 처리

① 일반 네일 폴리시 전 처리

1 네일 유분기 및 잔여물 제거

네일 화장물의 밀착력을 높이기 위해 자연 네일 표면의 유분기와 잔여물을 제거함

(1) 네일 유분기 및 잔여물 제거 방법

① 자연 네일 표면을 180~200그릿 샌딩 파일로 유분기를 제거(과도한 샌딩 파일 작업 시 자연 네일이 얇아지는 손상이 생김)

② 아세톤 성분이 포함되어 있는 용제를 사용하여 멸균 거즈 또는 탈지면에 적셔 네일 표면에 유분기를 제거(과도한 작업 시 건조함을 유발)

2 일반 네일 폴리시 전 처리 방법

① 일반 네일 폴리시 리무버를 탈지면에 적셔 네일 표면, 사이드, 프리에지의 유분기를 제거

② 오렌지우드스틱에 소량의 탈지면을 감아 일반 네일 폴리시 리무버를 적셔 네일 표면, 사이드, 프리에지의 유분기를 제거

③ 거즈를 엄지손가락에 감고 남은 거즈는 손바닥으로 고정하여 감은 거즈에 일반 폴리시 리무버를 적셔 네일 표면, 사이드, 프리에지의 유분기를 제거

② 젤 네일 폴리시 전 처리

1 젤 네일 폴리시 전 처리 작업

(1) 전처리제의 개념

① 자연 네일 표면에 유·수분을 제거하여 네일 화장물의 밀착력을 높여주는 산성제품

② 피부에 묻었을 경우 화상을 초래할 수 있기에 때문에 주의해야 함

③ 산성제품으로 피부에 묻었을 경우 화상을 초래할 수 있기에 흐르는 물에 씻어 줌

④ 이물질에 오염되거나 빛에 노출되면 변질될 우려가 있으므로 어두운 색의 작은 유리용기를 사용하며 서늘하고 통풍이 잘 되는 공간에 보관

(2) 전처리제 도구 ➡(2016.1)(53)(2015.10)(59)(2014.11)(56)

네일 프라이머	• pH 밸런스(pH 4.5~5.5)를 맞추어 박테리아 성장을 억제하는 방부제 역할 • 케라틴 단백질을 화학작용으로 녹여 아크릴 네일의 접착효과를 높여줌
네일 본더	• 산성성분을 포함한 제품과 포함하지 않는 제품으로 구분 • 젤 네일의 밀착력을 높여줌
논 애시드	• 산성성분이 없어 화상을 초래하지 않고 네일을 부식시키지 않음

(3) 젤 네일 폴리시 전 처리 방법

　① 오렌지우드스틱에 소량의 탈지면을 감아 일반 네일 폴리시 리무버를 적셔 네일 표면, 사이드, 프리에지의 유
　　분기를 제거

　② 거즈를 엄지손가락에 감고 남은 거즈는 손바닥으로 고정하여 감은 거즈에 일반 폴리시 리무버를 적셔 네일
　　표면, 사이드, 프리에지의 유분기를 제거

　③ 전 처리제를 소량의 양으로 피부에 닿지 않게 도포

③ 인조 네일 전 처리 작업　

1 인조 네일 전 처리 방법

　① 자연 네일 표면을 180~200그릿 샌딩 파일로 고르지 않은 네일 표면 또는 유분기를 제거

　② 전 처리제를 소량의 양으로 피부에 닿지 않게 도포

Chapter 04 자연 네일 보강 ➔(2016.4)㊾

1 자연 네일 보강

1 의미

자연 네일 보강이란 약해진 자연 네일, 손상된 자연 네일, 찢어진 자연 네일을 다양한 네일 재료를 적용하여 두께를 보강하는 것을 의미

2 네일 재료의 종류

① 랩 네일　　② 아크릴 네일　　③ 젤 네일

2 네일 랩 화장물 보강

1 네일 랩 화장물 도구 및 보강 작업

(1) 네일 랩 화장물 도구

네일 접착제 (네일 글루)	• 네일 팁을 접착, 네일 랩 고정에 사용 • 점성에 따라 사용 용도에 맞추어 적절히 사용 • 점성이 낮으면 얇게 도포되므로 빠르게 건조, 점성이 크면 두껍게 도표되어 더디게 건조	
	스틱 글루	• 라이트 글루 : 투명하며 가장 작은 점성 • 핑크 글루 : 핑크 컬러로 라이트 글루보다 점성이 큼
	투웨이 글루	• 투명하며 스틱 글루와 브러시 글루의 중간 정도의 점성 • 상단에 마개를 열어 한 방울 떨어트려 사용하는 방법과 브러시 타입으로 바르는 방법
	브러시 글루	• 투명하며 젤의 형태로 중간 정도의 점성 • 젤 글루라고도 함 • 브러시 타입
	액세서리 글루	• 투명하며 끈끈한 젤의 형태로 가장 강한 점성 • 파츠 글루라고도 함 • 튜브 타입
필러 파우더	• 분말타입의 제품으로 네일 접착제와 함께 사용 • 네일의 보강과 두께 조절을 위해 사용	
경화 촉진제	• 글루드라이, 액티베이터라고도 함 • 네일 접착제를 빠르게 경화시키는 제품 • 약 10~15cm 정도 거리를 유지하여 분사	
네일 랩	• 약한 네일, 손상된 네일, 찢어진 네일을 보강 • 네일 팁을 붙이고 좀 더 견고하게 하기 위해 사용하거나 길이를 연장할 때 사용 • 패브릭(천) 랩의 종류 : 실크, 파이버 글래스, 린넨 • 리퀴드 네일 랩 : 액체타입으로 미세한 천 조각이 들어가 있어 순간 대체용 제품	

(2) 네일 랩 화장물 보강 작업

① 약해진 자연 네일 보강 순서

전 처리	네일 랩을 적용하기에 적합한 네일 화장물 전 처리 작업하기
네일 랩 재단	네일 랩의 윗부분을 큐티클 라인과 동일하게 재단하기(완만한 사다리꼴로 재단)
	자연 네일의 큐티클 부분에서 프리에지까지의 길이를 측정하여 재단하기
네일 랩 접착	큐티클 라인에서 약 0.15mm 정도 남기고 접착하기
네일 접착제 도포	스틱 글루로 네일 랩을 충분히 흡수되도록 도포하기
코팅하기	효과적인 광택과 두께를 보강하기 위하여 브러시 글루를 바르기
경화 촉진제	글루 드라이를 약 10~15cm 정도 거리를 유지하여 약하게 분사하기
자연 네일 형태	자연 네일 형태 만들기
표면정리	인조 네일용 파일과 샌드 버퍼를 사용하여 표면을 정리하기
더스트 제거	네일 더스트 브러시를 이용하여 네일 주변의 더스트 제거하기
코팅하기	효과적인 광택과 두께를 보강하기 위하여 젤 글루를 바르기
경화 촉진제	글루 드라이를 약 10~15cm 정도 거리를 유지하여 약하게 분사하기
샌딩하기	샌드 버퍼와 피니셔로 광이 잘나도록 표면을 매끄럽게 만들기
광택내기	광택용 파일을 이용하여 네일 표면에 광내기
마무리	손을 닦고 큐티클 부분에 오일을 바르고 마무리하기

② 손상된 자연 네일 보강 순서

전 처리	네일 랩을 적용하기에 적합한 네일 화장물 전 처리 작업하기
네일 랩 재단	손상된 부분 사이즈를 측정하여 조금 여유 있게 재단하기
네일 랩 접착	손상된 부분 접착하기
네일 접착제 도포	스틱 글루로 네일 랩을 충분히 흡수되도록 도포하기
채워주기	스틱 글루와 필러 파우더를 사용하여 두께 형성하기(손상 상태에 따라 필러 파우더 양 조절)
경화 촉진제	글루 드라이를 약 10~15cm 정도 거리를 유지하여 약하게 분사하기
자연 네일 형태	자연 네일 형태 조형하기
표면 정리	인조 네일용 파일과 샌드 버퍼를 사용하여 표면을 정리하기
더스트 제거	네일 더스트 브러시를 이용하여 네일 주변의 더스트 제거하기
코팅하기	효과적인 광택과 두께를 보강하기 위하여 젤 글루를 바르기
경화 촉진제	글루 드라이를 약 10~15cm 정도 거리를 유지하여 약하게 분사하기
샌딩하기	샌드 버퍼와 피니셔로 광이 잘나도록 표면을 매끄럽게 만들기
광택내기	광택용 파일을 이용하여 네일 표면에 광내기
마무리	손을 닦고 큐티클 부분에 오일을 바르고 마무리하기

③ 찢어진 자연 네일 보강 순서

전 처리	네일 랩을 적용하기에 적합한 네일 화장물 전 처리 작업하기
네일 접착제 도포	찢어진 부분에 스틱 글루로 도포 후 오렌지우드스틱으로 찢어진 부분을 붙여주기
경화 촉진제	글루 드라이를 약 10~15cm 정도 거리를 유지하여 약하게 분사하기
표면 정리	샌드 버퍼로 표면을 정리하고 네일 더스트 브러시를 이용하여 더스트 제거하기
네일 랩 재단	네일 랩의 윗부분을 큐티클 라인과 동일하게 재단하기(완만한 사다리꼴로 재단)
접착제 도포	스틱 글루로 네일 랩을 충분히 흡수되도록 도포하기
채워주기	스틱 글루와 필러 파우더를 2~3번 반복 사용하여 두께 형성하기
	프리에지부터 하이 포인트까지 그라데이션이 되게 필러 파우더와 스틱 글루 도포하기
경화 촉진제	글루 드라이를 약 10~15cm 정도 거리를 유지하여 약하게 분사하기
자연 네일 형태	자연 네일 형태 조형하기
표면 정리	인조 네일용 파일과 샌드 버퍼를 사용하여 표면을 정리하기
더스트 제거	네일 더스트 브러시를 이용하여 네일 주변의 더스트 제거하기
코팅하기	효과적인 광택과 두께를 보강하기 위하여 젤 글루 바르기
경화 촉진제	글루 드라이를 약 10~15cm 정도 거리를 유지하여 약하게 분사하기
샌딩하기	샌드 버퍼와 피니셔로 광이 잘나도록 표면을 매끄럽게 만들기
광택내기	광택용 파일을 이용하여 네일 표면에 광내기
마무리	손을 닦고 큐티클 부분에 오일을 바르고 마무리하기

③ 아크릴 화장물 보강

① 아크릴 화장물 도구 및 보강 작업

(1) 아크릴 화장물 보강 특징

아크릴은 네일 화장물 중 가장 단단하고 경화 후에도 수축이나 변형이 없고, 손상된 부분의 범위가 크며 단단하게 두께를 형성해야 하는 자연 네일의 손상 상태에 적용

(2) 아크릴 화장물 도구

아크릴 파우더	• 아크릴 리퀴드와 혼합하여 사용하는 분말타입 제품
아크릴 리퀴드	• 아크릴 파우더와 혼합하여 사용하는 액상타입 제품 • 화학물질을 함유하고 있어 라벨을 붙이고 온도와 빛에 노출되면 변질 우려 • 서늘하고 통풍이 잘되는 공간에 보관
아크릴 브러시	• 아크릴 파우더와 아크릴 리퀴드를 혼합할 때 사용하는 브러시 • 브러시 모의 양에 따라 스컬프처용 브러시와 아트용 브러시로 나누어 사용 • 아크릴 잔여물이 남지 않도록 닦고 브러시 끝을 모아 브러시가 아래쪽을 향하게 보관
디펜디시	• 아크릴릭 리퀴드, 브러시 클리너 등을 덜어 쓰는 용기 • 화학물질에도 녹지 않는 재질로 된 작은 용기

(3) 아크릴 화장물 보강 작업 순서

① 약해지고 손상된 자연 네일 보강 순서

전 처리	네일 프라이머를 자연 네일에 소량 도포하기
아크릴 적용하기	하이 포인트에서 프리에지까지 아크릴 볼을 올리고 자연스럽게 연결하기
	큐티클 부분에 아크릴 볼을 올리고 큐티클 라인을 얇게 하여 자연스럽게 연결하기
핀치하기	옆면 라인이 일직선이 되도록 핀치하기
자연 네일 형태	자연 네일 형태 조형하기
표면 정리	인조 네일용 파일과 샌드 버퍼를 사용하여 표면을 정리하기
광택내기	광택용 파일을 사용하여 인조 네일의 표면 광택내기
마무리	손을 닦고 큐티클 부분에 오일을 바르고 마무리하기

② 찢어진 자연 네일 보강 순서

네일 접착제 도포	찢어진 부분에 스틱 글루로 도포 후 오렌지우드스틱으로 찢어진 부분을 붙여주기
경화 촉진제	글루 드라이를 약 10~15cm 정도 거리를 유지하여 약하게 분사하기
표면 정리	샌드 버퍼로 표면을 정리하고 네일 더스트 브러시를 이용하여 더스트 제거하기
전 처리제	네일 프라이머를 자연 네일에 소량 도포하기
아크릴 적용하기	하이 포인트에서 프리에지까지 아크릴 볼을 올리고 자연스럽게 연결하기
	큐티클 부분에 아크릴 볼을 올리고 큐티클 라인을 얇게 하여 자연스럽게 연결하기
핀치하기	옆면 라인이 일직선이 되도록 핀치하기
자연 네일 형태	자연 네일 형태 조형하기
표면 정리	인조 네일용 파일과 샌드 버퍼를 사용하여 표면을 정리하기
광택내기	광택용 파일을 사용하여 인조 네일의 표면 광택내기
마무리	손을 닦고 큐티클 부분에 오일을 바르고 마무리하기

4 젤 화장물 보강

1 젤 화장물 도구 및 보강 작업

(1) 젤 화장물 도구

베이스 젤	• 자연 네일을 보호하고 클리어 젤, 젤 폴리시가 잘 밀착되도록 도포	
클리어 젤	• 점성을 가지고 있으며 네일 보강과 길이를 연장하는 등의 제품 • 젤 램프기기에 경화해야 함 • 빛이 투과되지 않는 용기와 장소, 적당한 온도를 유지하여 보관 • 딱딱한 질감으로 변한 젤은 광택이 저하될 수 있으므로 따뜻하게 데운 후 사용	
	소프트 젤	• 점도가 작아 고르게 퍼지며 부드러운 제품 • 내구력과 지속력이 다소 떨어짐 • 제거 용액으로 제거 가능

	하드 젤	• 점도가 커 단단한 제품 • 내구력과 지속력이 소프트 젤보다 강함 • 제거 용액으로 제거 어려움
탑 젤		• 젤의 유지력을 높이고 광택을 부여 • 마지막 단계에 사용
젤 브러시		• 젤을 네일에 바를 때 사용 • 젤 브러시 길이, 크기, 형태에 따라 스컬프처용과 아트용으로 나누어 사용 • 묻은 젤을 닦고 빛이 투과하지 않는 재질의 브러시 케이스 안에 보관
젤 램프기기		• 베이스 젤, 클리어 젤, 젤 폴리시, 탑 젤을 경화시켜주는 UV, LED 전구가 있는 기기 • 젤이 완벽하게 경화되지 않을 시 리프팅이 빨리 발생하므로 램프를 확인 후 교체 • 한번에 많은 양의 젤 경화 시 히팅 현상을 일으킬 수 있으므로 네일 손상을 줄 수 있음 • UV램프 : UV-A(약 320~400nm), 램프 교체(3~6개월, 1,000시간) • LED램프 : 가시광선(약 400~700nm), 램프 반영구적(40,000~120,000시간)

(2) 젤 화장물 보강 작업

① 약해지고 손상된 자연 네일 보강 순서

전 처리	• 네일 프라이머를 자연 네일에 소량 도포하기
베이스 젤 도포	• 베이스 젤 도포 후 젤 램프기기에 경화하기
젤 적용	• 하이 포인트에서 프리에지까지 클리어 젤을 올려 자연스럽게 연결하기 • 큐티클 부분에 클리어 젤을 올리고 큐티클 라인을 얇게 하여 자연스럽게 연결 후 경화하기
미경화 젤 제거	• 젤 클렌저를 사용하여 미경화 젤 닦아내기
자연 네일 형태	• 인조 네일용 파일을 사용하여 스퀘어 형태로 구조 조형하기
표면 정리	• 인조 네일용 파일과 샌드 버퍼를 사용하여 표면을 정리하기
마무리	• 멸균거즈를 사용하여 손 전체를 닦아주기
탑 젤(경화)	• 탑 젤을 도포 후 경화하기(미경화 젤이 있는 경우 미경화 젤을 닦아주기)

② 찢어진 자연 네일 보강 순서

네일 접착제 도포	• 찢어진 부분에 스틱 글루로 도포 후 오렌지우드스틱으로 찢어진 부분을 붙여주기
경화 촉진제	• 글루 드라이를 약 10~15cm 정도 거리를 유지하여 약하게 분사하기
표면 정리	• 샌드 버퍼로 표면을 정리하고 네일 더스트 브러시를 이용하여 더스트 제거하기
전 처리제	• 네일 프라이머를 자연 네일에 소량 도포하기
베이스 젤 도포	• 베이스 젤 도포 후 젤 램프기기에 경화하기
젤 적용	• 하이 포인트에서 프리에지까지 클리어 젤을 올려 자연스럽게 연결하기 • 큐티클 부분에 아크릴 볼을 올리고 큐티클 라인을 얇게 하여 자연스럽게 연결 후 경화하기
미경화 젤 제거	• 젤 클렌저를 사용하여 미경화 젤 닦아내기
자연 네일 형태	• 인조 네일용 파일을 사용하여 스퀘어 형태로 구조 조형하기
표면 정리	• 인조 네일용 파일과 샌드 버퍼를 사용하여 표면을 정리하기
마무리	• 멸균거즈를 사용하여 손 전체를 닦아주기
탑 젤(경화)	• 탑 젤을 도포 후 경화하기(미경화 젤이 있는 경우 미경화 젤을 닦아주기)

Chapter 05

네일 컬러링

1 컬러링의 종류 ➡(2016.1)㊶(2015.10)(51)(2015.7)(56)(2015.4)㊵(2014.11)(57)

풀 코트 (Full Coat)		• 네일 전체에 컬러링 하는 기법
프렌치 (French)		• 일자형, V자형, 사선형, 반달형으로 컬러링 하는 기법 • 시험이나 대회에서는 두께 3~5mm 반달형 프렌치 컬러링 기법으로 함
딥 프렌치 (Deep French)		• 네일의 전체 길이 1/2 이상에서 루눌라를 넘지 않게 컬러링 하는 기법
하프문, 루눌라 (Half Moon, Lunula)		• 루눌라 부분을 일정하게 남겨 놓고 컬러링 하는 기법
프리에지 (Free Edge)		• 프리에지 부분에만 컬러링 하지 않는 기법
헤어라인 팁 (Hair Line Tip)		• 네일 전체에 컬러링 한 후 벗겨지기 쉬운 프리에지 단면 부분을 약 1mm 정도 지우는 기법
슬림라인, 프리 월 (Slim Line, Free Wall)		• 네일이 길고 가늘게 보이도록 하는 방법으로 네일의 양쪽 옆면을 약 1mm 정도 남기고 컬러링 하는 기법
그라데이션 (Gradation)		• 네일의 전체 길이 1/2 이상에서 루눌라를 넘지 않게 프리에지로 갈수록 자연스럽게 컬러가 진해지는 기법

2 풀 코트 컬러 도포

1 풀 코트 컬러링 순서 ➡(2015.7)(53)

① 베이스 코트 1회 도포
② 네일 폴리시 2회 도포
③ 탑 코트 1회 도포

2 컬러링 방법 ➡(2016.7)(59)

(1) 베이스 코트

① 손톱에 네일 폴리시의 색소 침착을 막아주고 밀착력을 높여주기 위해 1회 도포
② 베이스 코트 양을 조절하여 프리에지에 도포 후 네일 바디 전체에 도포하기

(2) 풀 코트

풀 코트는 큐티클과의 간격을 0.15mm정도 띄우고 네일 폴리시 브러시를 자연 네일과 45°가 되도록 하여 가상 길이를 생각해 프리에지까지 브러시를 길게 빼서 2회 도포

양방향 컬러링 방법	프리에지 도포 → 자연 네일 중앙 큐티클 라인에 0.15mm정도 띄우고 바르기 → 왼쪽 큐티클 라인을 따라 바르기 → 오른쪽 큐티클 라인을 따라 바르기
한방향 컬러링 방법	프리에지 도포 → 왼쪽에서부터 오른쪽으로 여러번 겹쳐 바르기

(3) 탑 코트

① 네일 폴리시의 색 보호와 광택력, 지속력을 유지하기 위해 1회 도포
② 탑 코트 양을 조절하여 프리에지에 도포 후 컬러링 된 부분 전체에 도포하기

③ 프렌치 컬러 도포

1️⃣ 프렌치 컬러링 순서

① 베이스 코트 1회 도포
② 양쪽 대칭이 일정하도록 프렌치 라인 2회 도포
③ 탑 코트 1회 도포

2️⃣ 컬러링 방법

① 프렌치 컬러링은 양쪽 대칭이 일정하며 3~5mm 이내의 길이로 도포
② 프렌치(French), 딥 프렌치(Deep French), 루눌라(하프문)(Half Moon, Lunula), 일자형(straight), V자형(V-neck/V-type), 사선형(slant/triangle) 등 응용된 다양한 방법으로 분류

④ 딥 프렌치 컬러 도포

1️⃣ 딥 프렌치 컬러링 순서

① 베이스 코트 1회 도포
② 양쪽 대칭이 일정하며 자연 네일의 1/2 이상 딥 프렌치 라인 2회 도포
③ 탑 코트 1회 도포

2️⃣ 컬러링 방법

자연 네일 전체 길이에 1/2 이상, 반월부분은 침범하지 않도록 양쪽 대칭이 일정하게 도포

1 그라데이션 컬러링 순서 ➡(2014.11)⑤⑤

① 베이스 코트 1회 도포
② 스펀지를 사용하여 색상, 도포 횟수 제한이 없이 반복적으로 두드려 컬러의 경계를 없애 도포
③ 탑 코트 1회 도포

2 컬러링 방법

① 손톱 전체 길이에 1/2 이상 반월부분은 침범하지 않도록 프리에지 부분으로 갈수록 색이 진해지도록 도포
② 스펀지에 네일 폴리시와 베이스 코트를 발라 자연 네일에 가볍게 두드리며 경계를 없애고 도포 횟수 제한이 없이 네일 폴리시에 색상이 나올 때까지 도포

Chapter 06 네일 폴리시 아트

1 일반 네일 폴리시 아트

1 기초 색채 배색 및 일반 네일 폴리시 아트 작업

(1) 색

빛이 물체에 비추어 반사, 분해, 투과, 굴절, 흡수 될 때 눈을 자극함으로써 감각된 현상을 나타내는 것

(2) 색채

물리적인 현상으로 색이 감각 기관인 눈을 통해 대뇌까지 전달되어 감각과 연관되어 지각되는 심리적인 경험효과의 현상을 나타내는 것

(3) 색의 분류

유채색	빨강, 파랑, 노랑, 초록 등 같은 색조가 있는 색으로 무채색을 제외한 모든 색
무채색	회색, 하얀색, 검은색 등의 색조가 없는 색

(4) 색의 3 속성

색상	빨강, 파랑, 노랑, 초록, 주황, 파랑, 남색, 보라, 자주 등과 같은 색을 가지고 있는 색조
명도	색의 밝고 어두운 정도를 말하며, 밝은 색일수록 고명도이고, 어두운 색일수록 저명도
채도	색의 맑고 탁한 정도를 말하며, 색이 맑고 선명할수록 채도가 높다고 함

(5) 배색

배색이란 두 개 이상의 색을 배열하는 것을 말하고, 색채를 배합한다는 것은 미적인 효과를 주며, 계절과 피부에 따라 유행성을 고려하여 색을 조합하여 맞는 배색으로 네일 디자인을 표현할 수 있음

① 색상 배색

동일색상 배색	유사색상 배색	반대색상 배색
• 동일 색을 이용해 톤의 차를 두어 배색하는 방법 • 시원함, 차분함, 따뜻함, 간결함	• 인접한 색을 이용해 톤의 차를 두어 배색하는 방법 • 온화함, 상냥함, 친근함, 명쾌함	• 색상차가 서로 반대되는 색을 이용하여 배색하는 방법 • 강함, 화려함, 자극적, 동적임, 예리함

PART 3 네일 화장물 적용 | 277

② 명도 배색

고명도 배색	중명도 배색	저명도 배색
• 밝은 색인 파스텔 톤의 높은 명도로 색조를 지닌 배색 • 밝음, 창백함, 맑음, 깨끗함, 부드러운 연한 느낌	• 중간 정도의 명도로 색조를 지닌 배색 • 침착함, 불분명한 느낌	• 명도가 낮은 어두운 색조를 지닌 배색 • 어두움, 음침함, 무거움, 딱딱한 느낌

③ 채도 배색

고채도 배색	저채도 배색	채도차가 큰 배색
• 채도가 높은 색조를 지닌 배색 • 화려함, 강함, 자극적인 느낌	• 채도가 낮은 색조를 지닌 배색 • 소박함, 온화함, 차분함, 부드러운 느낌	• 고채도와 저채도의 색조를 지닌 배색 • 활기참, 활발함, 명쾌한 느낌

④ 4계절 컬러 이미지

봄	여름	가을	겨울
• 선명하고 부드러우며 산뜻히고 맑은 느낌 • 고명도 배색, 고채도 배색 • 파스텔 계열, 노랑, 연두, 연분홍, 연보라 등	• 차가우면서 깔끔하고 시원하며 우아한 이미지, 청량감, 시원함, 강렬함 • 고채도 배색, 채도차가 큰 배색 • 노란기가 없는 파랑, 라벤더, 하늘색, 청록색, 청색 등	• 성숙하고 지적이며 섹시한 이미지에 따뜻한 유형, 차분함, 편안함 • 중명도 배색, 저채도 배색, 고채도에 붉은 계열 배색 • 카키, 버건디, 빨강, 갈색, 적자색 등	• 어두우면서도 그윽하고 시크한 이미지에 차가움, 화려함 • 저명도 배색, 고채도 배색 • 진한 회색, 검정, 흰색, 적색, 남색 등

(6) 일반 네일 폴리시 아트

일반 네일 폴리시를 이용해 라이너 브러시, 오렌지우드스틱 등의 도구를 이용하여 페인팅 디자인을 하거나 폴리시 성질을 이용하여 워터마블, 마블디자인을 표현하는 아트를 하는 것

① 페인팅 디자인 순서

디자인 선정	페인팅 할 디자인 참고 자료 수집하기
디자인 스케치	참고 자료를 활용하여 스케치하기
네일 기본관리	자연 네일 형태를 선정하고 큐티클 정리 후 유분기 제거까지 하기
베이스 코트	착색 방지를 위해 베이스 코트를 네일 전체에 얇게 1회 도포하기
네일 컬러링	유색 폴리시를 네일 전체에 2회 도포하기

페인팅 디자인	선정한 디자인을 페인팅하기
탑 코트	광택과 컬러보호를 위해 네일 전체에 1회 도포하기
네일 폴리시 화장물 마무리	오렌지우드스틱(OWS)과 거즈를 사용하여 화장물 마무리하기

② 워터마블 디자인 순서

네일 기본관리	자연 네일 형태를 선정하고 큐티클 정리 후 유분기 제거까지 하기
베이스 코트	착색 방지를 위해 베이스 코트를 네일 전체에 얇게 1회 도포하기
워터마블 디자인1	물이 담긴 용기에 두 가지 이상의 컬러를 떨어뜨리기(번짐 확인)
워터마블 디자인2	오렌지우드스틱으로 원하는 마블 선을 그어주기
워터마블 디자인3	마블 디자인을 확인 후 자연 네일을 디자인 할 곳에 천천히 담그기
워터마블 디자인4	오렌지우드스틱에 솜을 말아 물 위에 남아있는 폴리시를 정리하기
탑 코트	광택과 컬러보호를 위해 네일 전체에 1회 도포하기
네일 폴리시 화장물 마무리	오렌지우드스틱(OWS)과 거즈를 사용하여 화장물 마무리하기

③ 마블 디자인 순서

네일 기본관리	자연 네일 형태를 선정하고 큐티클 정리 후 유분기 제거까지 하기
베이스 코트	착색 방지를 위해 베이스 코트를 네일 전체에 얇게 1회 도포하기
네일 컬러링	유색 폴리시를 2회 도포하기
마블 디자인	선정한 디자인의 폴리시를 올려 마르기 전에 오렌지우드스틱 등으로 폴리시를 당겨 마블 디자인하기
탑 코트	광택과 컬러보호를 위해 네일 전체에 1회 도포하기
네일 폴리시 화장물 마무리	오렌지우드스틱(OWS)과 거즈를 사용하여 화장물 마무리하기

2 젤 네일 폴리시 아트

1 기초 디자인 적용 및 젤 네일 폴리시 아트 작업

(1) 디자인
① 주어진 목적을 조형적으로 실체화하는 것
② 어떠한 종류의 디자인이든지 주어진 목적을 달성하기 위하여 선택한 것들을 창조적 활동 구성으로 디자인함
③ 지시하다, 표현하다, 계획을 세우다, 스케치한다, 성취하다의 뜻을 가지고 있는 라틴어의 데시그나레에서 유래

(2) 디자인의 목적
① 명확한 목적을 지닌 활동
② 사회적, 인간적, 경제적, 기술적, 예술적, 심리적, 생리적 등의 요소
③ 실용적 조형계획, 미적인 조형계획, 생활의 목적표현

(3) 디자인의 요건
① 합목적성
② 심미성(미의식)
③ 경제성(지적활동)
④ 독창성(감정적 활동)
⑤ 질서성
⑥ 합리성

(4) 기초 디자인 적용
주어진 목적을 달성하기 위하여 창조적이며 형태와 색채를 통해 조화로운 기초 디자인할 것

점	점으로 위치와 색채를 나타내며 물방울, 그라데이션, 꽃 등을 표현
선	선 하나로 여러 가지 표현을 나타낼 수 있으며 직선, 사선, 곡선 등으로 표현
면	면에 두께와 색으로 질감이나 원근감, 체크 등을 표현
마블	두 가지 이상의 색으로 꽃, 부채꼴, 선, 대리석 등으로 여러 가지 표현

(5) 젤 네일 폴리시 아트 순서
일반 네일 폴리시와는 달리 자연 건조되지 않고 젤의 특성상 유동성이 있어 경화 전에는 수정이 가능한 장점이 있어 아트를 표현하기 유용

디자인 선정	디자인 할 참고 자료 수집하기
디자인 스케치	참고 자료를 활용하여 스케치하기
베이스 젤(경화)	베이스 젤을 도포 후 경화하기(미경화 젤이 있는 경우 미경화 젤을 닦아주기)
젤 네일 컬러링	젤 네일 폴리시 1회 도포(경화), 2회 도포(경화)
디자인하기	선정한 디자인을 표현하기(경화)
탑 젤(경화)	탑 젤을 도포 후 경화하기(미경화 젤이 있는 경우 미경화 젤을 닦아주기)

1 네일 폴리시 디자인 도구 및 통 젤 네일 폴리시 아트 작업

(1) 네일 폴리시 디자인 도구

아트 봉	• 다양한 크기로 점을 표현할 때 사용
라이너 브러시	• 용도별로 구분하여 사용 • 굵기나 가늘기에 따라 디자인을 표현 • 숏, 미디움, 롱으로 길이에 따라 구분하여 디자인을 표현
평붓	• 스퀘어 브러시, 오벌 브러시, 사선 브러시 등으로 구분하여 사용 • 그라데이션, 바탕 컬러, 면 디자인을 할 때 사용 • 여러 가지 크기로 크기에 따라 구분하여 적절히 사용

(2) 통 젤 네일 폴리시 아트

① 빛이 투과되지 않는 통에 젤이 담겨진 형태
② 따로 브러시가 내장되어 있지 않기 때문에 젤 전용 브러시로 젤을 떠서 사용
③ 젤 네일 폴리시와 같이 다양한 색을 지니고 자연 네일 전체에도 도포 가능
④ 디자인 표현 시 경화하기 전까지 수정 가능

① 네일 상태에 따른 네일 팁 선택

1 네일 팁의 개념 ➜(2015.7)㊱

① 이미 만들어진 인조 네일로 길이를 연장하기 위해 사용
② 네일 팁을 이용해서 길이를 연장하여 네일 랩, 아크릴, 젤 등으로 팁 위에 튼튼하게 유지시키는 방법을 '네일 팁 오버 레이'라고 함
③ 종목 명칭 : 팁 위드 파우더, 팁 위드 랩, 팁 위드 아크릴, 팁 위드 젤 등
④ 팁의 재질 : 플라스틱, 아세테이트, 나일론

2 네일 팁의 종류

① 크기에 따라 1(0)~10단위의 숫자로 분류
② 모양과 커브에 따라 종류를 분류(풀 팁, 풀 웰 팁, 하프 웰 팁, C커브 팁, 화이트 팁 등)
③ 웰(Well) : 네일 접착제를 바르는 곳으로 자연 네일과 네일 팁이 접착될 때 약간의 홈이 파여 있는 부분
④ 포지션 스톱 : 네일 팁의 웰이 끝나는 부분의 경계선으로 네일 접착제가 넘치면 안 되는 웰의 정지선

3 네일 팁 선택 ➜(2014.11)㊺

① 양쪽 옆면이 들어갔거나 각진 네일 : 하프 웰 네일 팁
② 넓적한 네일 : 끝이 좁아지는 내로우 네일 팁
③ 아래로 향한 네일 : 일자 네일 팁
④ 위로 솟아오르는 네일 : 커브가 있는 네일 팁
⑤ 많이 짧은 자연 네일 : 스컬프처 네일이 효과적이나 프리에지가 일정한 경우 접착 면이 넓은 풀 웰 선택

4 네일 팁 사이즈 고르는 법

① 자연 네일의 사이즈와 동일한 사이즈 팁을 고름
② 맞는 사이즈가 없을 시 한 사이즈 큰 팁을 골라 자연 네일에 맞게 파일로 조절
③ 자연 네일 양 옆(스트레스 포인트)이 부족함 없이 모두 커버되어야 함
④ 작은 사이즈를 붙일 시 자연 네일을 손상시키고 말리는 변형이 올 수 있음

5 네일 팁 접착하는 법 ➜(2016.4)⑤⑦(2016.1)⑤⑦(2015.4)⑤③

① 팁이 자연 네일의 1/2 이상을 덮지 않도록 함
② 웰 부분에 네일 접착제를 바른 후 45° 각도로 기포가 생기지 않게 접착
③ 자연 네일에 접착 시 손과 손가락의 전체적인 형태를 고려하여 일직선으로 접착
④ 네일 접착제가 웰의 정지선을 넘지 않도록 주의(네일 접착제 양이 적어도 많아도 안 됨)
⑤ 팁의 접착력을 높이기 위해 유분기를 제거

1 팁 커터

① 네일 팁을 재단하는 도구(단, 오버레이 하지 않은 상태)
② 네일 팁과 팁 커터의 각도가 90°가 되도록 하여 재단

2 풀 커버 팁 활용 및 도구

① 풀 팁이라고도 함
② 클리어, 내추럴, 메탈, 아트 디자인이 되어 있는 네일 팁
③ 자연 네일 전체에 접착하여 연장
④ 큐티클에 맞춰 접착
⑤ 투박하고 작업 시간 단축

3 프렌치 팁 활용 및 도구

① 프렌치 스타일로 만들어진 화이트에서부터 다양한 색의 네일 팁
② 자연 네일 프리에지에 프렌치 팁을 접착하여 연장
③ 큐티클에서 프렌치 팁에 스마일라인 중앙 지점까지 같은 길이에 맞춰 접착
④ 길이 재단 시 프렌치 스마일라인 중앙 지점부터 길이에 맞춰 재단
⑤ 프렌치 팁 위에 파우더로 오버레이하여 길이 연장하는 방법을 프렌치 팁 위드 파우더라 함

4 내추럴 팁 활용 및 도구

① 내추럴 풀 웰 팁, 내추럴 하프 웰 팁, 웰이 없는 내추럴 팁으로 구분
② 자연 네일을 자연스럽게 길이를 연장하는 네일 팁
③ 자연스럽게 하기 위해 내추럴 팁을 접착 후 팁 턱을 제거
④ 가장 시간이 오래 걸리는 단점이 있지만 자연스러움이 특징
⑤ 내추럴 팁 위에 파우더로 오버레이하여 길이 연장하는 방법을 내추럴 팁 위드 파우더라 함
⑥ 팁 커터 : 내추럴 팁의 길이를 줄일 때 사용

Chapter 08 팁 위드 랩

① 팁 위드 랩 네일 팁 적용

1 네일 팁 턱 제거 및 적용 방법

① 내추럴 팁을 접착하여 자연 네일과 자연스럽게 하기위해 웰 부분인 팁 턱을 제거
② 웰 부분에서 정지선까지 전부 제거 시 팁이 떨어지기 때문에 주의
③ 자연 네일이 손상되지 않도록 여러 번 나눠서 제거
④ 양쪽 끝부분은 네일 파일로 인하여 피부에 출혈이 발생할 수 있으므로 각별히 주의

② 네일 랩 적용

1 네일 랩 오버레이 및 네일 랩 적용 작업

(1) 네일 랩의 종류

실크, 파이버 글래스, 린넨 등이 있으며 적절하게 선택하여 사용

(2) 팁 위드 랩

① 네일 팁 위에 네일 랩으로 오버레이하여 길이를 연장하는 방법
② 팁 위드 랩 주요 재료 ➡(2016.7)⑤
　　네일 팁, 팁 커터, 네일 접착제, 글루 드라이, 필러 파우더, 실크, 실크가위
③ 팁 위드 랩 작업 순서

손 소독	안티셉틱을 이용하여 작업자와 고객의 손톱, 손 소독하기
자연 네일 모양	자연 네일의 프리에지를 웰의 모양과 동일하게 약 1mm의 길이로 만들기
네일 팁 접착	모델의 네일에 알맞은 사이즈의 네일팁을 골라 접착하기
네일 팁 재단	네일 팁과 팁 커터의 각도를 90°로 하여 네일 팁을 커트하기
네일 팁 턱 제거	자연 네일과 매끄럽게 연결되도록 팁 턱을 제거하기
더스트 제거	더스트 브러시를 이용하여 네일 주변의 더스트 제거하기
채워주기	네일 접착제와 필러 파우더를 반복적으로 사용하여 자연 네일과 네일 팁 턱 사이를 채워주기 (굴곡이 없는 경우 채워주기 단계를 생략가능)
길이 및 표면정리	인조 네일용 파일을 사용하여 길이 조절, 표면 정리하기
더스트 제거	더스트 브러시를 이용하여 네일 주변의 더스트 제거하기
네일 랩 재단	큐티클 라인에 맞게 네일 랩을 재단하기
네일 랩 고정	스틱 글루를 이용하여 네일 랩을 고정하기
네일 랩 턱 제거	인조 네일용 파일을 사용하여 네일 랩 턱을 제거하기

인조 네일 모양	인조 네일용 파일을 이용하여 스퀘어 형태를 조절하기
코팅하기	젤 글루로 광택과 두께를 보강 후 샌드 버퍼로 매끄럽게 표면을 정리하기
광택내기	광택용 파일을 이용하여 네일 표면에 광내기
마무리	손을 닦고 큐티클 부분에 오일을 바르고 마무리하기

> 🧴 손 소독 → 손톱 모양(쉐입) → 표면정리 → 네일 팁 접착 → 네일 팁 재단 → 네일 팁 턱 제거 → 채워주기 → 길이 및 표면정리 → 네일 랩 재단 → 네일 랩 고정→ 네일 팁 턱 제거 → 인조 네일 모양 조절 → 코팅하기 → 광택내기 → 마무리

2 네일 팁 오버레이 적용 작업

(1) 팁 위드 아크릴
① 네일 팁 위에 아크릴로 오버레이하여 길이 연장하는 방법
② 팁 위드 아크릴 주요 재료
    네일 팁, 팁 커터, 네일 접착제, 글루 드라이, 전 처리제, 아크릴 파우더, 아크릴 리퀴드, 아크릴 브러시
③ 팁 위드 아크릴 작업 순서

손 소독	안티셉틱을 이용하여 작업자와 고객의 손톱, 손 소독하기
자연 네일 모양	자연 네일의 프리에지를 라운드 형태로 1mm의 길이로 만들기
네일 팁 접착	모델의 네일에 알맞은 사이즈의 네일 팁을 선택하여 접착하기
네일 팁 재단	팁 커터로 네일 팁의 길이를 알맞게 자르기
네일 팁 턱 제거	자연 네일과 매끄럽게 연결되도록 네일 팁 턱을 제거하기
네일 팁 광택 제거	샌딩 파일을 사용하여 네일 팁의 광택을 제거하기
더스트 제거	네일 더스트 브러시를 이용하여 네일 주변의 더스트 제거하기
전 처리제	네일 프라이머를 자연 네일에 소량 도포하기
아크릴 볼 올리기	네일 팁 턱 제거 부분에 아크릴 볼을 올려 프리에지까지 연결하기
	하이포인트(가장 높은 지점)에 아크릴 볼을 올려 자연스럽게 연결하기
	큐티클 부분에 얇게 아크릴 볼을 올리고 자연스럽게 연결하기
핀치 넣기	사이드 직선라인이 평행이 되도록 핀치를 넣어주기
인조 네일 모양	인조 네일용 파일을 사용하여 인조 네일의 구조를 만들기
표면정리	인조 네일용 파일과 샌드 버퍼를 사용하여 표면을 정리하기
광택 내기	광택용 파일을 사용하여 인조 네일의 표면에 광택내기
손 세척	큐티클 부분에 오일을 바르고 손을 세척하기
마무리	멸균거즈를 사용하여 손 전체를 닦아주기

> 🧴 손 소독 → 손톱 모양(쉐입) → 표면정리 → 네일 팁 접착 → 네일 팁 재단 → 네일 팁 턱 제거 → 전 처리제 → 아크릴 볼 올리기 → 핀치 넣기 → 길이 및 표면정리 → 광택내기 → 마무리

(2) 팁 위드 젤

① 네일 팁 위에 젤로 오버레이하여 길이 연장하는 방법

② 팁 위드 젤 주요 재료

네일 팁, 팁 커터, 네일 접착제, 글루 드라이, 전 처리제, 클리어 젤, 젤 램프기기, 젤 브러시

③ 팁 위드 젤 작업 순서

손 소독	안티셉틱을 이용하여 작업자와 고객의 손톱, 손 소독하기
자연 네일 형태	자연 네일의 프리에지를 라운드 형태로 1mm의 길이로 조형하기
네일 팁 접착	모델의 네일에 알맞은 사이즈의 네일 팁을 선택하여 접착하기
네일 팁 재단	팁 커터로 네일 팁의 길이를 알맞게 자르기
네일 팁 턱 제거	자연 네일과 매끄럽게 연결되도록 네일 팁 턱을 제거하기
네일 팁 광택 제거	샌딩 파일을 사용하여 네일 팁의 광택을 제거하기
더스트 제거	네일 더스트 브러시를 이용하여 네일 주변의 더스트 제거하기
전 처리제	네일 프라이머를 자연 네일에 소량 도포하기
클리어 젤(경화)	네일 팁 턱 제거 부분부터 클리어 젤을 올려 프리에지까지 연결 후 경화하기
	하이포인트(가장 높은 지점)에 클리어 젤을 올려 자연스럽게 연결 후 경화하기
	큐티클 부분에 얇게 클리어 젤을 올려 자연스럽게 연결 후 경화하기
미경화 젤 제거	젤 클렌저로 미경화 젤을 닦아주기
인조 네일 형태	인조 네일용 파일을 사용하여 인조 네일의 구조를 조형하기
표면정리	인조 네일용 파일과 샌드 버퍼를 사용하여 표면을 정리하기
마무리	멸균거즈를 사용하여 손 전체를 닦아주기
탑 젤(경화)	탑 젤을 도포 후 경화(미경화 젤이 있는 경우 미경화 젤을 닦아주기)

> 손 소독 → 손톱 형태(쉐입) → 표면정리 → 네일 팁 접착 → 네일 팁 재단 → 네일 팁 턱 제거 → 전 처리제 → 클리어 젤(경화) → 미경화 젤 제거 → 길이 및 표면정리 → 마무리 → 탑 젤(경화)

> **프렌치 화이트 팁**
> 프렌치 화이트 팁은 프렌치 화이트 팁 턱을 제거하지 않으며 작업 순서는 모두 같음

1 네일 랩 재단

1 네일 랩의 개념

네일 랩은 '네일을 포장한다.'라는 뜻으로 약한 네일, 찢어진 네일에 랩을 씌워 단단하게 보강하며 인조 네일을 더욱 튼튼하게 유지시켜주거나, 길이를 연장하는 데 사용

2 네일 랩 재료 및 작업

네일 랩	실크	• 명주실로 짠 직물 • 조직이 섬세하고 가볍고 부드러우며 가장 많이 사용
	파이버 글래스	• 인조유리섬유로 짠 직물 • 투명하며 매우 반짝거림 • 실크보다 조직이 성글어 네일 글루 양을 많이 필요로 함
	린넨	• 아마의 실로 짠 직물 • 다른 소재에 비해 강함 • 천의 조직이 비치고 두꺼우며 투박함
실크가위		• 실크, 파이버 글래스를 자를 때 사용하는 전용가위

2 네일 랩 접착

1 네일 랩 접착제 및 접착 작업

네일 접착제 (네일 글루)	• 네일 팁을 접착, 네일 랩 고정에 사용 • 점성에 따라 사용 용도에 맞추어 적절히 사용 • 점성이 낮으면 얇게 도포되므로 빠르게 건조, 점성이 크면 두껍게 도포되어 더디게 건조	
	스틱 글루	• 라이트 글루 : 투명하며 가장 작은 점성 • 핑크 글루 : 핑크 컬러로 라이트 글루보다 점성이 큼
	투웨이 글루	• 투명하며 스틱 글루와 브러시 글루의 중간 정도의 점성 • 상단에 마개를 열어 한 방울 떨어트려 사용하는 방법과 브러시 타입으로 바르는 방법
	브러시 글루	• 투명하며 젤의 형태로 중간 정도의 점성 • 젤 글루라고도 함 • 브러시 타입
	액세서리 글루	• 투명하며 끈끈한 젤의 형태로 가장 강한 점성 • 파츠 글루라고도 함 • 튜브 타입

① 인조 네일 구조 ➡(2016.1)⑤⑧

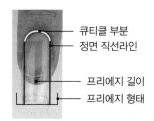
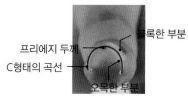
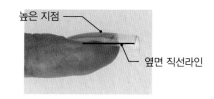

큐티클 부분	• 인조 네일에서 가장 얇아야 하는 큐티클 부분 • 인조 네일이 들뜨지 않고 자연 네일과 자연스럽게 연결되도록 파일링 • 출혈에 주의
정면 직선라인	• 정면에서 본 스트레스 포인트 외관까지의 직선라인 • 스퀘어 형태일 경우 프리에지까지 일직선으로 연결
옆면 직선라인	• 옆면에서 본 스트레스 포인트까지의 직선라인 • 스퀘어 형태일 경우 프리에지와 90°의 각도를 유지하여 일직선으로 파일링
높은 지점 (하이 포인트)	• 인조 네일에서 가장 높은 부분 • 높은 지점이 정확해야 자연 네일의 부러짐을 방지할 수 있음 • 높은 부분을 중심으로 완만한 곡선을 형성하며 파일링
프리에지 길이	• 자연 네일 프리에지 아랫부분에 연장된 인조 네일의 길이 • 과도하게 긴 길이는 인조 네일이 부러질 수 있으므로 유의 • 네일 실기시험 기준 : 0.5~1cm 미만이 되도록 파일링
프리에지 형태	• 스트레스 포인트 아랫부분의 인조 네일 프리에지 형태 • 인조 네일의 프리에지 형태는 다양 • 네일 실기시험 기준 : 스퀘어 형태로 90°로 파일링
프리에지 두께	• 인조 네일의 프리에지 단면의 두께 • 고객 생활 습관과 인조 네일의 길이에 따라 두께를 조절할 수 있음 • 네일 실기시험 기준 : 0.5~1mm 이하로 파일링
C형태의 곡선 (C커브)	• 인조 네일의 프리에지 단면의 곡선 • 네일 실기시험 기준 : 20~40% 사이
볼록한 곡선 (컨벡스)	• C형태의 곡선 윗부분의 볼록한 부분 • 인조 네일의 높은 지점을 중심으로 프리에지까지 완만하게 곡선을 형성하는 능선 • 오목한 부분과 곡선이 동일해야 하며 일정한 두께를 형성해야 함 • 곡선이 일정하게 되도록 높은 지점에서 자연스럽게 연결하여 파일링
오목한 곡선 (컨케이브)	• C형태의 곡선 안쪽의 오목한 부분 • 볼록한 부분과 곡선이 동일해야 하며 일정한 두께를 형성해야 함

2 네일 랩 익스텐션

① 네일 랩 익스텐션 주요 재료

네일 접착제, 글루 드라이, 필러 파우더, 실크, 실크가위

② 네일 랩 익스텐션 작업 순서

손 소독	안티셉틱(손 소독제)을 이용하여 작업자와 고객의 손톱, 손 소독하기
자연 네일 모양	자연 네일의 프리에지를 라운드 형태로 1mm의 길이로 만들기
네일 랩 재단	네일 랩의 윗부분을 큐티클 라인과 동일하게 재단하고 아랫부분은 연장길이보다 넉넉하게 함 (완만한 사다리꼴로 재단)
네일 랩 접착	큐티클 라인에서 약 0.15mm 정도 남기고 접착하기
네일 랩 접착제 도포	스틱 글루로 네일 랩을 고정하고 연장하는 길이만큼 네일 접착제 도포하기
두께 만들기	스틱 글루와 필러 파우더를 반복적으로 사용하여 두께 형성하기
인조 네일 모양	네일용 파일을 이용하여 스퀘어 모양으로 만들고 큐티클 부위 랩 턱 제거하기
표면정리	인조 네일용 파일과 샌드 버퍼를 사용하여 표면을 정리하기
더스트제거	네일 더스트 브러시를 이용하여 네일 주변의 더스트 제거하기
코팅하기	효과적인 광택과 두께를 보강하기 위하여 브러시 글루를 바르기
샌딩하기	샌드 버퍼와 피니셔로 광이 잘나도록 표면을 매끄럽게 만들기
광택내기	광택용 파일을 이용하여 네일 표면에 광내기
마무리	손을 닦고 큐티클 부분에 오일을 바르고 마무리하기

📑 손 소독 → 손톱 모양(쉐입) → 표면정리 → 네일 랩 재단 → 네일 랩 접착 → 네일 랩 접착제 도포 → 두께 만들기 → 표면정리 및 랩 턱 제거 → 더스트 제거하기 → 코팅하기 → 광택내기 → 마무리

Chapter 10

젤 네일 ➡(2016.4)㊻(2016.1)㊶(2015.10)㊷(2015.7)㊾

1 젤 네일 작업

1 젤 네일 시스템 ➡(2015.7)㊾

(1) 올리고머(Oligomer)

2개 이상의 분자 화합물이 결합한 저분자(소프트 젤), 중분자(하드젤)의 화합물로 점성이 있고 반응이 완료되지 않은 물질인 소중합체

(2) 폴리머(Polymer)

올리고머가 빛의 반응에 의해서 고체로 변화하며 완성된 물질인 고중합체(완성된 젤 네일)

(3) 광 중합개시제

① 젤에 첨가되어 있는 광 중합개시제에 따라 젤 램프기기(UV, LED램프)의 종류가 달라짐

② 광원에서 일어나는 광 중합반응(포토폴리머라이제이션)

2 젤의 종류 ➡(2016.4)㊻

① 소프트 젤 : 점도가 작고 부드러운 제품으로 내구력과 지속력이 다소 떨어지며 제거용액으로 제거 가능

② 하드 젤 : 점도가 커 단단한 제품으로 내구력과 지속력이 소프트 젤보다 강하며 제거용액으로 제거가 가능하지 않아 파일로 조심스럽게 제거

③ 라이트 큐어드 젤 : 자외선(UV), 가시광선(LED) 광선에 경화하는 젤

④ 노 라이트 큐어드 젤 : 광선을 사용하지 않고 응고제를 사용하여 경화하는 젤

3 젤 네일의 특성 ➡(2015.10)㊷

① 냄새가 없어 시술이 편리하고 작업시간이 단축됨

② 투명도와 지속력이 높고 광택이 오래 유지됨

③ 컬러가 다양하여 원하는 작업이 가능하며 광택과 발색이 좋음

④ 부작용이 적어 누구나 시술 가능

⑤ 자외선을 받기 전에는 굳지 않아 원하는 모양을 연출하기 쉬움

⑥ 아크릴 네일과 화학적 성분이 매우 유사하며, 응고를 도와주는 별도의 촉매제 필요

⑦ 끈끈한 점성을 가짐

4 히팅 현상

① 젤 램프 기기 사용 중 1회에 많은 양의 젤을 경화할 경우 조직을 태우는 히팅(Heating) 현상으로 인하여 네일 바디와 네일 베드에 뜨거움을 주는 현상

② 손톱이 얇거나 상처가 있을 경우에 히팅 현상이 나타날 수 있는 현상

❷ 젤 화장물 활용 ➡(2016.7)㊾(2014.11)㊻

1 젤 네일 기구 및 젤 화장물 사용방법

(1) 클리어 젤
① 점성을 가지고 있으며 네일 보강과 길이를 연장하는 등에 사용되는 제품
② 젤 램프기기에 경화해야 함
③ 빛이 투과되지 않는 용기와 장소, 적당한 온도를 유지하여 보관
④ 딱딱한 질감으로 변한 젤은 광택이 저하될 수 있으므로 따뜻하게 데운 후 사용

(2) 탑 젤
① 젤의 유지력을 높이고 광택을 부여
② 마지막 단계에 사용

(3) 젤 램프기기
① 베이스 젤, 클리어 젤, 젤 폴리시, 탑 젤를 경화시켜주는 UV, LED 전구가 있는 기기
② 젤이 완벽하게 경화되지 않을 시 리프팅이 빨리 발생하므로 램프를 확인 후 교체
③ 한 번에 많은 양의 젤 경화 시 히팅 현상을 일으킬 수 있으므로 네일 손상을 줄 수 있음
④ UV램프 : UV-A(약 320~400nm), 램프교체(3~6개월, 1,000시간)
⑤ LED램프 : 가시광선(약 400~700nm), 램프반영구적(40,000~120,000시간)

❸ 젤 원톤 스컬프처

1 네일 폼 적용 및 젤 원톤 스컬프처 작업

(1) 네일 폼 ➡(2016.1)㊾(2015.7)�554(2015.4)�57
① 네일 팁을 사용하지 않고 길이를 연장하거나 인조 네일의 형태를 만들기 위해 사용하는 받침대이며
스컬프처 시 사용
② 일회용으로 사용
③ 하이포니키움이 손상되지 않게 폼을 재단한 후 네일과 네일 폼 사이의 공간이 없도록 접착
④ 네일 폼이 틀어지지 않도록 균형을 맞추어 접착
⑤ 옆면으로 볼 때 네일 폼이 처지지 않고 큐티클 라인과 수평이 되도록 자연스럽게 접착

(2) 젤 원톤 스컬프처
① 젤 원톤 스컬프처 주요 재료
네일 폼, 전 처리제, 클리어 젤, 젤 램프기기, 젤 브러시, 젤 클렌저

② 젤 원톤 스컬프처 작업 순서

손 소독	손 소독제를 사용하여 작업자와 고객의 손·손톱 소독하기
자연 네일 모양	자연 네일의 프리에지를 라운드 또는 오벌 형태로 1mm의 길이로 만들기
전 처리하기	네일 프라이머를 자연 네일에 소량 도포하기
네일 폼 재단	하이포니키움이 손상되지 않게 재단하기
네일 폼 끼우기	자연 네일과 네일 폼 사이의 공간이 벌어지지 않게, 너무 깊게 넣지 않도록 주의
	네일 폼이 틀어지지 않도록 중심을 잘 잡고 옆면에서도 처지지 않게 접착
젤 적용	프리에지 부위에 클리어 젤을 올려 길이를 연장하고 스퀘어 형태로 정리한 후 경화하기
	큐티클 부분에 클리어 젤을 올리고 큐티클 라인을 얇게 하여 자연스럽게 연결 후 경화하기
미경화 젤 제거	젤 클렌저를 사용하여 미경화 젤 닦아내기
네일 폼 제거	네일 폼의 끝을 모아 아래로 내려 네일 폼 제거하기
인조 네일 모양	인조 네일용 파일을 사용하여 스퀘어 형태로 구조 만들기
표면정리	인조 네일용 파일과 샌드 버퍼를 사용하여 표면을 정리하기
마무리	멸균거즈를 사용하여 손 전체를 닦아주기
탑 젤(경화)	탑 젤을 도포 후 경화하기(미경화 젤이 있는 경우 미경화 젤을 닦아주기)

손 소독 → 손톱 모양(쉐입) → 표면정리 → 전 처리제 → 네일 폼 접착 → 젤 올리기(경화) → 미경화 젤 제거 → 네일 폼 제거 → 길이 및 표면정리 → 마무리 → 탑 젤(경화)

④ 젤 프렌치 스컬프처

1 젤 브러시 활용 및 젤 프렌치 스컬프처 작업

(1) 젤 브러시 활용
  ① 젤을 네일에 바를 때 사용
  ② 젤 브러시 길이, 크기와 형태에 따라 스컬프처용과 아트용으로 나누어 사용
  ③ 묻은 젤을 닦고 빛이 투과하지 않는 재질의 브러시 케이스 안에 보관

(2) 젤 프렌치 프렌치 스컬프처
  ① 젤 프렌치 스컬프처 주요 재료
    네일 폼, 전 처리제, 클리어 젤, 화이트 젤, 핑크 젤, 젤 램프기기, 젤 브러시, 젤 클렌저

② 젤 프렌치 스컬프처 작업 순서

손 소독	소독제를 사용하여 작업자와 고객의 손·손톱 소독하기
자연 네일 모양	자연 네일의 프리에지를 라운드 또는 오벌 형태로 1mm의 길이로 만들기
전 처리하기	네일 프라이머를 자연 네일에 소량 도포하기
네일 폼 재단	하이포니키움이 손상되지 않게 재단하기
젤 적용	자연 네일에 핑크 젤을 바른 후 경화하기
네일 폼 끼우기	자연 네일과 네일 폼 사이의 공간이 벌어지지 않게, 너무 깊게 넣지 않도록 주의
	네일 폼이 틀어지지 않도록 중심을 잘 잡고 옆면에서도 처지지 않게 접착
젤 적용	화이트 젤을 올리고 프리에지 라인을 따라 양쪽 포인트의 밸런스를 맞추면서 좌우가 대칭이 되도록 깨끗하고 선명한 스마일 라인을 만들면서 길이를 연장하고 스퀘어 형태로 정리한 후 경화하기
	클리어 젤을 전체에 올려 적당한 두께를 형성한 후 경화하기
미경화 젤 제거	젤 클렌저를 사용하여 미경화 젤 닦아내기
네일 폼 제거	네일 폼의 끝을 모아 아래로 내려 네일 폼 제거하기
인조 네일 모양	인조 네일용 파일을 사용하여 스퀘어 형태로 구조 만들기
표면정리	인조 네일용 파일과 샌드 버퍼를 사용하여 표면을 정리하기
마무리	멸균거즈를 사용하여 손 전체를 닦아주기
탑 젤(경화)	탑 젤을 도포 후 경화하기(미경화 젤이 있는 경우 미경화 젤을 닦아주기)

손 소독 → 손톱 모양(쉐입) ·· 표면정리 → 전 처리세 → 핑크 젤 올리기 → 네일 폼 접착 → 화이트 젤 올리기(경화) → 미경화 젤 제거 → 네일 폼 제거 → 길이 및 표면정리 → 마무리 → 탑 젤(경화)

Chapter 11

아크릴 네일 ➡(2016.7)⑤④(2015.4)⑥⓪

① 아크릴 네일 작업

1 아크릴 네일 시스템

(1) 모노머(Monomer)

⬡ ⬡

① 중합체를 구성하는 단위가 되는 분자량이 작고 서로 연결되지 않은 결합이 없는 물질인 단량체(단일분자)
② 액체 상태로 아크릴 분말을 녹여 반죽하는 데 사용됨(아크릴 리퀴드)
③ 뜨거운 온도와 빛에 장시간 노출되면 변질될 우려가 있어 직사광선을 피하고 서늘한 곳에 보관

MMA(Methyl Methacrylate)	현재 사용되지 않음
EMA(Ethyl Methacrylate)	현재 사용

(2) 폴리머(Polymer)

⬡⬡⬡

① 완성된 아크릴은 다수의 반복 단위를 함유하고 결합된 구슬이 길게 체인으로 연결된 구조인 중합체(고분자)
② 아크릴을 분말 형태로 만든 물질로 아크릴 파우더나 완성된 아크릴 네일이 폴리머에 속함

(3) 화학중합개시제

① 카탈리스트(Catalyst)의 함유량에 따라 굳는 속도를 조절할 수 있음
② 상온에서 일어나는 화학 중합반응(폴리머라이제이션)

2 아크릴 네일의 특징 ➡(2015.7)⑤⑨

① 아크릴 네일이 완벽하게 움직임 없이 굳는 시간은 약 24~48시간
② 네일의 두께를 보강하고 네일 폼을 이용하여 길이를 연장하고 네일 형태를 보정할 수 있음
③ 물어뜯는 손톱(교조증) 교정에 효과적
④ 온도에 매우 민감하여 온도가 높을수록 빨리 굳고 낮은 온도에서는 잘 굳지 않음
⑤ 온도에 민감하므로 고객의 손 온도에도 영향을 받을 수 있음
⑥ 리바운드(Rebound) 현상으로 인해 핀치를 넣어도 원래 현태로 되돌아가려는 성질이 있음
⑦ C커브에 도움을 주기위해 핀칭을 줌
⑧ 작업 시 적당한 온도는 22~25℃이며 자연 네일의 pH 4.5~5.5가 적당
⑨ 컬러에 따른 굳는 속도 : 핑크 〉화이트 〉내추럴 〉클리어

3 스컬프처 네일

네일 팁을 사용하지 않고 네일 폼과 아크릴 또는 젤로 길이를 늘려주는 방법

② 아크릴 화장물 활용

1 아크릴 네일 도구 및 사용방법 ➡(2015.4)50

아크릴 파우더	• 아크릴 리퀴드와 혼합하여 사용하는 분말타입 제품
아크릴 리퀴드	• 아크릴 파우더와 혼합하여 사용하는 액상타입 제품 • 화학물질을 함유하고 있어 라벨을 붙이고, 온도와 빛에 노출되면 변질 우려 • 서늘하고 통풍이 잘되는 공간에 보관
아크릴 브러시	• 아크릴 파우더와 아크릴 리퀴드를 혼합할 때 사용하는 브러시 • 브러시 모의 양에 따라 스컬프처용 브러시와 아트용 브러시로 나누어 사용 • 아크릴 잔여물이 남지 않도록 닦고 브러시 끝을 모아 브러시가 아래쪽을 향하게 보관
디펜디시	• 아크릴릭 리퀴드, 브러시 클리너 등을 덜어 쓰는 용기 • 화학물질에도 녹지 않는 재질로 된 뚜껑이 있는 작은 용기

③ 아크릴 원톤 스컬프처

1 아크릴 브러시 활용 및 아크릴 원톤 스컬프처 작업

(1) 아크릴 원톤 스컬프처 주요 재료

네일 폼, 전 처리제, 아크릴 파우더, 아크릴 리퀴드, 아크릴 브러시, 디펜디시

팁 : 큐티클 라인, 스마일 라인, 디자인의 미세한 작업	
벨리 : 전체적인 표면의 형태를 균일하게 표면정리, 길이, 두께, 아크릴의 부드러운 연결을 원할 때 사용	
백 : 볼을 펴주거나 더 이상 움직임이 원활하지 않을 때 표면의 균일함, 두께, 길이를 조절	

> 📖 아크릴 브러시 작업 시 주의
> • 브러시에 힘을 주면 빨리 굳음
> • 브러시를 많이 두드리면 기포가 생김

(2) 아크릴 원톤 스컬프처 작업 순서

손 소독	손 소독제를 사용하여 작업자와 고객의 손·손톱 소독하기
자연 네일 모양	자연 네일의 프리에지를 라운드 또는 오벌 형태로 1mm의 길이로 만들기
전 처리제	네일 프라이머를 자연 네일에 소량 도포하기
네일 폼 재단	하이포니키움이 손상되지 않게 재단하기
네일 폼 끼우기	자연 네일과 네일 폼 사이의 공간이 벌어지지 않게 너무 깊게 넣지 않도록 주의 네일 폼이 틀어지지 않도록 중심을 잘 잡고 옆면에서도 처지지 않게 접착하기
아크릴 적용	프리에지 부위에 클리어 볼을 올려 길이를 연장하고 스퀘어 형태로 조형하기
	하이 포인트에 아크릴 볼을 올리고 자연스럽게 연결하기
	큐티클 부분에 아크릴 볼을 올리고 큐티클 라인을 얇게 하여 자연스럽게 연결하기

네일 폼 제거	네일 폼의 끝을 모아 아래로 내려 네일 폼 제거하기
핀치 하기	옆면 라인이 일직선이 되도록 핀치하기
인조 네일 모양	인조 네일용 파일을 사용하여 스퀘어 형태로 구조 만들기
표면정리	인조 네일용 파일과 샌드 버퍼를 사용하여 표면을 정리하기
광택내기	광택용 파일을 사용하여 인조 네일의 표면 광택내기
마무리	손을 닦고 큐티클 부분에 오일을 바르고 마무리하기

> 손 소독 → 손톱 모양(쉐입) → 표면정리 → 전 처리제 → 네일 폼 접착 → 아크릴 볼 올리기 → 네일 폼 제거 → 핀치 넣기 → 길이 및 표면정리 → 광택내기 → 마무리

4 아크릴 프렌치 스컬프처 ➡(2016.4)⑥(2016.1)⑤(2014.11)⑤

1 스마일 라인 조형 및 아크릴 프렌치 스컬프처 작업

(1) 스마일 라인 만들기
① 자연 네일에 옐로우 라인을 커버하면서 스마일 라인을 만들기
② 스마일 라인의 좌우대칭이 일치하고 양끝 라인이 뾰족해야 하며 높이가 일치하게 만들기
③ 스마일 라인의 경계선이 선명하게 만들기
④ 모든 손가락의 스마일 라인은 일정한 모양으로 동일하게 만들기
⑤ 아크릴 브러시로 미세한 부분인 스마일 라인을 만들기 위해서는 숙련된 기술이 필요

(2) 아크릴 프렌치 스컬프처 주요 재료
네일 폼, 전 처리제, 아크릴 파우더, 아크릴 리퀴드, 아크릴 브러시, 디펜디시

(3) 아크릴 프렌치 스컬프처 작업 순서

손 소독	손 소독제를 사용하여 작업자와 고객의 손·손톱 소독하기
자연 네일 모양	자연 네일의 프리에지를 라운드 또는 오벌 형태로 1mm의 길이로 만들기
전 처리제	네일 프라이머를 자연 네일에 소량 도포하기
네일 폼 재단	하이포니키움이 손상되지 않게 재단하기
네일 폼 끼우기	자연 네일과 네일 폼 사이의 공간이 벌어지지 않게 너무 깊게 넣지 않도록 주의
	네일 폼이 틀어지지 않도록 중심을 잘 잡고 옆면에서도 처지지 않게 접착하기
아크릴 적용	화이트 볼로 양쪽 포인트의 밸런스를 맞추면서 좌우가 대칭이 되도록 깨끗하고 선명한 스마일 라인을 만들면서 길이를 연장하고 스퀘어 형태로 만들기
	스마일 라인 안쪽으로 클리어 또는 핑크 볼을 올리고 자연스럽게 연결하기
	큐티클 부분에 클리어 또는 핑크 볼을 올리고 큐티클 라인을 얇게 하여 자연스럽게 연결하기
네일 폼 제거	네일 폼의 끝을 모아 아래로 내려 네일 폼 제거하기
핀치 하기	옆면 라인이 일직선이 되도록 핀치하기

인조 네일 모양	인조 네일용 파일을 사용하여 스퀘어 형태로 구조 만들기
표면정리	인조 네일용 파일과 샌드 버퍼를 사용하여 표면을 정리하기
광택내기	광택용 파일을 사용하여 인조 네일의 표면 광택내기
마무리	손을 닦고 큐티클 부분에 오일을 바르고 마무리하기

📖 손 소독 → 손톱 형태(쉐입) → 표면정리 → 전 처리제 → 네일 폼 접착 → 아크릴 볼 올리기 → 네일 폼 제거 → 핀치 넣기 → 길이 및 표면정리 → 광택내기 → 마무리

📖 아크릴 네일과 젤 네일의 비교 ➡(2014.11)⑥⓪

구분	아크릴 네일	젤 네일
냄새, 강도	냄새가 나며 강도가 강함	냄새가 거의 없고 강도가 약함
광택	광택용 파일로 광택을 내지만 유지력이 짧음	탑 젤로 고광택이 가능하고 유지력이 높음
수정	아트 작업 시 수정이 어려움	아트 작업 시 수정이 용이함
아세톤	아세톤에 제거됨	아세톤에 제거되는 젤(소프트 젤)과 제거되지 않는 젤(하드 젤)이 있음

Chapter 12

인조 네일 보수

① 인조 네일의 보수

1 보수(리페어, Repair) ➡(2016.4)(51)(2014.11)(53)

① 인조 네일은 일정 시간이 경과하면 자연 네일 베드로부터 수분 발생
② 일정한 시간이 경과하면 자연 네일이 자라 인조 네일을 한 부분의 무게 중심이 달라져 자연 네일에 손상이 옴
③ 큐티클에 의해 공간이 생기거나 자연 네일에서 인조 네일이 들뜨는 리프팅(Lifting) 현상이 일어남
④ 정기적인 보수를 하지 않으면 균열이나 부러짐의 현상이 생길 수 있음
⑤ 리프팅이 일어난 공간에서 곰팡이나 세균 등의 서식과 네일의 변색을 가져올 수 있음
⑥ 즉, 약 2~3주정도 간격을 두고 반드시 인조 네일의 표면을 정리 후 새롭게 보수해야 함
⑦ 인조 네일 작업 후 너무 많은 시간이 경과되어 30% 이상이 없어지거나 심하게 깨진 경우는 보수작업보다는 인조 네일을 제거하는 것이 적절
⑧ 젤, 아크릴 모두 보수 시 필요에 따라 큐티클을 제거할 경우, 큐티클 오일 사용을 금함

2 리프팅과 변색, 깨짐의 원인 ➡(2015.4)(54)

① 전 처리(프리퍼레이션) 작업을 미흡하게 했거나 안 했을 경우
② 보수시기를 놓쳐 자연 네일이 과도하게 자랐을 경우
③ 과도하게 길이를 연장하여 무게 중심이 변화한 경우
④ 외부적인 충격으로 가해진 경우
⑤ 스트레스 포인트 부분과 프리에지 부분을 미흡하게 오버레이 한 경우
⑥ 잘못된 인조 네일 구조로 조형하여 네일 파일을 한 경우
⑦ 인조 네일을 한 재료들이 큐티클 부분과 옆면 부분에 흘렀을 경우
⑧ 젤 네일이 과도하게 두껍고 경화시간을 적절하게 지키지 않았을 경우
⑨ 아크릴 네일을 너무 낮은 온도에서 작업한 경우
⑩ 인조 네일 재료를 적절히 사용하지 않을 경우(네일 접착제와 필러 파우더, 아크릴 파우더와 아크릴 리퀴드)
⑪ 유효기간이 경과한 네일 재료의 사용과 품질이 좋지 않은 네일 재료를 사용하여 작업한 경우
⑫ 제품에 따라 일상생활에서 자외선에 과도하게 노출되거나 장시간 젤 램프기기에 경화한 경우에는 변색의 원인

② 팁 네일 보수

1 팁 네일 상태에 따른 화장물 제거

① 들뜬 면적이 넓을 경우에는 인조 네일 제거용 니퍼를 사용하여 자연 네일이 손상되지 않도록 화장물 제거 후 인조 네일 턱 부분을 인조 네일 파일로 매끄럽게 연결되도록 정리
② 들뜬 면적이 적을 경우에는 인조 네일 파일(180그릿)로 들뜬 부분과 인조 네일 턱 부분을 자연 네일이 손상되지 않고 자연 네일과 매끄럽게 연결되도록 제거
③ 들뜬 부분이 없다면 자라나온 자연 네일이 손상되지 않도록 인조 네일 턱과 자연 네일의 경계선을 적절하게 높은 그릿의 네일 파일로 매끄럽게 연결되도록 제거
④ 너무 많은 시간이 경과되어 30% 이상 들뜨거나 깨진 경우는 보수작업보다는 인조 네일을 제거하는 것이 적절

2 **팁 네일 상태에 따른 보수 작업**

손 소독	안티셉틱을 이용하여 작업자와 고객의 손톱·손 소독하기
큐티클 밀기	큐티클 푸셔를 45° 각도로 사용하여 큐티클 밀어주기
들뜬 화장물 제거	들뜬 상태에 따라 들뜬 화장물을 자연 네일과 매끄럽게 연결되도록 제거
표면정리	샌드 버퍼로 매끄럽게 표면을 정리하기
더스트 제거	더스트 브러시를 이용하여 네일 주변의 더스트 제거하기
채워주기	네일 접착제와 필러 파우더로 굴곡이 있는 곳을 채워주기 (굴곡이 없는 경우에는 채워주기 단계를 생략가능)
길이 및 표면정리	인조 네일용 파일을 사용하여 길이 조절, 표면 정리하기
더스트 제거	더스트 브러시를 이용하여 네일 주변의 더스트 제거하기
코팅하기	젤 글루로 광택과 두께를 보강 후 샌드 버퍼로 매끄럽게 표면을 정리하기
광택내기	광택용 파일을 이용하여 네일 표면에 광내기
마무리	손을 닦고 큐티클 부분에 오일을 바르고 마무리하기

3 랩 네일 보수

1 랩 네일 상태에 따른 화장물 제거

① 랩 네일에 들뜬 면적이 넓을 경우에는 인조 네일 제거용 니퍼를 사용하여 자연 네일이 손상되지 않도록 화장물 제거 후 경계선을 인조 네일 파일(180그릿)로 매끄럽게 연결되도록 정리
② 랩 네일에 들뜬 면적이 적을 경우에는 인조 네일 파일(180그릿)로 랩 네일의 들뜬 부분을 자연 네일이 손상되지 않도록 파일링하여 자연 네일과 매끄럽게 연결되도록 제거
③ 랩 네일에 들뜬 부분이 없다면 자라나온 자연 네일이 손상되지 않도록 랩 네일의 경계선을 인조 네일 파일(180그릿)로 매끄럽게 연결되도록 제거
④ 너무 많은 시간이 경과되어 30% 이상 들뜨거나 깨진 경우는 보수작업보다는 인조 네일을 제거하는 것이 적절

2 랩 네일 상태에 따른 보수 작업

손 소독	안티셉틱을 이용하여 작업자와 고객의 손톱, 손 소독하기
큐티클 밀기	큐티클 푸셔를 45° 각도로 사용하여 큐티클 밀어주기
들뜬 화장물 제거	들뜬 상태에 따라 들뜬 화장물을 자연 네일과 매끄럽게 연결되도록 제거
표면정리	샌드 버퍼로 매끄럽게 표면을 정리하기
더스트 제거	더스트 브러시를 이용하여 네일 주변의 더스트 제거하기
채워주기	랩이 1/3정도 없을 경우 랩을 접착하고 굴곡이 있는 곳에 네일 접착제와 필러 파우더로 굴곡이 있는 곳을 채워주기(굴곡이 없는 경우에는 채워주기 단계 생략가능)
	새로 자라나온 자연 네일이 좁을 경우는 랩 사용 생략가능

길이 및 표면정리	인조 네일용 파일을 사용하여 길이 조절, 표면 정리하기
더스트 제거	더스트 브러시를 이용하여 네일 주변의 더스트 제거하기
코팅하기	젤 글루로 광택과 두께를 보강 후 샌드 버퍼로 매끄럽게 표면을 정리하기
광택내기	광택용 파일을 이용하여 네일 표면에 광내기
마무리	손을 닦고 큐티클 부분에 오일을 바르고 마무리하기

④ 아크릴 네일 보수 ➡ (2016.7.)㉗(2015.10)㉚(2015.4)㊱

1 아크릴 네일 상태에 따른 화장물 제거

① 아크릴 네일에 들뜬 면적이 넓을 경우에는 인조 네일 제거용 니퍼를 사용하여 자연 네일이 손상되지 않도록 화장물 제거 후 경계선을 인조 네일 파일(180그릿)로 매끄럽게 연결되도록 정리

② 아크릴 네일에 들뜬 면적이 적을 경우에는 인조 네일 파일(180그릿)로 아크릴의 들뜬 부분을 자연 네일이 손상되지 않도록 매끄럽게 연결하여 제거

③ 아크릴 네일에 들뜬 부분이 없다면 자라나온 자연 네일이 손상되지 않도록 아크릴의 경계선을 인조 네일 파일(180그릿)로 매끄럽게 연결되도록 제거

④ 너무 많은 시간이 경과되어 30% 이상 들뜨거나 깨진 경우는 보수작업보다는 아크릴 인조 네일을 제거하는 것이 적절

2 아크릴 네일 상태에 따른 보수 작업

손 소독	안티셉틱을 이용하여 작업자와 고객의 손톱·손 소독하기
큐티클 밀기	큐티클 푸셔를 45°각도로 사용하여 큐티클 밀어주기
들뜬 화장물 제거	들뜬 상태에 따라 들뜬 화장물을 자연 네일과 매끄럽게 연결되도록 제거
표면정리	샌드 버퍼로 매끄럽게 표면을 정리하기
더스트 제거	더스트 브러시를 이용하여 네일 주변의 더스트 제거하기
전 처리제	네일 프라이머를 자연 네일에 소량 도포하기
채워주기	들뜬 부분만큼 아크릴 파우더와 아크릴 리퀴드에 적절한 비율에 맞춰 볼에 양을 떠서 매끄럽게 연결
핀치하기	옆면 라인이 일직선이 되도록 핀치하기
길이 및 표면정리	인조 네일용 파일을 사용하여 길이 조절, 표면 정리하기
광택내기	파일을 사용하여 인조네일의 표면 광택내기

1 젤 네일 상태에 따른 화장물 제거

① 젤 네일에 들뜬 면적이 넓을 경우에는 인조 네일 제거용 니퍼를 사용하여 자연 네일이 손상되지 않도록 화장물 제거 후 경계선을 인조 네일 파일(180그릿)로 매끄럽게 연결되도록 정리

② 젤 네일에 들뜬 면적이 적을 경우에는 인조 네일 파일(180그릿)로 젤 네일의 들뜬 부분을 자연 네일이 손상되지 않도록 매끄럽게 연결되도록 제거

③ 젤 네일에 들뜬 부분이 없다면 자라나온 자연 네일이 손상되지 않도록 젤 네일의 경계선을 인조 네일 파일(180그릿)로 매끄럽게 연결되도록 제거

④ 너무 많은 시간이 경과되어 30% 이상 들뜨거나 깨진 경우는 보수작업보다는 젤 네일을 제거하는 것이 적절

2 젤 네일 상태에 따른 보수 작업

손 소독	안티셉틱을 이용하여 작업자와 고객의 손톱, 손 소독하기
큐티클 밀기	큐티클 푸셔를 45˚ 각도로 사용하여 큐티클 밀어주기
들뜬 화장물 제거	들뜬 상태에 따라 들뜬 화장물을 자연 네일과 매끄럽게 연결되도록 제거
표면정리	샌드 버퍼로 매끄럽게 표면을 정리하기
더스트 제거	더스트 브러시를 이용하여 네일 주변의 더스트 제거하기
전 처리제	네일 프라이머를 자연 네일에 소량 도포하기
채워주기	들뜬 부분만큼 젤에 양을 적절하게 올려 매끄럽게 연결 후 경화
미경화 젤 제거	젤 클렌저를 사용하여 미경화 젤 닦아내기
길이 및 표면정리	인조 네일용 파일을 사용하여 길이 조절, 표면 정리하기
마무리	멸균거즈를 사용하여 손 전체를 닦아주기
탑 젤(경화)	탑 젤을 도포 후 경화하기(미경화 젤이 있는 경우 미경화 젤을 닦아주기)

네일 화장물 적용 마무리

1 네일 화장물 마무리

1 일반 네일 폴리시 마무리

(1) 일반 네일 폴리시 잔여물 정리

① 오렌지우드스틱에 소량의 탈지면을 말아 네일 폴리시 리무버를 적셔 네일 주변에 잔여물의 컬러를 정리
② 멸균거즈를 엄지손가락에 감고 네일 폴리시 리무버를 적셔 네일 주변에 잔여물의 컬러를 정리
③ 네일 폴리시 리무버의 양이 많으면 완성된 컬러링이 번질 수 있고 양이 적으면 탈지면의 입자가 나와 완성된 컬러링을 건드릴 수 있으니 주의

(2) 일반 네일 폴리시 건조

휘발성이 있어 공기 중에 노출되면서 건조

일반 네일 폴리시 건조기	• 네일 폴리시의 건조를 도와주는 기기 • 기기에 내장되어 있는 팬을 돌려 바람을 발생 • 약 20분 정도 건조
일반 네일 폴리시 퀵 드라이	• 스프레이 타입으로 컬러링 표면에 분사하여 건조하는 제품 • 약 10~15cm 거리에서 분사
일반 네일 폴리시 드라이 오일	• 오일과 유사한 제품으로 건조 기능이 추가된 제품 • 컬러링 표면에 한방울 떨어뜨려 건조

2 젤 네일 폴리시 마무리

(1) 젤 네일 폴리시 잔여물 정리 및 경화

① 경화 후 끈적임이 남은 미경화 젤일 경우에는 셀 클렌저로 정리
② 네일 표면에 젤을 도포한 후 네일 주변에 잔여물을 확인 후 오렌지우드스틱에 소량의 탈지면을 감거나 멸균 거즈에 젤 클렌저를 적셔 정리 후 경화
③ 멸균거즈로 손 전체를 닦아낸 후 탑 젤 도포 후 경화

2 인조 네일 마무리

1 인조 네일 잔여물 정리

① 인조 네일에 파일을 한 후 네일 더스트 브러시를 사용하여 네일 주변에 잔여물을 정리
② 핑거볼에 물을 담아 손을 담그고 아직 정리되지 않은 잔여물을 네일 더스트 브러시를 사용하여 정리
③ 물 스프레이를 이용하여 멸균거즈로 잔여물을 정리
④ 인조 네일 표면과 주변에 가볍게 오일을 도포하여 닦아준 후 마무리

2 인조 네일 광택

(1) 탑 젤로 광택
젤 네일은 탑 젤을 도포 후 경화해서 광택내기(미경화 젤이 있는 경우 미경화 젤을 닦아주기)

(2) 광택 파일로 광택
① 인조 네일 중 팁 네일, 랩 네일, 아크릴 네일의 표면 광택내기
② 인조 네일 표면이 울퉁불퉁하면 광택이 잘 나지 않으므로 주의
③ 180~240그릿의 샌딩 파일로 표면 정리
④ 광택용 파일을 이용하여 마무리

01 건강한 네일의 특성이 아닌 것은?

① 매끄럽고 광택이 나며 반투명한 핑크빛을 띤다.

② 약 8~12%의 수분을 함유하고 있다.

③ 탄력이 있고 단단하다.

④ 모양이 고르고 표면이 균일하다.

[해설] 건강한 네일은 약 12~18%의 수분을 함유하고 있다.

02 손끝을 많이 사용하는 직업을 가진 고객에게 가장 적합한 손톱 모양은?

① 스퀘어　　　　② 오벌

③ 라운드　　　　④ 포인트

[해설] 손끝 많이 쓰는 사람 : 스퀘어

03 조근의 바로 밑에 있으며 모세혈관, 림프, 신경조직 등이 있어 네일을 만드는 세포를 생성, 성장시키며 손상을 입게 되면 네일의 성장에 저해가 되는 중요한 부분은?

① 매트릭스(조모)　　② 네일베드(조상)

③ 루눌라　　　　　　④ 하이포니키움(하조피)

[해설] 매트릭스(조모)

04 다음 중 네일 밑의 구조가 아닌 것은?

① 네일 매트릭스　　② 네일 루트

③ 네일 베드　　　　④ 루눌라

[해설] 네일 루트는 네일 자체의 구조이다.

05 하이포니키움(하조피)에 대한 설명으로 옳은 것은?

① 네일 측면의 피부로 네일 베드와 연결된다.

② 프리에지 아래로 돌출된 피부 조직에 박테리아의 침입을 막아준다.

③ 매트릭스를 병원균으로부터 보호한다.

④ 매트릭스 윗부분으로 네일을 성장시킨다.

[해설] 프리에지 밑 부분의 돌출된 피부 : 하이포니키움

06 손톱에 색소가 침착되거나 변색되는 것을 방지하고 손톱 표면을 고르게 하여 네일 폴리시의 밀착성을 높이는 데 사용되는 재료로 맞는 것은?

① 큐티클 유연제　　② 베이스 코트

③ 탑 코트　　　　　④ 레드 폴리시

[해설] 베이스 코트는 손톱의 색소 침착을 방지하고 유색 폴리시의 밀착성을 높이는 기능의 재료이다.

07 네일 재료에 대한 설명으로 적합하지 않은 것은?

① 폴리시 리무버 시너 – 네일 폴리시를 묽게 해주기 위해 사용한다.

② 네일 보강제 – 자연네일이 강한 고객에게 사용하면 효과적이다.

③ 네일 블리치 – 20볼륨 과산화수소를 함유하고 있다.

④ 큐티클 오일 – 글리세린을 함유하고 있다.

[해설] 네일 보강제는 자연네일이 약한 고객에게 사용하면 효과적이다.

08 매니큐어에 대한 설명 중 맞는 것은?

① 손톱 형태를 다듬고 큐티클 정리, 컬러링 등을 포함한 관리이다.

② 네일 폴리시를 바르는 것이다.

③ 손 매뉴얼 테크닉과 네일 폴리시를 바르는 것이다.

④ 손톱 형태를 다듬고 색깔을 칠하는 것이다.

[해설] 매니큐어는 손톱의 형태를 잡고, 큐티클을 정리하고, 컬러링을 하는 등 손 관리의 총체적인 관리이다.

09 스컬프쳐 작업 시 손톱에 부착하여, 길이를 연장할 때 받침대 역할을 하는 재료는?

① 아크릴 파우더　　② 리퀴드

③ 모노머　　　　　④ 네일 폼

[해설] 네일 폼은 스컬프쳐 작업 시 길이를 연장하기 위한 받침대 역할을 한다.

10 아크릴 리퀴드를 덜어 쓰는 용기로 쓰이는 재료로 맞는 것은?

① 유리종지   ② 스펜서

③ 디펜디시   ④ 리퀴드쉬

해설 아크릴 리퀴드를 덜어 쓰는 용기를 디펜디시라고 한다.

11 네일 폴리시를 도포하는 방법으로 손톱을 가늘어 보이게 하는 컬러링 방법은?

① 루눌라   ② 프리 월

③ 프리에지   ④ 프렌치

해설 손톱의 양쪽 옆면 약 1mm씩 남기고 도포하는 컬러링 기법이다.

12 페디큐어 작업 과정에서 베이스 코트를 바르기 전 발가락이 서로 닿지 않게 하기 위해 사용하는 재료는?

① 토우 세퍼레이터   ② 콘 커터

③ 액티베이터   ④ 네일 클리퍼

해설 토우 세퍼레이터는 발가락이 서로 닿지 않게 하기 위해 사용하는 도구이다.

13 큐티클 정리 및 제거 시 필요한 도구로 알맞은 것은?

① 라운드 패드, 큐티클 니퍼

② 샌딩 파일, 핑거볼

③ 네일 파일, 탑 코트

④ 큐티클 푸셔, 큐티클 니퍼

해설 큐티클 푸셔, 큐티클 니퍼를 사용하여 큐티클을 정리한다.

14 UV 젤 네일 시술 시 리프팅이 일어나는 이유로 적절하지 않은 것은?

① 큐어링 시간을 잘 지키지 않았다.

② 젤을 큐티클 라인에 닿지 않게 작업했다.

③ 네일의 유·수분기를 제거하지 않고 작업했다.

④ 젤을 프리에지까지 도포하지 않았다.

해설 젤을 큐티클 라인에 닿지 않게 작업하는 것과 리프팅이 일어나는 것은 상관없다.

15 UV 젤의 특징이 아닌 것은?

① 젤은 농도에 따라 묽기가 약간씩 다르다.

② 탑 젤의 광택은 인조네일 중 가장 좋다.

③ UV 젤은 상온에서 경화가 가능하다.

④ 올리고머 형태의 분자구조를 가지고 있다.

해설 UV젤은 UV(자외선) 젤 램프기기에서 경화가 가능하다.

16 페디큐어 작업 순서로 맞는 것은?

① 소독하기 → 묵은 폴리시 지우기 → 발톱 형태 만들기 → 샌딩하기 → 큐티클 오일 바르기 → 큐티클 정리하기 → 소독하기 → 유분기 제거 → 토우 세퍼레이터 끼우기

② 묵은 폴리시 지우기 → 소독하기 → 발톱 형태 만들기 → 큐티클 오일 바르기 → 큐티클 정리하기 → 토우 세퍼레이터 끼우기 → 소독하기

③ 소독하기 → 큐티클 오일 바르기 → 묵은 폴리시 지우기 → 발톱 형태 만들기 → 큐티클 오일 바르기 → 큐티클 정리하기 → 샌딩하기 → 유분기 제거 → 토우 세퍼레이터 끼우기

④ 묵은 폴리시 지우기 → 소독하기 → 발톱 형태 만들기 → 큐티클 오일 바르기 → 큐티클 정리하기 → 소독하기 → 유분기 제거 → 토우 세퍼레이터 끼우기

해설 소독하기 → 묵은 폴리시 지우기 → 발톱 형태 만들기 → 샌딩하기 → 큐티클 오일 바르기 → 큐티클 정리하기 → 소독하기 → 유분기 제거 → 토우 세퍼레이터 끼우기

정답	01 ②	02 ①	03 ①	04 ②	05 ②	06 ②	07 ②	08 ①	09 ④	10 ③	11 ②	12 ①	13 ④	14 ②	15 ③
	16 ①														

17 UV-젤 네일의 설명으로 옳지 않은 것은?

① 젤이 경화되지 않은 부분은 미경화젤이 남는다.

② 파우더와 리퀴드가 믹스되어 단단해진다.

③ 네일 리무버로 제거되지 않는다.

④ 투명도와 광택이 뛰어나다.

해설 파우더와 리퀴드가 믹스되는 것은 아크릴 스컬프처이다.

18 네일 팁에 대한 설명으로 틀린 것은?

① 웰 부분의 형태에 따라 풀 웰과 하프 웰이 있다.

② 네일 팁은 손톱의 크기에 너무 크거나 작지 않은 가장 잘 맞는 사이즈의 팁을 사용한다.

③ 네일 팁 접착 시 손톱의 1/2 이상 커버해서는 안 된다.

④ 자연손톱이 크고 납작한 경우 커브 타입의 네일 팁이 좋다.

해설 자연네일이 크고 납작한 경우 축소 효과를 보이기 위해 끝이 좁아지는 내로(narrow) 네일 팁을 적용하는 것이 적절하다.

19 아크릴 작업 시 네일 프라이머에 대한 설명 중 틀린 것은?

① 아크릴 네일이 손톱에 잘 부착되도록 도와준다.

② 피부에 닿으면 화상을 입을 수 있다.

③ 단백질을 화학 작용으로 녹여준다.

④ 충분한 양으로 여러 번 도포해야 한다.

해설 네일 프라이머는 소량으로 도포하여야 한다.

20 자연네일에 팁을 붙일 때 유지하는 각도로 가장 적합한 것은?

① 45°   ② 90°

③ 15°   ④ 180°

해설 자연네일에 팁을 붙일 때 유지하는 각도는 45°이다.

21 페디큐어의 정의로 옳은 것은?

① 발의 각질을 정리하는 것이다.

② 발과 발톱을 관리, 손질하는 것을 말한다.

③ 손상된 발톱을 교정하는 것이다.

④ 파고드는 발톱을 정리하는 것이다.

해설 페디큐어는 발과 발톱을 관리, 손질하는 것을 말한다.

22 마누스(Manus)와 큐라(Cura)라는 단어에서 유래된 용어로 맞는 것은?

① 페디큐어(Pedicure)

② 네일 팁(Nail Tip)

③ 매니큐어(Manicure)

④ 아크릴(Acyrlic)

해설 마누스(Manus)와 큐라(Cura)라는 단어에서 매니큐어가 유래되었다.

23 큐티클 정리 시 유의사항으로 가장 적합한 것은?

① 에포니키움과 큐티클 부분은 힘을 주어 밀어준다.

② 큐티클은 외관상 지저분한 부분만 정리한다.

③ 에포니키움 밑부분까지 깨끗하게 정리한다.

④ 큐티클 푸셔는 90도의 각도를 유지한다.

해설 큐티클은 깊게 제거하지 않는다.

24 매니큐어 시 출혈이 발생했을 때의 잘못된 대처 방법은?

① 출혈이 멈추도록 문지른다.

② 지혈제를 출혈 부위에 떨어트린다.

③ 분말형 지혈제도 사용 가능하다.

④ 출혈 부위에 지혈한다.

해설 출혈 시 문지르면 안 된다.

25 네일 폴리시에 대한 설명으로 틀린 것은?

① 굳는 것을 방지하기 위해 병 입구를 닦아 보관한다.

② 네일 폴리시는 색상을 주고 광택을 보이게 하는 화장제이다.

③ 휘발성 물질이다.

④ 네일 폴리시는 비인화성 물질로 되어 있다.

해설 네일 폴리시는 인화성 물질로 되어 있다.

정답 | 17 ② | 18 ④ | 19 ④ | 20 ① | 21 ② | 22 ③ | 23 ② | 24 ① | 25 ④

VI
기출복원 문제

01 야채를 고온에서 요리할 때 가장 파괴되기 쉬운 비타민은?
① 비타민 A ② 비타민 C
③ 비타민 D ④ 비타민 K

02 다음 중 병원소에 해당하지 않는 것은?
① 흙 ② 물
③ 가축 ④ 보균자

03 일반폐기물 처리방법 중 가장 위생적인 방법은?
① 매립법 ② 소각법
③ 투기법 ④ 비료화법

04 인구통계에서 5~9세 인구란?
① 만4세 이상 ~ 만8세 미만 인구
② 만5세 이상 ~ 만10세 미만 인구
③ 만4세 이상 ~ 만9세 미만 인구
④ 4세 이상 ~ 9세 이하 인구

05 모유수유에 대한 설명으로 옳지 않은 것은?
① 수유 전 산모의 손을 씻어 감염을 예방하여야 한다.
② 모유수유를 하면 배란을 촉진시켜 임신을 예방하는 효과가 없다.
③ 모유에는 림프구, 대식세포 등의 백혈구가 들어 있어 각종 감염으로부터 장을 보호하고 설사를 예방하는데 큰 효과를 갖고 있다.
④ 초유는 영양가가 높고 면역체가 있으므로 아기에게 반드시 먹이도록 한다.

06 감염병 감염 후 얻어지는 면역의 종류는?
① 인공능동면역 ② 인공수동면역
③ 자연능동면역 ④ 자연수동면역

07 다음 중 출생 후 아기에게 가장 먼저 실시하게 되는 예방접종은?
① 파상풍 ② B형 간염
③ 홍역 ④ 폴리오

08 바이러스의 특성으로 가장 거리가 먼 것은?
① 생체 내에서만 증식이 가능하다.
② 일반적으로 병원체 중에서 가장 작다.
③ 황열바이러스가 인간질병 최초의 바이러스이다.
④ 항생제에 감수성이 있다.

09 소독제의 적정 농도로 틀린 것은?
① 석탄산 1~3% ② 승홍수 0.1%
③ 크레졸수 1~3% ④ 알코올 1~3%

10 병원성·비병원성 미생물 및 포자를 가진 미생물 모두를 사멸 또는 제거하는 것은?
① 소독 ② 멸균
③ 방부 ④ 정균

11 다음 중 이·미용업소에서 가장 쉽게 옮겨질 수 있는 질병은?
① 소아마비 ② 뇌염
③ 비활동성 결핵 ④ 전염성 안질

12 다음 중 음용수 소독에 사용되는 소독제는?
① 석탄산 ② 액체염소
③ 승홍 ④ 알코올

13 다음 중 미생물학의 대상에 속하지 않는 것은?
① 세균 ② 바이러스
③ 원충 ④ 원시동물

14 소독제의 사용 및 보존상의 주의점으로 틀린 것은?
① 일반적으로 소독제는 밀폐시켜 일광이 직사되지 않는 곳에 보존해야 한다.
② 부식과 상관이 없으므로 보관 장소의 제한이 없다.
③ 승홍이나 석탄산 같은 것은 인체에 유해하므로 특별히 주의 취급하여야 한다.
④ 염소제는 일광과 열에 의해 분해되지 않도록 냉암소에 보존하는 것이 좋다.

15 리보플라빈이라고도 하며, 녹색 채소류, 밀의 배아, 효모, 계란, 우유 등에 함유되어 있고 결핍되면 피부염을 일으키는 것은?
① 비타민 B_2 ② 비타민 E
③ 비타민 K ④ 비타민 A

16 다음 태양광선 중 파장이 가장 짧은 것은?
① UV - A ② UV - B
③ UV - C ④ 가시광선

17 멜라닌 색소 결핍의 선천적 질환으로 쉽게 일광화상을 입는 피부병변은?
① 주근깨 ② 기미
③ 백색증 ④ 노인성 반점(검버섯)

18 진균에 의한 피부병변이 아닌 것은?

① 족부백선　　　　② 대상포진
③ 무좀　　　　　　④ 두부백선

19 피부에 대한 자외선의 영향으로 피부의 급성반응과 가장 거리가 먼 것은?

① 홍반반응　　　　② 화상
③ 비타민 D 합성　　④ 광노화

20 얼굴에서 피지선이 가장 발달된 곳은?

① 이마 부분　　　　② 코 옆 부분
③ 턱 부분　　　　　④ 뺨 부분

21 에크린 땀샘(소한선)이 가장 많이 분포된 곳은?

① 발바닥　　　　　② 입술
③ 음부　　　　　　④ 유두

22 이·미용업소 내에 반드시 게시하지 않아도 무방한 것은?

① 이·미용업 신고증
② 개설자의 면허증 원본
③ 최종지급요금표
④ 이·미용사 자격증

23 다음 중 이·미용업의 시설 및 설비기준으로 옳은 것은?

① 소독기, 자외선 살균기 등의 소독장비를 갖추어야 한다.
② 영업소 안에는 별실, 기타 이와 유사한 시설을 설치할 수 있다.
③ 응접장소와 작업장소를 구획하는 경우에는 커튼, 칸막이 기타 이와 유사한 장애물의 설치가 가능하며 외부에서 내부를 확인할 수 없어야 한다.
④ 탈의실, 욕실, 욕조 및 샤워기를 설치하여야 한다.

24 풍속관련법령 등 다른 법령에 의하여 관계행정기관의 장의 요청이 있을 때 공중위생영업자를 처벌할 수 있는 자는?

① 시·도지사　　　　② 시장·군수·구청장
③ 보건복지부장관　　④ 행정자치부장관

25 1차 위반 시의 행정처분이 면허취소가 아닌 것은?

① 국가기술자격법에 따라 이·미용사 자격이 취소된 때
② 이중으로 면허를 취득한 때
③ 면허정지처분을 받고 그 정지 기간 중 업무를 행한 때
④ 국가기술자격법에 의하여 이·미용사 자격정지 처분을 받을 때

26 다음 중 영업소 외에서 이용 또는 미용업무를 할 수 있는 경우는?

> ㉠ 중병에 걸려 영업소에 나올 수 없는 자의 경우
> ㉡ 혼례나 그 밖의 의식에 참여하는 자에 대한 경우
> ㉢ 이용장의 감독을 받은 보조원이 업무를 하는 경우
> ㉣ 미용사가 손님 유치를 위하여 통행이 빈번한 장소에서 업무를 하는 경우

① ㉢　　　　　　　② ㉠, ㉡
③ ㉠, ㉡, ㉢　　　④ ㉠, ㉡, ㉢, ㉣

27 공중위생영업의 승계에 대한 설명으로 틀린 것은?

① 공중위생영업자가 그 공중위생영업을 양도하거나 사망한 때 또는 법인의 합병이 있는 때에는 그 양수인·상속인 또는 합병 후 존속하는 법인이나 합병에 의하여 설립되는 법인은 그 공중위생영업자의 지위를 승계한다.
② 이용업 또는 미용업의 경우에는 규정에 의한 면허를 소지한 자에 한하여 공중위생영업자의 지위를 승계할 수 있다.
③ 민사집행법에 의한 경매, 채무자 회생 및 파산에 관한 법률에 의한 환가나 국제징수법·관세법 또는 지방세기본법에 의한 압류재산의 매각, 그 밖에 이에 준하는 절차에 따라 공중위생영업 관련시설 및 설비의 전부를 인수한 자는 이 법에 의한 그 공중위생영업자의 지위를 승계한다.
④ 공중위생영업자의 지위를 승계한 자는 1월 이내에 보건복지부령이 정하는 바에 따라 보건복지부장관에게 신고하여야 한다.

28 처분기준이 2백만 원 이하의 과태료가 아닌 것은?

① 규정을 위반하여 영업소 이외 장소에서 이·미용 업무를 행한 자
② 위생교육을 받지 아니한 자
③ 위생관리 의무를 지키지 아니한 자
④ 관계 공무원의 출입·검사·기타 조치를 거부·방해 또는 기피한 자

29 향수의 부향률이 높은 순에서 낮은 순으로 바르게 정렬된 것은?

① 퍼퓸(Perfume) 〉 오데퍼퓸(Eau de Perfume) 〉 오데토일렛(Eau de Toilet) 〉 오데코롱(Eau de Cologne)
② 퍼퓸(Perfume) 〉 오데토일렛(Eau de Toilet) 〉 오데퍼퓸(Eau de Perfume) 〉 오데코롱(Eau de Cologne)
③ 오데코롱(Eau de Cologne) 〉 오데퍼퓸(Eau de Perfume) 〉 오데토일렛(Eau de Toilet) 〉 퍼퓸(Perfume)
④ 오데코롱(Eau de Cologne) 〉 오데토일렛(Eau de Toilet) 〉 오데퍼퓸(Eau de Perfume) 〉 퍼퓸(Perfume)

30 화장품의 요건 중 제품이 일정기간 동안 변질되거나 분리되지 않는 것을 의미하는 것은 무엇인가?

① 안전성   ② 안정성
③ 사용성   ④ 유효성

31 자외선 차단 성분의 기능이 아닌 것은?

① 노화를 막는다.   ② 과색소를 막는다.
③ 일광화상을 막는다.   ④ 미백작용을 한다.

32 다음 중 화장수의 역할이 아닌 것은?

① 피부의 수렴작용을 한다.
② 피부 노폐물의 분비를 촉진시킨다.
③ 각질층에 수분을 공급한다.
④ 피부의 pH 균형을 유지시킨다.

33 양모에서 추출한 동물성 왁스는?

① 라놀린   ② 스쿠알렌
③ 레시틴   ④ 리바이탈

34 세정제에 대한 설명으로 옳지 않은 것은?

① 가능한 한 피부의 생리적 균형에 영향을 미치지 않는 제품을 사용하는 것이 바람직하다.
② 대부분의 비누는 알칼리성의 성질을 가지고 있어서 피부의 산, 염기 균형에 영향을 미치게 된다.
③ 피부노화를 일으키는 활성산소로부터 피부를 보호하기 위해 비타민 C, 비타민 E를 사용한 기능성 세정제를 사용할 수도 있다.
④ 세정제는 피지선에서 분비되는 피지와 피부장벽의 구성요소인 지질성분을 제거하기 위하여 사용된다.

35 바디샴푸가 갖추어야 할 이상적인 성질과 거리가 먼 것은?

① 각질의 제거 능력
② 적절한 세정력
③ 풍부한 거품과 거품의 지속성
④ 피부에 대한 높은 안정성

36 파일의 거칠기 정도를 구분하는 기준은?

① 파일의 두께   ② 그릿 숫자
③ 소프트 숫자   ④ 파일의 길이

37 부드럽고 가늘며 하얗게 되어 네일 끝이 굴곡진 상태의 증상으로 질병, 다이어트, 신경성 등에서 기인되는 네일 병변으로 옳은 것은?

① 위축된 네일(onychatrophia)
② 파란 네일(onychocyanosis)
③ 계란껍질 네일(onychomalacia)
④ 거스러미 네일(hang nail)

38 인체를 구성하는 생태학적 단계로 바르게 나열한 것은?

① 세포 – 조직 – 기관 – 계통 – 인체
② 세포 – 기관 – 조직 – 계통 – 인체
③ 세포 – 계통 – 조직 – 기관 – 인체
④ 인체 – 계통 – 기관 – 세포 – 조직

39 네일의 역사에 대한 설명으로 틀린 것은?

① 최초의 네일관리는 기원전 3,000년경에 이집트와 중국의 상류층에서 시작되었다.
② 고대 이집트에서는 헤나라는 관목에서 빨간색과 오렌지색을 추출하였다.
③ 고대 이집트에서는 남자들도 네일관리를 하였다.
④ 네일관리는 지금까지 5,000년에 걸쳐 변화되어 왔다.

40 고객의 홈케어 용도로 큐티클 오일을 사용 시 주된 사용 목적으로 옳은 것은?

① 네일 표면에 광택을 주기 위해서
② 네일과 네일 주변의 피부에 트리트먼트 효과를 주기 위해서
③ 네일 표면에 변색과 오염을 방지하기 위해서
④ 찢어진 손톱을 보강하기 위해서

41 폴리시 바르는 방법 중 네일을 가늘어 보이게 하는 것은?

① 프리에지   ② 루눌라
③ 프렌치   ④ 프리 월

42 다음 중 네일의 병변과 그 원인의 연결이 잘못된 것은?

① 모반점(니버스) – 네일의 멜라닌 색소 작용
② 과잉성장으로 두꺼운 네일 – 유전, 질병, 감염
③ 고랑 파진 네일 – 아연 결핍, 과도한 푸셔링, 순환계 이상
④ 붉거나 검붉은 네일 – 비타민, 레시틴 부족, 만성질환 등

43 네일 매트릭스에 대한 설명 중 틀린 것은?

① 손·발톱의 세포가 생성되는 곳이다.
② 네일 매트릭스의 세로 길이는 네일 플레이트의 두께를 결정한다.
③ 네일 매트릭스의 가로 길이는 네일 베드의 길이를 결정한다.
④ 네일 매트릭스는 네일 세포를 생성시키는 데 필요한 산소를 모세혈관을 통해서 공급받는다.

44 다음 중 손의 중간근(중수근)에 속하는 것은?

① 엄지맞섬근(무지대립근)
② 엄지모음근(무지내전근)
③ 벌레근(충양근)
④ 작은원근(소원근)

45 다음 중 뼈의 구조가 아닌 것은?

① 골막   ② 골질
③ 골수   ④ 골조직

46 건강한 손톱의 조건으로 틀린 것은?

① 12~18%의 수분을 함유하여야 한다.

② 네일 베드에 단단히 부착되어 있어야 한다.

③ 루눌라(반월)가 선명하고 커야 한다.

④ 유연성과 강도가 있어야 한다.

47 일반적인 손·발톱의 성장에 관한 설명 중 틀린 것은?

① 소지 손톱이 가장 빠르게 자란다.

② 여성보다 남성의 경우 성장 속도가 빠르다.

③ 여름철에 더 빨리 자란다.

④ 발톱의 성장 속도는 손톱의 성장 속도보다 1/2 정도 늦다.

48 다음 중 소독방법에 대한 설명으로 틀린 것은?

① 과산화수소 3% 용액을 피부 상처의 소독에 사용한다.

② 포르말린 1~1.5% 수용액을 도구 소독에 사용한다.

③ 크레졸 3% 물 97% 수용액을 도구 소독에 사용한다.

④ 알코올 30%의 용액을 손, 피부 상처에 사용한다.

49 한국 네일미용의 역사와 가장 거리가 먼 것은?

① 고려시대부터 주술적 의미로 시작하였다.

② 1990년대부터 네일산업이 점차 대중화되어 갔다.

③ 1998년 민간자격시험 제도가 도입 및 시행되었다.

④ 상류층 여성들은 손톱 뿌리부분에 문신 바늘로 색소를 주입하여 상류층임을 과시하였다.

50 네일 도구를 제대로 위생처리하지 않고 사용했을 때 생기는 질병으로 시술할 수 없는 손톱의 병변은?

① 오니코렉시스(조갑종렬증)

② 오니키아(조갑염)

③ 에그쉘 네일(조갑연화증)

④ 니버스(모반점)

51 젤 큐어링 시 발생하는 히팅 현상과 관련한 내용으로 가장 거리가 먼 것은?

① 손톱이 얇거나 상처가 있을 경우에 히팅 현상이 나타날 수 있다.

② 젤 시술이 두껍게 되었을 경우에 히팅 현상이 나타날 수 있다.

③ 히팅 현상 발생 시 경화가 잘 되도록 잠시 참는다.

④ 젤 시술 시 얇게 여러 번 발라 큐어링하여 히팅 현상에 대처한다.

52 스마일 라인에 대한 설명 중 틀린 것은?

① 손톱의 상태에 따라 라인의 깊이를 조절할 수 있다.

② 깨끗하고 선명한 라인을 만들어야 한다.

③ 좌우 대칭의 밸런스보다 자연스러움을 강조해야 한다.

④ 빠른 시간에 시술해서 얼룩지지 않도록 해야 한다.

53 프라이머의 특징이 아닌 것은?

① 아크릴 시술 시 자연손톱에 잘 부착되도록 돕는다.

② 피부에 닿으면 화상을 입힐 수 있다.

③ 자연손톱 표면의 단백질을 녹인다.

④ 알칼리 성분으로 자연손톱을 강하게 한다.

54 가장 기본적인 네일 관리법으로 손톱모양 만들기, 큐티클 정리, 마사지, 컬러링 등을 포함하는 네일 관리법은?

① 습식매니큐어

② 페디아트

③ UV 젤네일

④ 아크릴 오버레이

55 다음 중 원톤 스캅춰 제거에 대한 설명으로 틀린 것은?

① 니퍼로 뜯는 행위는 자연손톱에 손상을 주므로 피한다.

② 표면에 에칭을 주어 아크릴 제거가 수월하도록 한다.

③ 100% 아세톤을 사용하여 아크릴을 녹여준다.

④ 파일링만으로 제거하는 것이 원칙이다.

56 페디큐어 과정에서 필요한 재료로 가장 거리가 먼 것은?

① 니퍼

② 콘커터

③ 액티베이터

④ 토우 세퍼레이터

57 자연손톱에 인조 팁을 붙일 때 유지하는 가장 적합한 각도는?

① 35°

② 45°

③ 90°

④ 95°

58 원톤 스컬프처의 완성 시 인조네일의 아름다운 구조 설명으로 틀린 것은?

① 옆선이 네일의 사이드 월 부분과 자연스럽게 연결되어야 한다.

② 컨벡스와 컨케이브의 균형이 균일해야 한다.

③ 하이포인트의 위치가 스트레스 포인트 부근에 위치해야 한다.

④ 인조네일의 길이는 길어야 아름답다.

59 네일 폼의 사용에 관한 설명으로 옳지 않은 것은?

① 측면에서 볼 때 네일 폼은 항상 20° 하향하도록 장착한다.

② 자연 네일과 네일 폼 사이가 멀어지지 않도록 장착한다.

③ 하이포니키움이 손상되지 않도록 주의하며 장착한다.

④ 네일 폼이 틀어지지 않도록 균형을 잘 조절하여 장착한다.

60 페디큐어의 정의로 옳은 것은?

① 발톱을 관리하는 것을 말한다.

② 발과 발톱을 관리, 손질하는 것을 말한다.

③ 발을 관리하는 것을 말한다.

④ 손상된 발톱을 교정하는 것을 말한다.

01 ②	02 ②	03 ②	04 ②	05 ②	06 ③	07 ②	08 ④	09 ④	10 ②
11 ④	12 ②	13 ④	14 ②	15 ①	16 ③	17 ③	18 ②	19 ④	20 ②
21 ①	22 ④	23 ①	24 ②	25 ④	26 ②	27 ④	28 ④	29 ①	30 ②
31 ④	32 ②	33 ①	34 ④	35 ①	36 ②	37 ③	38 ①	39 ③	40 ②
41 ④	42 ④	43 ③	44 ③	45 ②	46 ③	47 ①	48 ④	49 ④	50 ②
51 ③	52 ③	53 ④	54 ①	55 ④	56 ③	57 ②	58 ④	59 ①	60 ②

01 비타민 C는 높은 열에 파괴되기 쉬운 영양소

02 병원소는 병원체가 생활 증식, 생존하는 곳으로 새로운 숙주에게 전파될 수 있는 장소에는 인간병원소, 동물병원소, 토양병원소가 있음(물은 병원소에 해당하지 않음)

03 소각법은 불에 태워서 없애는 것으로 위생적인 폐기물 처리방법

04 5~9세 : 만 5세 이상에서 만 10세 미만의 인구

05 모유수유를 하면 젖 분비 호르몬이 분비되어 배란이 억제되고 임신을 예방하는 자연피임효과

06 자연능동면역은 감염병 감염 후 형성되는 면역

07 B형 간염은 아이가 태어나서 제일 먼저 하는 예방접종

08 바이러스성 질환은 항생제 등 약물의 감수성이 없어 예방접종 및 감염원 접촉을 피하는 것이 최선의 예방방법

09 알코올의 적정 농도는 70%

10 멸균은 병원성, 비병원성 미생물 및 아포를 가진 것이 전부 사멸된 무균상태

11 감염성 안질은 환자가 사용한 수건, 세면기 등에 의하여 감염되며 수건의 사용이 많은 이·미용업소에서 가장 쉽게 옮겨질 수 있는 질병

12 염소는 음용수, 상수도, 하수도 소독

13 원시동물은 고생대에 번성했던 원시적인 동물로 미생물학에 속하지 않음

14 소독제는 밀폐시켜 일광이 직사되지 않는 곳에 보존해야 하므로 보관 장소에 제한

15 비타민 B$_2$: 리보플라빈이라고 하며 피부염증을 예방하는 효과가 있고 결핍 시 피부염, 피로, 과민 피부, 습진, 부스럼 등이 발생

16 UV-C파장이 200~290mm로 태양광선 중 파장이 가장 짧음

17 백색증은 선천성 질환으로 멜라닌 세포 수는 정상이지만 멜라닌 합성에 필요한 티로시나아제의 이상으로 자외선에 대한 방어능력이 약화되어 쉽게 일광화상 등을 입을 수 있는 증상

18 대상포진은 바이러스성 피부질환

19 광노화는 바람, 공해, 자외선 등의 외부환경으로 일어나는 환경적 노화현상으로 급성 반응이 아닌 누적된 햇빛 노출로 인해 노화

20 피지선은 코 주위에 가장 발달

21 에크린 땀샘(소한선)은 입술, 음부를 제외한 신체 전신에 분포하며 손바닥, 발바닥에 가장 많이 분포

22 이·미용업 영업소 안에 게시물 : 영업신고증, 개설자의 면허증 원본, 최종지급요금표

23 설비기준 : 소독기, 자외선 살균기 등의 소독장비를 갖추어야 한다.

24 시장·군수·구청장은 공중위생영업자를 처벌할 수 있음

25 이·미용사 자격정지 처분을 받을 때는 면허취소가 아닌 면허정지

26 영업소 외의 장소에서 행할 수 있는 경우
 • 질병·고령·장애나 그 밖의 사유로 인하여 영업소에 나올 수 없는 자의 경우
 • 혼례나 그 밖의 의식에 참여하는 자의 경우
 • 사회복지시설에서 봉사활동으로 업무를 하는 경우
 • 방송 등의 촬영에 참여하는 사람에 대하여 그 촬영 직전에 하는 경우
 • 위의 네 가지 외에 특별한 사정이 있다고 시장·군수·군청장이 인정하는 경우

27 공중위생영업자의 지위를 승계한 자는 1월 이내에 보건복지부령이 정하는 바에 따라 시장·군수·구청장에게 신고

28 관계공무원의 출입·검사·기타 조치를 거부·방해 또는 기피한 자에게는 3백만 원 이하의 과태료 부과

29 퍼퓸(Perfume) 〉 오데퍼퓸(Eau de Perfume) 〉 오데토일렛(Eau de Toilet) 〉 오데코롱(Eau de Cologne)

30 안정성 : 변질, 변색, 변취, 미생물의 오염이 없는 것

31 미백작용은 미백화장품 성분의 기능

32 유연화장수는 피부의 보습작용을 하며 수렴화장수는 노폐물 분비를 억제시켜 모공수축작용

33 동물성 왁스 : 라놀린, 밀납, 경납, 망치고래유, 향유고래유 등

34 세정제 : 피지선에서 분비되는 피지와 피부장벽의 구성요소인 지질성분을 보호하여 가능한 한 피부의 생리적 균형에 영향을 미치지 않아야 함

35 각질의 제거능력이 요구되는 화장품은 딥 클렌징 제품

36 그릿의 숫자는 네일 파일의 거칠기

37 조갑연화증 : 손톱 끝이 겹겹이 벗겨지면서 계란껍질 같이 얇고 흰색을 띠고 네일 끝이 굴곡진 증상

38 세포 – 조직 – 기관 – 계통 – 인체

39 그리스·로마 : 남자들도 네일관리

40 네일과 네일 주변 피부의 건조를 예방

41 슬림 라인, 프리 월 : 네일을 길고 가늘게 보이도록 하는 방법

42 ④ 변색된 네일(디스컬러드 네일) : 혈액순환, 심장이 좋지 못한 상태, 흡연, 과도한 자외선 노출, 네일 폴리시의 착색으로 발생

43 매트릭스의 크기는 네일 베드의 크기와 관련 없음

44 중간근(중수근)은 손 허리뼈 사이의 근육으로 벌레근(충양근)에 해당

45 골조직, 골수강, 골수

46 루눌라는 유백색의 반달 형태로 루눌라의 선명도와 크기는 건강한 네일의 조건과 관련 없음

47 중지 손톱이 가장 빠르게 자람

48 알코올 70%의 용액을 손, 피부 소독에 사용

49 인도 : 네일 매트릭스에 문신용 바늘을 이용하여 색소를 주입하여 상류층 과시

50 조갑염은 위생처리가 되지 않은 네일도구를 사용하여 감염되었을 때 발생

51 젤 네일 작업 시 얇게 여러번 도포하고 경화하여 히팅 현상에 대처하며 히팅 현상 발생 시 잠시 손을 빼고 천천히 경화하는 것이 효과적

52 스마일 라인은 좌우대칭의 밸런스가 중요

53 네일 프라이머는 일반적으로 산 성분으로 포함하고 있으며 네일 강화와는 관련이 없음

54 손톱모양 만들기, 큐티클 정리, 마사지, 컬러링 등을 포함하는 습식매니큐어 관리법

55 원톤 스컬프처의 제거 시 네일 파일링만으로 제거하는 것이 원칙은 아님

56 기본적인 페디큐어 과정에서 액티베이터(건조 활성제)는 필요하지 않음

57 45˚ 각도

58 옆선이 네일의 사이드 월 부분과 자연스럽게 연결되어야 하며 컨벡스와 컨케이브의 균형이 균일, 하이포인트의 위치가 스트레스 포인트 부근에 위치해야 함

59 옆면에서도 네일 폼이 쳐지지 않게 네일과 연결이 자연스럽게 이어지도록 접착

60 발과 발톱을 관리, 손질하는 것

01 자연적 환경요소에 속하지 않는 것은?
① 기온
② 기습
③ 소음
④ 위생시설

02 역학에 대한 내용으로 옳은 것은?
① 인간 개인을 대상으로 질병 발생 현상을 설명하는 학문 분야이다.
② 원인과 경과보다 결과 중심으로 해석하여 질병 발생을 예방한다.
③ 질병 발생 현상을 생물학과 환경적으로 이분하여 설명한다.
④ 인간 집단을 대상으로 질병 발생과 그 원인을 탐구하는 학문이다.

03 파리가 매개할 수 있는 질병과 거리가 먼 것은?
① 아메바성 이질
② 장티푸스
③ 발진티푸스
④ 콜레라

04 인구구성 중 14세 이하가 65세 이상 인구의 2배 정도이며 출생률과 사망률이 모두 낮은 형은?
① 피라미드형
② 종형
③ 항아리형
④ 별형

05 식생활이 탄수화물이 주가 되며, 단백질과 무기질이 부족한 음식물을 장기적으로 섭취함으로써 발생되는 단백질 결핍증은?
① 펠라그라(pellagra)
② 각기병
③ 콰시오르코르증(kwashiorkor)
④ 괴혈병

06 제1급 감염병에 해당하는 것은?
① 두창, 페스트
② 파라티푸스, 홍역
③ 세균성 이질, 폴리오
④ A형 간염, 결핵

07 흡연이 인체에 미치는 영향으로 가장 적합한 것은?
① 구강암, 식도암 등의 원인이 된다.
② 피부 혈관을 이완시켜서 피부 온도를 상승시킨다.
③ 소화촉진, 식욕증진 등에 영향을 미친다.
④ 폐기종에는 영향이 없다.

08 대장균이 사멸되지 않는 경우는?
① 고압증기멸균
② 저온소독
③ 방사선멸균
④ 건열멸균

09 다음 중 자외선 소독기의 사용으로 소독효과를 기대할 수 없는 경우는?
① 여러 개의 머리빗
② 날이 열린 가위
③ 염색용 볼
④ 여러 장의 겹쳐진 타월

10 다음 중 가위를 끓이거나 증기소독한 후 처리방법으로 가장 적합하지 않은 것은?
① 소독 후 수분을 잘 닦아낸다.
② 수분 제거 후 얇게 기름칠을 한다.
③ 자외선 소독기에 넣어 보관한다.
④ 소독 후 탄산나트륨을 발라둔다.

11 다음 중 미생물의 종류에 해당하지 않는 것은?
① 진균
② 바이러스
③ 박테리아
④ 편모

12 금속성 식기, 면 종류의 의류, 도자기의 소독에 적합한 소독방법은?
① 화염멸균법
② 건열멸균법
③ 소각소독법
④ 자비소독법

13 100℃에서 30분간 가열하는 처리를 24시간마다 3회 반복하는 멸균법은?
① 고압증기멸균법
② 건열멸균법
③ 고온멸균법
④ 간헐멸균법

14 여러 가지 물리화학적 방법으로 병원성 미생물을 가능한 한 제거하여 사람에게 감염의 위험이 없도록 하는 것은?
① 멸균
② 소독
③ 방부
④ 살충

15 피지선에 대한 설명으로 틀린 것은?
① 피지를 분비하는 선으로 진피 중에 위치한다.
② 피지선은 손바닥에는 없다.
③ 피지의 1일 분비량은 10~20g 정도이다.
④ 피지선이 많은 부위는 코 주위이다.

16 다음 중 입모근과 가장 관련 있는 것은?
① 수분 조절 ② 체온 조절
③ 피지 조절 ④ 호르몬 조절

17 적외선이 피부에 미치는 작용이 아닌 것은?
① 온열 작용
② 비타민 D 형성 작용
③ 세포증식 작용
④ 모세혈관 확장 작용

18 얼굴에 있어 T존 부위는 번들거리고, 볼 부위는 당기는 피부 유형은?
① 건성피부 ② 정상(중성)피부
③ 지성피부 ④ 복합성 피부

19 다음 중 기미의 유형이 아닌 것은?
① 표피형 기미 ② 진피형 기미
③ 피하조직형 기미 ④ 혼합형 기미

20 지용성 비타민이 아닌 것은?
① Vitamin D ② Vitamin A
③ Vitamin E ④ Vitamin B

21 단순포진이 나타나는 증상으로 가장 거리가 먼 것은?
① 통증이 심하여 다른 부위로 통증이 퍼진다.
② 홍반이 나타나고 곧이어 수포가 생긴다.
③ 상체에 나타나는 경우 얼굴과 손가락에 잘 나타난다.
④ 하체에 나타나는 경우 성기와 둔부에 잘 나타난다.

22 공중위생관리법에서 사용하는 용어의 정의로 틀린 것은?
① "공중위생영업"이라 함은 다수인을 대상으로 위생관리서비스를 제공하는 영업으로서 숙박업, 목욕장업, 이용업, 미용업, 세탁업, 건물위생관리업을 말한다.
② "숙박업"이라 함은 손님이 잠을 자고 머물 수 있도록 시설 및 설비 등의 서비스를 제공하는 영업을 말한다.
③ "건물위생관리업"이라 함은 공중이 이용하는 건축물, 시설물 등의 청결유지와 실내공기정화를 위한 청소 등을 대행하는 영업을 말한다.
④ "미용업"이라 함은 손님의 머리카락 또는 수염을 깎거나 다듬는 등의 방법으로 손님의 용모를 단정하게 하는 영업을 말한다.

23 공중위생관리법상의 규정에 위반하여 위생교육을 받지 아니한 때 부과되는 과태료의 기준은?
① 300만 원 이하 ② 500만 원 이하
③ 400만 원 이하 ④ 200만 원 이하

24 이·미용사의 면허가 취소되거나 면허의 정지명령을 받은 자는 누구에게 면허증을 반납하여야 하는가?
① 보건복지부장관 ② 시·도지사
③ 시장·군수·구청장 ④ 보건소장

25 개선을 명할 수 있는 경우에 해당하지 않는 사람은?
① 공중위생영업의 종류별 시설 및 설비기준을 위반한 공중위생영업자
② 위생관리의무 등을 위반한 공중위생영업자
③ 공중위생영업자의 지위를 승계한 자로서 이에 관한 신고를 하지 아니한 자
④ 위생관리의무를 위반한 공중위생시설의 소유자 등

26 이·미용업자의 위생관리 기준에 대한 내용 중 틀린 것은?
① 요금표 외의 요금을 받지 않을 것
② 의료행위를 하지 않을 것
③ 의료용구를 사용하지 않을 것
④ 1회용 면도날은 손님 1인에 한하여 사용할 것

27 위생서비스 평가 결과 위생서비스의 수준이 우수하다고 인정되는 영업소에 대하여 포상을 실시할 수 있는 자에 해당하지 않는 것은?
① 구청장 ② 시·도지사
③ 군수 ④ 보건소장

28 손님에게 도박 그 밖에 사행행위를 하게 한 때에 대한 1차 위반 시 행정처분기준은?
① 영업정지 1월 ② 영업정지 2월
③ 영업정지 3월 ④ 영업장 폐쇄명령

29 에멀전의 형태를 가장 잘 설명한 것은?
① 지방과 물이 불균일하게 섞인 것이다.
② 두 가지 액체가 같은 농도의 한 액체로 섞여있다.
③ 고형의 물질이 아주 곱게 혼합되어 균일한 것처럼 보인다.
④ 두 가지 또는 그 이상의 액상물질이 균일하게 혼합되어 있는 것이다.

30 다음 중 피부 상재균의 증식을 억제하는 항균기능을 가지고 있고, 발생한 체취를 억제하는 기능을 가진 것은?
① 바디샴푸
② 데오도란트
③ 샤워코롱
④ 오데토일렛

31 기능성화장품에 사용되는 원료와 그 기능의 연결이 틀린 것은?
① 비타민 C – 미백효과
② AHA(Alpha – hydroxy acid) – 각질 제거
③ DHA(dihydroxy acetone) – 자외선 차단
④ 레티노이드(retinoid) – 콜라겐과 엘라스틴의 회복을 촉진

32 방부제가 갖추어야 할 조건이 아닌 것은?
① 독특한 색상과 냄새를 지녀야 한다.
② 적용 농도에서 피부에 자극을 주어서는 안 된다.
③ 방부제로 인하여 효과가 상실되거나 변해서는 안 된다.
④ 일정 기간 동안 효과가 있어야 한다.

33 화장품법상 화장품이 인체에 사용되는 목적 중 틀린 것은?
① 인체를 청결하게 한다.
② 인체를 미화한다.
③ 인체의 매력을 증진시킨다.
④ 인체의 용모를 치료한다.

34 에센셜 오일의 보관 방법에 관한 내용으로 틀린 것은?
① 뚜껑을 닫아 보관해야 한다.
② 직사광선을 피하는 것이 좋다.
③ 통풍이 잘되는 곳에 보관해야 한다.
④ 투명하고 공기가 통할 수 있는 용기에 보관하여야 한다.

35 기초화장품의 기능이 아닌 것은?
① 피부 세정　　　② 피부 정돈
③ 피부 보호　　　④ 피부결점 커버

36 발허리뼈(중족골) 관절을 굴곡시키고, 외측 4개 발가락의 지골간관절을 신전시키는 발의 근육은?
① 벌레근(충양근)
② 새끼벌림근(소지외전근)
③ 짧은새끼굽힘근(단소지굴근)
④ 짧은엄지굽힘근(단무지굴근)

37 한국네일미용에서 부녀자와 처녀들 사이에서 염지갑화라고 하는 봉선화 물들이기 풍습이 이루어졌던 시기로 옳은 것은?
① 신라시대　　　② 고구려시대
③ 고려시대　　　④ 조선시대

38 네일 매트릭스에 대한 설명으로 옳은 것은?
① 네일 베드를 보호하는 기능을 한다.
② 네일 바디를 받쳐주는 역할을 한다.
③ 모세혈관, 림프, 신경조직이 있다.
④ 손톱이 자라기 시작하는 곳이다.

39 손톱의 성장과 관련한 내용 중 틀린 것은?
① 겨울보다 여름이 빨리 자란다.
② 임신기간 동안에는 호르몬의 변화로 손톱이 빨리 자란다.
③ 피부유형 중 지성피부의 손톱이 더 빨리 자란다.
④ 연령이 젊을수록 손톱이 더 빨리 자란다.

40 손톱의 특성에 대한 설명으로 가장 거리가 먼 것은?
① 조체(네일 바디)는 약 5% 수분을 함유하고 있다.
② 아미노산과 시스테인이 많이 함유되어 있다.
③ 조상(네일 베드)은 혈관에서 산소를 공급받는다.
④ 피부의 부속물로 신경, 혈관, 털이 없으며 반투명의 각질판이다.

41 손톱과 발톱을 너무 짧게 자를 경우 발생할 수 있는 것은?
① 오니코렉시스　　　② 오니코아트로피
③ 오니코파이마　　　④ 오니코크립토시스

42 다음 중 손의 근육이 아닌 것은?
① 바깥쪽뼈사이근(장측골간근)
② 등쪽뼈사이근(배측골간근)
③ 새끼맞섬근(소지대립근)
④ 반힘줄근(반건양근)

43 자연네일이 매끄럽게 되도록 손톱 표면의 거칠음과 기복을 제거하는 데 사용하는 도구로 가장 적합한 것은?
① 100그릿 네일 파일　　　② 에머리 보드
③ 네일 클리퍼　　　④ 샌딩 파일

44 네일 미용관리 후 고객이 불만족할 경우 네일 미용인이 우선적으로 해야 할 대처 방법으로 가장 적합한 것은?
① 만족할 수 있는 주변의 네일 샵 소개
② 불만족 부분을 파악하고 해결방안 모색
③ 샵 입장에서의 불만족 해소
④ 할인이나 서비스 티켓으로 상황 마무리

45 손톱의 주요한 기능 및 역할과 가장 거리가 먼 것은?
① 물건을 잡거나 긁을 때 또는 성상을 구별하는 기능이 있다.
② 방어와 공격의 기능이 있다.
③ 노폐물의 분비기능이 있다.
④ 손끝을 보호한다.

46 외국의 네일미용 변천과 관련하여 그 시기와 내용의 연결이 옳은 것은?

① 1885년 : 폴리시의 필름형성제인 니트로셀룰로즈가 개발되었다.

② 1892년 : 손톱 끝이 뾰족한 아몬드형 네일이 유행하였다.

③ 1917년 : 도구를 이용한 케어가 시작되었으며 유럽에서 네일관리가 본격적으로 시작되었다.

④ 1960년 : 인조손톱 시술이 본격적으로 시작되었으며 네일관리와 아트가 유행하기 시작하였다.

47 손톱 밑의 구조가 아닌 것은?

① 조근(네일 루트)
② 반월(루눌라)
③ 조모(매트릭스)
④ 조상(네일 베드)

48 손톱의 이상증상 중 손톱을 심하게 물어뜯어 생기는 증상으로 인조손톱 관리나 매니큐어를 통해 습관을 개선할 수 있는 것은?

① 고랑진 손톱
② 교조증
③ 조갑위축증
④ 조내성증

49 손가락 마디에 있는 뼈로서 총 14개로 구성되어 있는 뼈는?

① 손가락뼈(수지골)
② 손목뼈(수근골)
③ 노뼈(요골)
④ 자뼈(척골)

50 손톱에 대한 설명 중 옳은 것은?

① 손톱에는 혈관이 있다.
② 손톱의 주성분은 인이다.
③ 손톱의 주성분은 단백질이며, 죽은 세포로 구성되어 있다.
④ 손톱에는 신경과 근육이 존재한다.

51 인조네일을 보수하는 이유로 틀린 것은?

① 깨끗한 네일 미용의 유지
② 녹황색균의 방지
③ 인조네일의 견고성 유지
④ 인조네일의 원활한 제거

52 페디큐어 컬러링 시 작업 공간 확보를 위해 발가락 사이에 끼워주는 도구는?

① 페디 파일
② 푸셔
③ 토우 세퍼레이터
④ 콘커터

53 자연네일을 오버레이하여 보강할 때 사용할 수 없는 재료는?

① 실크
② 아크릴
③ 젤
④ 파일

54 남성 매니큐어 시 자연 네일의 손톱모양 중 가장 적합한 형태는?

① 오발형
② 아몬드형
③ 둥근형
④ 사각형

55 페디큐어 작업과정 중 ( )에 해당하는 것은?

> 손·발 소독 - 폴리시 제거 - 길이 및 모양잡기 - ( ) - 큐티클 정리 - 각질 제거하기

① 매뉴얼테크닉
② 족욕기에 발 담그기
③ 페디 파일링
④ 탑 코트 바르기

56 라이트 큐어드 젤에 대한 설명이 옳은 것은?

① 공기 중에 노출되면 자연스럽게 응고된다.
② 특수한 빛에 노출시켜 젤을 응고시키는 방법이다.
③ 경화 시 실내온도와 습도에 민감하게 반응한다.
④ 글루 사용 후 글루 드라이를 분사시켜 말리는 방법이다.

57 네일 팁 작업에서 팁을 접착하는 올바른 방법은?

① 자연네일보다 한 사이즈 정도 작은 팁을 접착한다.
② 큐티클에 최대한 가깝게 부착한다.
③ 45° 각도로 네일 팁을 접착한다.
④ 자연네일의 절반 이상을 덮도록 한다.

58 베이스 코트와 탑 코트의 주된 기능에 대한 설명으로 가장 거리가 먼 것은?

① 베이스 코트는 손톱에 색소가 착색되는 것을 방지한다.
② 베이스 코트는 폴리시가 곱게 발리는 것을 도와준다.
③ 탑 코트는 폴리시에 광택을 더하여 컬러를 돋보이게 한다.
④ 탑 코트는 손톱에 영양을 주어 손톱을 튼튼하게 해준다.

59 습식매니큐어 작업 과정에서 가장 먼저 해야 할 절차는?

① 컬러 지우기
② 손톱 모양 만들기
③ 손 소독하기
④ 핑거볼에 손 담그기

60 아크릴 프렌치 스컬프처 시술 시 형성되는 스마일 라인의 설명으로 틀린 것은?

① 선명한 라인 형성
② 일자 라인 형성
③ 균일한 라인 형성
④ 좌우 라인 대칭

01 ④	02 ④	03 ③	04 ②	05 ③	06 ①	07 ①	08 ②	09 ④	10 ④
11 ④	12 ④	13 ④	14 ②	15 ③	16 ②	17 ②	18 ④	19 ③	20 ④
21 ①	22 ④	23 ④	24 ③	25 ③	26 ①	27 ④	28 ①	29 ④	30 ②
31 ③	32 ①	33 ④	34 ④	35 ④	36 ①	37 ③	38 ③	39 ③	40 ①
41 ④	42 ④	43 ④	44 ②	45 ③	46 ①	47 ①	48 ②	49 ①	50 ③
51 ④	52 ③	53 ④	54 ②	55 ②	56 ②	57 ③	58 ④	59 ③	60 ②

01 자연적 환경요소에는 기후, 공기, 물, 토양, 광선, 소리 등

02 역학은 집단으로 발생하는 질병인 감염병이 미치는 영향을 연구하는 학문으로 질병 예방에 기여함을 목적

03 발진티푸스는 이에 의해 전파

04 ① 4세 이하 인구가 65세 이상 인구의 2배 이상으로 출생률이 높고 사망률이 낮은 인구 증가형
　　③ 14세 이하 인구가 65세 이상 인구의 2배 이하로 출생률이 사망률보다 낮은 인구감퇴형
　　④ 생산 인구가 전체 인구의 1/2 이상으로 도시 지역의 인구 구성이며, 생산층 인구증가형이며 인구유입형

05 ① 비타민 B_3(나이아신) 결핍 시
　　② 비타민 B_1(티아민) 결핍 시
　　④ 비타민 C 결핍 시

06 ②③④ 제2급 감염병

07 습관성 흡연의 영향으로 각종 암, 허혈성 심질환, 뇌혈관 질환, 만성 폐색성 폐질환, 저체중아, 유·조산 등

08 저온살균은 유제품을 62~63℃에 30분간 살균처리

09 ①②③ 자외선멸균법

10 자비소독 시 소독효과를 높이기 위하여 석탄산, 크레졸을 첨가

11 미생물에는 세균(박테리아), 바이러스, 진균(곰팡이), 조류, 원생동물 등

12 • 화염멸균법 : 내열성이 강한 재질, 170℃에서 20초 이상 화염 속에서 가열
　　• 건열멸균법 : 유리, 도자기, 주사침, 바셀린, 분말 제품, 170℃에서 1~2시간 가열하고 멸균 후 서서히 냉각시킴
　　• 소각법 : 오염된 휴지, 환자복, 환자의 객담, 일반폐기물, 불에 태워 없애는 것

13 간헐멸균법은 24시간마다 100℃ 증기로 30분간씩 3회 실시

14 • 멸균 : 병원성·비병원성 미생물 및 아포를 가진 것을 전부 사멸시킨 무균 상태
　　• 방부 : 증식과 성장을 억제하여 미생물의 부패나 발효를 방지하는 것
　　• 살충 : 벌레 또는 기생충을 죽이는 것

15 1일 피지 분비량은 1~2g 정도

16 입모근(기모근)은 추울 때 수축하여 체온손실을 막음

17 비타민 D 형성은 자외선이 미치는 영향

18 복합성 피부는 얼굴부위에 따라 피부 유형이 복합적으로 나타남

19 기미의 유형 : 색소가 옅게 깔린 표피형, 색소가 깊은 곳까지 퍼져있는 진피형, 표피와 진피 모두에 있는 혼합형

20 비타민 B는 수용성 비타민

21 헤르페스 바이러스의 급성 감염으로 발생, 한 곳에 국한하여 물집이 발생하는 수포성 증상, 같은 부위에 재발 가능, 입술주위, 성기에 주로 나타남

22 미용업 : 손님의 얼굴, 머리, 피부 등을 손질하여 손님의 외모를 아름답게 꾸미는 영업

23 200만 원 이하의 과태료 : 미용업소의 위생관리 의무를 지키지 아니한 자, 영업소 외의 장소에서 이·미용업무를 행한 자, 위생교육을 받지 아니한 자

24 면허가 취소 또는 정지된 자는 지체 없이 시장·군수·구청장에게 면허증 반납

25 영업자의 지위를 승계한 후 1월 이내에 신고하지 아니한 때에 1차 위반 시 경고 처분

26 이·미용업자의 위생관리 기준
　• 1회용 면도날은 손님 1인에 한하여 사용할 것
　• 영업장 안의 조명도는 75룩스 이상이 되도록 유지
　• 점빼기·귓불뚫기·쌍꺼풀 수술·문신·박피술 그 밖에 의료
　　행위 및 의료용구를 사용하지 않을 것

27 위생서비스 평가 결과 우수 영업소 포상은 시·도지사 또는
　시장·군수·구청장

28 2차 위반 시 : 영업정지 2월
　3차 위반 시 : 영업장 폐쇄명령

29 에멀전 형태는 두 가지 또는 그 이상의 액상물질이 균일하게
　혼합되어 있는 것

30 피부 상재균의 증식을 억제하는 항균기능을 가지고 있고, 발
　생한 체취를 억제하는 기능을 가진 것은 데오도란트

31 DHA는 뇌 기능을 향상시킨다.

32 방부제는 인체에 해가 없고, 첨가로 인한 내용물의 품질을 손
　상시키지 않아야 하고 피부에 자극을 주면 안됨

33 화장품은 용모를 밝게 변화시키고 피부의 건강을 유지 또는
　증진시킴

34 에센셜 오일은 서늘하고 어두운 곳, 어린이 손에 닿지 않는
　곳, 갈색 유리병에 뚜껑을 닫고 보관

35 ④ 베이스 메이크업 화장품의 기능

36 벌레근(충양근)에 대한 설명

37 한국 네일미용에서 부녀자와 처녀들 사이에서 염지갑화라고
　하는 봉선화 물들이기 풍습이 이루어졌던 시기는 고려시대

38 네일 매트릭스에는 모세혈관, 림프, 신경조직이 있음

39 피부유형과 손톱의 성장 속도는 관계없음

40 조체는 약 12~18%의 수분을 함유

41 조내성 또는 인그로우 네일이라고 하며, 손톱이나 발톱이 조
　구로 파고 들어가는 현상

42 반힘줄근은 다리에 있는 근육으로서 넓적다리 뒷근육에 속함

43 샌딩 파일에 대한 설명

44 네일 미용관리 후 고객이 불만족할 경우, 불만족 부분을 파악
　하고 해결방안 모색

45 손톱에는 노폐물 분비 기능이 없음

46 ② 1800년 : 아몬드형 네일이 유행
　③ 1917년 : 보그 잡지에 홈 케어 네일 제품이 광고
　④ 1970년 : 인조손톱 시술이 본격적으로 시작, 네일케어와
　　아트가 유행

47 조근(네일 루트)은 네일 자체의 구조

48 교조증은 손톱을 씹거나 깨무는 버릇에 의해 나타나는 증상

49 손가락뼈(수지골)에 대한 설명

50 손톱의 주성분은 단백질이며, 죽은 세포로 구성

51 인조네일의 보수는 자연네일이 자라남에 따라 큐티클 주변에
　들뜸이 생길 수 있으므로 들뜸을 채워주는 작업

52 토우 세퍼레이터에 대한 설명

53 파일은 자연네일, 인조네일의 모양과 길이를 다듬을 때 사용
　하는 도구

54 기본적인 손톱의 형태로 남성들에게 적합

55 큐티클 정리 전 족욕기에 발을 담가 큐티클을 연화

56 라이트 큐어드 젤이란 특수한 빛에 노출시켜 젤을 굳히는 일
　반적인 방법

57 45° 각도로 네일 팁을 접착

58 ④ 네일 보강제에 대한 설명

59 모든 작업 시작 시 손 소독이 제일 먼저

60 프렌치 시술 시 일자가 아닌 옐로우 라인에 따라 부드러운 곡
　선모양

01 다음 중 제2급 감염병이 아닌 것은?
① 홍역　　　　　　　② B형간염
③ 폴리오　　　　　　④ 성홍열

02 다음 5대 영양소 중 신체의 생리기능조절에 주로 작용하는 것은?
① 단백질, 지방　　　② 비타민, 무기질
③ 지방, 비타민　　　④ 탄수화물, 무기질

03 다음 중 감염병이 아닌 것은?
① 폴리오　　　　　　② 풍진
③ 성병　　　　　　　④ 당뇨병

04 다음 중 실내공기 오염의 지표로 널리 사용되는 것은?
① CO_2　　　　　　② CO
③ Ne　　　　　　　④ NO

05 보건행정의 특성과 거리가 먼 것은?
① 공공성과 사회성　　② 과학성과 기술성
③ 조장성과 교육　　　④ 독립성과 독창성

06 출생 시 모체로부터 받는 면역은?
① 인공능동면역　　　② 인공수동면역
③ 자연능동면역　　　④ 자연수동면역

07 오늘날 인류의 생존을 위협하는 대표적인 3요소는?
① 인구 – 환경오염 – 교통문제
② 인구 – 환경오염 – 인간관계
③ 인구 – 환경오염 – 빈곤
④ 인구 – 환경오염 – 전쟁

08 다음 중 이화학적(물리적) 소독법에 속하는 것은?
① 크레졸 소독
② 생석회 소독
③ 열탕 소독
④ 포르말린 소독

09 다음 중 살균효과가 가장 높은 소독 방법은?
① 염소소독
② 일광소독
③ 저온소독
④ 고압증기멸균

10 이·미용 작업 시 시술자의 손 소독 방법으로 가장 거리가 먼 것은?
① 흐르는 물에 비누로 깨끗이 씻는다.
② 락스액에 충분히 담갔다가 깨끗이 헹군다.
③ 시술 전 70% 농도의 알코올을 적신 솜으로 깨끗이 씻는다.
④ 세척액을 넣은 미온수와 솔을 이용하여 깨끗하게 닦는다.

11 소독용 과산화수소(H_2O_2) 수용액의 적당한 농도는?
① 2.5 ~ 3.5%　　　　② 3.5 ~ 5.0%
③ 5.0 ~ 6.0%　　　　④ 6.5 ~ 7.5%

12 세균의 단백질 변성과 응고작용에 의한 기전을 이용하여 살균하고자 할 때 주로 이용하는 방법은?
① 가열　　　　　　　② 희석
③ 냉각　　　　　　　④ 여과

13 이·미용실의 기구(가위, 레이저) 소독으로 가장 적합한 소독제는?
① 70~80%의 알코올
② 100~200배 희석 역성비누
③ 5% 크레졸 비누액
④ 50%의 페놀액

14 살균작용의 기전 중 산화에 의하지 않는 소독제는?
① 오존　　　　　　　② 알코올
③ 과망간산칼륨　　　④ 과산화수소

15 흡연이 인체에 미치는 영향에 대한 설명으로 적절하지 않은 것은?
① 간접흡연은 인체에 해롭지 않다.
② 흡연은 암을 유발할 수 있다.
③ 흡연은 피부의 표피를 얇아지게 해서 피부의 잔주름 생성을 증가시킨다.
④ 흡연은 비타민 C를 파괴한다.

16 피부 관리가 가능한 여드름의 단계로 가장 적절한 것은?
① 결정　　　　　　　② 구진
③ 흰면포　　　　　　④ 농포

17 다음 중 체모의 색상을 좌우하는 멜라닌이 가장 많이 함유되어 있는 곳은?
① 모표피　　　　　　② 모피질
③ 모수질　　　　　　④ 모유두

18 다음에서 설명하는 피부병변은?

> 신진대사의 저조가 원인으로 중년 여성 피부의 유핵층에 자리하며, 안면의 상반부에 위치한 기름샘과 땀구멍에 주로 생성하며 모래알 크기의 각질세포로서 특히 눈 아래 부분에 생긴다.

① 매상 혈관종
② 비립종
③ 섬망성 혈관종
④ 섬유종

19 피부 상피세포조직의 성장과 유지 및 점막손상방지에 필수적인 비타민은?

① 비타민 A
② 비타민 B
③ 비타민 E
④ 비타민 K

20 다한증과 관련한 설명으로 가장 거리가 먼 것은?

① 더위에 견디기 어렵다.
② 땀이 지나치게 많이 분비된다.
③ 스트레스가 악화요인이 될 수 있다.
④ 손바닥의 다한증은 악수 등의 일상생활에서 불편함을 초래한다.

21 인체에 있어 피지선이 존재하지 않는 곳은?

① 이마
② 코
③ 귀
④ 손바닥

22 이·미용업 영업자가 시설 및 설비기준을 위반한 경우 1차 위반에 대한 행정처분 기준은?

① 경고
② 개선명령
③ 영업정지5일
④ 영업정지 10일

23 공중위생감시원의 업무에 해당하지 않는 것은?

① 공중위생영업 신고 시 시설 및 설비의 확인에 관한 사항
② 공중위생영업자 준수사항 이행 여부의 확인에 관한 사항
③ 위생지도 및 개선명령 이행 여부의 확인에 관한 사항
④ 세금납부 걱정 여부의 확인에 관한 사항

24 법에 따라 이·미용업 영업소 안에 게시하여야 하는 게시물에 해당하지 않는 것은?

① 이·미용업 신고증
② 개설자의 면허증 원본
③ 최종지급요금표
④ 이·미용사 국가기술자격증

25 다음 중 공중위생영업 변경신고를 반드시 해야 하는 경우는?

> ㉠ 영업소의 상호 변경
> ㉡ 영업소의 주소 변경
> ㉢ 영업소 내부 인테리어 개조
> ㉣ 신고한 영업장 면적의 1/4의 증감

① ㉠, ㉡
② ㉠, ㉢
③ ㉡, ㉢
④ ㉢, ㉣

26 이·미용업 위생교육에 관한 내용이 맞는 것은?

① 위생교육 대상자는 이·미용업 영업자이다.
② 이·미용사의 면허를 받은 사람은 모두 위생교육을 받아야 한다.
③ 위생교육은 시·군·구청장이 실시한다.
④ 위생교육 시간은 매년 4시간으로 한다.

27 이·미용사의 면허를 받을 수 없는 자는?

① 전문대학에서 이용 또는 미용에 관한 학과를 졸업한 자
② 교육부장관이 인정하는 이·미용 고등학교에서 이용 또는 미용에 관한 학과를 졸업한 자
③ 교육부장관이 인정하는 고등기술학교에서 6개월 과정의 이용 또는 미용에 관한 소정의 과정을 이수한 자
④ 국가기술자격법에 의한 이·미용사의 자격을 취득한 자

28 영업정지처분을 받고 그 영업정지기간 중 영업을 한 때, 1차 위반 시 행정처분기준은?

① 경고 또는 개선명령
② 영업정지 1월
③ 영업장 폐쇄명령
④ 영업정지 2월

29 다음 중 립스틱의 성분으로 가장 거리가 먼 것은?

① 색소
② 라놀린
③ 알란토인
④ 알코올

30 화장품 제조와 판매 시 품질의 특성으로 틀린 것은?

① 효과성
② 유효성
③ 안정성
④ 안전성

31 다음에서 설명하는 것은?

> 비타민 A 유도체로 콜라겐 생성을 촉진, 케라티노사이트의 증식촉진, 표피의 두께증가, 히아루론산 생성을 촉진하여 피부 주름을 개선시키고 탄력을 증대시키는 성분이다.

① 코엔자임Q10
② 레티놀
③ 알부틴
④ 세라마이트

32 화장품의 사용목적과 가장 거리가 먼 것은?

① 인체를 청결, 미화하기 위하여 사용한다.
② 용모를 변화시키기 위하여 사용한다.
③ 피부, 모발의 건강을 유지하기 위하여 사용한다.
④ 인체에 대한 약리적인 효과를 주기 위해 사용한다.

33 향수의 구비 요건으로 가장 거리가 먼 것은?

① 향에 특징이 있어야 한다.
② 향은 적당히 강하고 지속성이 좋아야 한다.
③ 향은 확산성이 낮아야 한다.
④ 시대성에 부합되는 향이어야 한다.

34 계면활성제에 대한 설명으로 옳은 것은?

① 계면활성제는 일반적으로 둥근 머리모양의 소수성기와 막대꼬리모양의 친수성기를 가진다.
② 계면활성제의 피부에 대한 자극은 양쪽성 〉 양이온성 〉 음이온성 〉 비이온성의 순으로 감소한다.
③ 비이온성 계면활성제는 피부에 대한 안전성이 높고 유화력이 우수하여 에멀전의 유화제로 사용된다.
④ 양이온성 계면활성제는 세정작용이 우수하여 비누, 샴푸 등에 사용된다.

35 자외선 차단제의 올바른 사용법은?

① 자외선 차단제는 아침에 한 번만 바르는 것이 중요하다.
② 자외선 차단제는 도포 후 시간이 경과되면 덧바르는 것이 좋다.
③ 자외선 차단제는 피부에 자극이 되므로 되도록 사용하지 않는다.
④ 자외선 차단제는 자외선이 강한 여름에만 사용하면 된다.

36 마누스(Manus)와 큐라(Cura)라는 단어에서 유래된 용어는?

① 네일 팁(Nail Tip)
② 매니큐어(Manicure)
③ 페디큐어(Pedicure)
④ 아크릴(Acrylic)

37 각 나라 네일미용 역사의 설명으로 틀리게 연결된 것은?

① 그리스, 로마 – 네일 관리로써 '마누스큐라'라는 단어가 시작되었다.
② 미국 – 노크 행위는 예의에 어긋난 행동으로 여겨 손톱을 길게 길러 문을 긁도록 하였다.
③ 인도 – 상류 여성들은 손톱의 뿌리 부분에 문신바늘로 색소를 주입하여 상류층임을 과시하였다.
④ 중국 – 특권층의 신분을 드러내기 위해 '홍화'의 재배가 유행하였고, 손톱에도 바르며 이를 '홍조'라 하였다.

38 네일미용 작업 시 실내 공기 환기 방법으로 틀린 것은?

① 작업장 내에 설치된 커튼은 장기적으로 관리한다.
② 자연환기와 신선한 공기의 유입을 고려하여 창문을 설치한다.
③ 공기보다 무거운 성분이 있으므로 환기구를 아래쪽에도 설치한다.
④ 겨울과 여름에는 냉·난방을 고려하여 공기청정기를 준비한다.

39 손, 발톱 함유량이 가장 높은 성분은?

① 칼슘
② 철분
③ 케라틴
④ 콜라겐

40 네일 기본 관리 작업과정으로 옳은 것은?

① 손 소독 → 프리에지 모양 만들기 → 네일 폴리시 제거 → 큐티클 정리하기 → 컬러 도포하기 → 마무리하기
② 손 소독 → 네일 폴리시 제거 → 프리에지 모양 만들기→ 큐티클 정리하기 → 컬러 도포하기 → 마무리하기
③ 손 소독 → 프리에지 모양 만들기 → 큐티클 정리하기 → 네일 폴리시 제거 → 컬러 도포하기 → 마무리하기
④ 프리에지 모양 만들기 → 네일 폴리시 제거 → 마무리하기 → 손 소독

41 손의 근육과 가장 거리가 먼 것은?

① 벌림근(외전근)
② 모음근(내전근)
③ 맞섬근(대립근)
④ 엎침근(회내근)

42 매니큐어 작업 시 알코올 소독 용기에 담가 소독하는 기구로 적절하지 못한 것은?

① 네일 파일
② 네일 클리퍼
③ 오렌지우드스틱
④ 네일 더스트 브러시

43 네일숍에서의 감염 예방 방법으로 가장 거리가 먼 것은?

① 작업 장소에서 음식을 먹을 때는 환기에 유의해야 한다.
② 네일 서비스를 할 때는 상처를 내지 않도록 항상 조심해야 한다.
③ 감기 등 감염 가능성이 있거나 감염이 된 상태에서는 시술하지 않는다.
④ 작업 전, 후에는 70% 알코올이나 소독용액으로 작업자와 고객의 손을 닦는다.

44 손 근육의 역할에 대한 설명으로 틀린 것은?

① 물건을 잡는 역할을 한다.
② 손으로 세밀하고 복잡한 작업을 한다.
③ 손가락을 벌리거나 모으는 역할을 한다.
④ 자세를 유지하기 위해 지지대 역할을 한다.

45 잘못된 습관으로 손톱을 물어뜯어 손톱이 자라지 못하는 증상은?

① 교조증(Onychophagy)
② 조갑비대증(Onychauxis)
③ 조갑위축증(Onychatrophy)
④ 조내생증(Onyshocryptosis)

46 건강한 손톱에 대한 조건으로 틀린 것은?

① 반투명하며 아치형을 이루고 있어야 한다.
② 반월(루눌라)이 크고 두께가 두꺼워야 한다.
③ 표면이 굴곡이 없고 매끈하며 윤기가 나야 한다.
④ 단단하고 탄력 있어야 하며 끝이 갈라지지 않아야 한다.

47 네일 기기 및 도구류의 위생관리로 틀린 것은?
① 타월은 1회 사용 후 세탁·소독한다.
② 소독 및 세제용 화학제품은 서늘한 곳에 밀폐 보관한다.
③ 큐티클 니퍼 및 네일 푸셔는 자외선 소독기에 소독할 수 없다.
④ 모든 도구는 70% 알코올을 이용하며 20분 동안 담근 후 건조시켜 사용한다.

48 네일숍 고객관리 방법으로 틀린 것은?
① 고객의 질문에 경청하며 성의 있게 대답한다.
② 고객의 잘못된 관리방법을 제품판매로 연결한다.
③ 고객의 대화를 바탕으로 고객 요구사항을 파악한다.
④ 고객의 직무와 취향 등을 파악하여 관리방법을 제시한다.

49 손가락 뼈의 기능으로 틀린 것은?
① 지지기능   ② 흡수기능
③ 보호작용   ④ 운동기능

50 네일서비스 고객관리카드에 기재하지 않아도 되는 것은?
① 예약 가능한 날짜와 시간
② 손톱의 상태와 선호하는 색상
③ 은행 계좌정보와 고객의 월수입
④ 고객의 기본 인적사항

51 큐티클 정리 시 유의사항으로 가장 적합한 것은?
① 큐티클 푸셔는 90˚의 각도를 유지해 준다.
② 에포니키움의 밑 부분까지 깨끗하게 정리한다.
③ 큐티클은 외관상 지저분한 부분만을 정리한다.
④ 에포니키움과 큐티클 부분은 힘을 주어 밀어준다.

52 UV 젤 스컬프쳐 보수 방법으로 가장 적합하지 않은 것은?
① UV젤과 자연네일의 경계 부분을 파일링한다.
② 투웨이 젤을 이용하여 두께를 만들고 큐어링한다.
③ 파일링 시 너무 부드럽지 않은 파일을 사용한다.
④ 거친 네일 표면 위에 UV젤 탑 코트를 바른다.

53 네일 팁의 사용과 관련하여 가장 적합한 것은?
① 팁 접착부분에 공기가 들어갈수록 손톱의 손상을 줄일 수 있다.
② 팁을 부착할 시 유지력을 높이기 위해 모든 네일에 하프웰 팁을 적용한다.
③ 팁을 부착할 시 네일팁이 자연손톱의 1/2 이상 덮어야 유지력을 높이는 기준이다.
④ 팁을 선택할 때에는 자연손톱의 사이즈와 동일하거나 한 사이즈 큰 것을 선택한다.

54 내추럴 프렌치 스컬프쳐의 설명으로 틀린 것은?
① 자연스러운 스마일라인을 형성한다.
② 네일 프리에지가 내추럴 파우더로 조형된다.
③ 네일 바디 전체가 내추럴 파우더로 오버레이 된다.
④ 네일 베드는 핑크 파우더 또는 클리어 파우더로 작업한다.

55 손톱에 네일 폴리시가 착색되었을 때 착색을 제거하는 제품은?
① 네일 화이트너   ② 네일 표백제
③ 네일 보강제   ④ 폴리시리무버

56 자외선 램프기기에 조사해야만 경화되는 네일 재료는?
① 아크릴 모노머   ② 아크릴 폴리머
③ 아크릴 올리고머   ④ UV젤

57 세로 성장한 손톱과 아크릴 네일 사이의 공간을 보수하는 방법으로 옳은 것은?
① 들뜬 부분은 니퍼나 다른 도구를 이용하여 강하게 뜯어낸다.
② 손톱과 아크릴 네일 사이의 턱을 거친 파일로 강하게 파일링한다.
③ 아크릴 네일 보수 시 프라이머를 손톱과 인조 네일 전체에 바른다.
④ 들뜬 부분을 파일로 갈아내고 손톱 표면에 프라이머를 바른 후 아크릴 화장물을 올려준다.

58 매니큐어 과정으로 (　) 안에 들어갈 가장 적합한 작업과정은?

> 소독하기 – 네일 폴리시 지우기 – (　) – 샌딩 파일 사용하기 –핑거볼 담그기 – 큐티클 정리하기

① 손톱 모양 만들기   ② 큐티클 오일 바르기
③ 거스러미 제거하기   ④ 네일 표백하기

59 네일 폴리시 작업 방법으로 가장 적합한 것은?
① 네일 폴리시는 1회 도포가 이상적이다.
② 네일 폴리시를 섞을 때는 위, 아래로 흔들어준다.
③ 네일 폴리시가 굳었을 때는 네일 리무버를 혼합한다.
④ 네일 폴리시는 손톱 가장자리 피부에 최대한 가깝게 도포한다.

60 매니큐어와 관련한 설명으로 틀린 것은?
① 일반 매니큐어와 파라핀 매니큐어는 함께 병행할 수 없다.
② 큐티클 니퍼와 네일 푸셔는 하루에 한번 오전에 소독해서 사용한다.
③ 손톱의 파일링은 한 방향으로 해야 자연 네일의 손상을 줄일 수 있다.
④ 과도한 큐티클 정리는 고객에게 통증을 유발하거나 출혈이 발생하므로 주의한다.

01 ②	02 ②	03 ④	04 ①	05 ④	06 ④	07 ③	08 ③	09 ④	10 ②
11 ①	12 ①	13 ①	14 ②	15 ①	16 ③	17 ②	18 ②	19 ①	20 ①
21 ④	22 ②	23 ④	24 ④	25 ①	26 ①	27 ③	28 ③	29 ④	30 ①
31 ②	32 ④	33 ③	34 ③	35 ②	36 ②	37 ②	38 ①	39 ③	40 ④
41 ④	42 ①	43 ①	44 ④	45 ①	46 ②	47 ④	48 ②	49 ②	50 ③
51 ③	52 ②	53 ④	54 ③	55 ②	56 ④	57 ④	58 ①	59 ④	60 ②

01 B형간염은 제3급 감염병

02 비타민, 무기질은 신체의 생리적 기능조절 작용

03 당뇨병은 감염병이 아님

04 이산화탄소는 실내공기 오염의 지표

05 보건행정의 특성은 공공성, 사회성, 봉사성, 교육성, 조장성, 과학성, 기술성

06 자연수동면역은 출생 시 모체의 태반이나 수유를 통한 면역

07 인류의 생존을 위협하는 3요소는 인구문제, 환경오염, 빈곤

08 열탕소독은 물리적 소독법이며, 크레졸, 생석회, 포르말린은 화학적 소독법

09 고압증기멸균법은 아포(포자)까지도 사멸시킬 수 있는 멸균 방법으로 가장 효과적인 소독 방법

10 락스액에 손을 담그는 방법으로 손 소독은 하지 않음

11 과산화수소 수용액의 적당한 농도는 약 3%

12 세균의 단백질 변성과 응고 작용에 의한 기전을 이용하여 살균하고자 할 때는 주로 가열

13 이·미용실의 기구(가위 등)는 70%의 알코올 수용액으로 소독

14 알코올은 단백질 변성 작용

15 간접흡연도 인체에 해로움

16 흰색 면포는 비염증성 여드름으로, 피부 관리가 가능한 여드름의 초기단계

17 모피질은 멜라닌색소가 가장 많이 함유

18 비립종은 신진대사의 저조가 원인으로 황백색의 작은 구진으로 주로 눈 밑에 위치

19 비타민 A는 상피세포 조직의 성장과 유지에 관여하여 결핍 시 점막이 손상

20 다한증은 과도한 땀 분비가 일어나는 것

21 손바닥에는 피지선이 없음

22 이·미용업 영업자가 시설 및 설비기준을 1차 위반한 경우에는 개선명령을 받음

23 세금납부 걱정 여부의 확인에 관한 사항은 공중위생감시원의 업무에 해당하지 않음

24 이·미용사 국가기술자격증은 영업소 안에 게시하는 항목이 아님

25 공중위생영업의 변경신고를 해야 하는 상황은 영업소의 명칭 또는 상호 변경, 신고한 영업장 면적의 1/3 이상의 증감, 영업소 주소의 변경이 있을 때임

26 위생교육 대상자는 이·미용업 영업자로 매년 3시간의 위생교육을 받으며, 위생교육은 관련 전문기관 또는 관련 단체가 실시

27 교육부장관이 인정하는 고등기술학교에서 6개월 과정이 아닌 1년 이상의 이용 또는 미용에 관한 소정의 과정을 이수한 자

28 영업정지처분을 받고 그 영업정지 기간 중 영업을 한 때는 1차 위반 시 영업장 폐쇄명령을 받음

29 립스틱에는 색소와 보습 작용을 가지고 있는 라놀린, 입술이 트는 것을 방지해주는 알란토인의 성분이 함유될 수 있음

30 화장품의 4대 요건은 안전성, 안정성, 사용성, 유효성

31 레티놀은 주름 개선 화장품의 주요성분으로 피부의 주름을 개선시키고 탄력을 증대

32 화장품은 약리적인 효과를 주기 위하여 사용하지 않고 인체에 대한 작용이 경미해야 함

33 향수는 확산성이 낮으면 안됨

34 ① 계면활성제는 일반적으로 둥근 머리모양의 친수성기와 막대모양의 친유성기를 가짐
    ② 계면활성제의 피부자극은 양이온성 〉 음이온성 〉 양쪽성 〉 비이온성의 순
    ④ 양이온성 계면활성제는 세정작용이 린스, 트리트먼트에 주로 사용

35 자외선 차단제는 자외선으로부터 피부를 보호하기 위해 사용하는 기능성 화장품으로 시간이 지나면 덧바르는 것이 좋음

36 매니큐어는 라틴어 마누스(손)와 큐라(관리)의 합성어로 매니큐어를 뜻함

37 궁전에서 노크 대신 손톱을 길러 문을 긁도록 하여 방문을 알린 나라는 프랑스

38 작업장 내에 설치된 커튼은 자주 세탁하고 관리

39 손·발톱은 케라틴 경단백질이 주성분

40 매니큐어 작업순서는 손 소독 → 네일 폴리시 제거 → 프리에지모양 만들기 → 큐티클 정리하기 → 컬러도포하기 → 마무리하기

41 엎침근은 팔의 근육

42 네일 파일은 알코올 소독 용기에 담그지 않음

43 네일샵에서 음식물을 섭취 후 환기하는 것과 감염예방과는 관련이 없음

44 손 근육은 자세를 유지하기 위해 지지대 역할을 하지 않음

45 교조증(오니코파지)은 손톱을 심하게 물어뜯는 이상증상

46 조반월의 크기와 두께는 손톱건강과 관련없음

47 큐티클 니퍼와 푸셔는 자외선 소독기에 넣어 소독, 보관

48 고객의 잘못된 관리방법을 전문가로서 설명하고 올바르게 관리할 수 있도록 함

49 손가락 뼈는 흡수기능을 하지 않음

50 고객의 은행 계좌정보와 월수입은 고객에게 묻지 않음

51 큐티클은 깊게 제거하지 않음

52 투웨이 젤은 정확한 명칭이 아님, 투웨이 글루는 네일 접착제의 한 종류

53 ① 팁 접착부분에 공기가 들어가면 안됨
    ② 모든 네일에 하프웰팁을 적용하지 않음
    ③ 자연손톱의 1/2 미만으로 접착해야 유지력이 높음

54 네일 바디 전체가 내추럴 파우더로 오버레이 되는 것이 아님

55 손톱의 착색을 제거하는 제품은 네일 표백제

56 UV 젤은 자외선 램프기기에 조사해야만 경화됨

57 아크릴 네일 보수는 들뜬 부분을 파일로 갈아내고 손톱 표면에 프라이머를 바른 후 아크릴을 올림

58 네일 폴리시를 제거한 후 손톱의 형태를 조형

59 ① 네일 폴리시는 2회 도포
    ② 네일 폴리시를 섞을 때는 양손으로 비벼서 섞음
    ③ 네일 폴리시가 굳었을 때는 시너를 1~2방울 넣음

60 큐티클 니퍼와 푸셔는 1명의 고객에게 사용 후 매번 소독하여 사용